未来漫游指南

昨日科技
与人类未来

THE SKEPTICS' GUIDE TO THE FUTURE

What Yesterday's Science and
Science Fiction Tell Us About
the World of Tomorrow

[美] 史蒂文·诺韦拉
Steven Novella

[美] 鲍勃·诺韦拉　　著
Bob Novella

[美] 杰伊·诺韦拉
Jay Novella

别尽秋　　译

中国科学技术出版社
·北京·

The SKEPTICS'GUIDE TO THE FUTURE：What Yesterday's Science and Science Fiction Tell Us About the World of Tomorrow, First Edition, authored/edited by Dr.Steven Novella with Bob Novella & Jay Novella，ISBN：9781538709542.

This edition published by arrangement with Grand Central Publishing, New York, New York, USA. All rights reserved.

Simplified Chinese translation copyright © 2024 by China Science and Technology Press Co., Ltd.

北京市版权局著作权合同登记 图字：01-2024-0637

图书在版编目（CIP）数据

未来漫游指南：昨日科技与人类未来 /（美）史蒂文·诺韦拉 (Steven Novella),（美）鲍勃·诺韦拉 (Bob Novella),（美）杰伊·诺韦拉 (Jay Novella) 著；别尽秋译 . -- 北京：中国科学技术出版社，2024. 9.

ISBN 978-7-5236-0958-3

Ⅰ . N49

中国国家版本馆 CIP 数据核字第 2024DM5787 号

策划编辑	孙 楠　陆存月　宋竹青			责任编辑	孙 楠
封面设计	东合社			版式设计	蚂蚁设计
责任校对	张晓莉			责任印制	李晓霖

出　　版	中国科学技术出版社
发　　行	中国科学技术出版社有限公司
地　　址	北京市海淀区中关村南大街 16 号
邮　　编	100081
发行电话	010-62173865
传　　真	010-62173081
网　　址	http://www.cspbooks.com.cn

开　　本	880mm×1230mm　1/32
字　　数	308 千字
印　　张	13.75
版　　次	2024 年 9 月第 1 版
印　　次	2024 年 9 月第 1 次印刷
印　　刷	北京盛通印刷股份有限公司
书　　号	ISBN 978-7-5236-0958-3/N·332
定　　价	89.00 元

名人推荐

在这个充斥着真实与虚假信息的时代，你的推理能力，以及用科学的怀疑态度进行思考的能力，是你能拥有的最重要的技能。阅读《未来漫游指南》，提高推理能力。如果这种强调推理重要性的说法是错误的，这本书也会帮助你理解。

—— 比尔·奈（Bill Nye）

史蒂文·诺韦拉（Steven Novella，耶鲁大学医学院临床神经学家）是医学科学研究所的创始成员，也是科学与批判性思维播客的主持人和制作人，他毫不留情地抨击了我们周围的错误信息、神话和偏见。在几位写作伙伴的帮助下，作者展示了他在阐释欺骗机制和伪科学家使用的伎俩方面的丰富经验。这本书作为一种对抗伪科学、欺骗和错误思维的'疫苗'，取得了卓越的成功。

—— 《柯克斯》（Kirkus）（星级评审）

这本书是思想者的天堂，赋予人力量，给人以启发，是消除传播反科学情绪的一剂良药。读者会一次又一次地回味这本书中蕴含的思想。

—— 《出版人周刊》（Publishers Weekly）（星级评审）

这是一本关于怀疑论思维的精彩纲要，对于任何想要区分事实与虚构的人来说，都是一本完美的入门书。

—— 理查德·怀斯曼（Richard Wiseman），
赫特福德大学大众传播心理学教授，《59 秒》（*59 Seconds*）的作者

伟大的卡尔·萨根（Carl Sagan）在他 1995 年出版的《魔鬼出没的世界》（*The Demon-Haunted World*）一书中预言，人类将会陷入迷信和无知。那个世界已经到来了。幸运的是，诺韦拉和他的合著者通过本书帮助我们用批判性思维和科学怀疑论来驾驭它，从确认偏见到阴谋论，从 N 射线到尼斯湖水怪，从火星人脸到地球扁平论，揭露了当今公共话语中普遍存在的反科学和伪科学。

—— 迈克尔·曼（Michael Mann），宾夕法尼亚州立大学杰出教授，
《疯人院效应》（*The Madhouse Effect*）的作者

对于那些想要更好地了解周围世界的人来说，《未来漫游指南》是一本了不起的书，也是一本驾驭现代生活的重要指南。这本书将帮助读者识别推理中的陷阱，反对错误的论点，避免迷信思维。

—— 西蒙·辛格（Simon Singh），怀疑论者，
《费马大定理》（*Fermat's Enigma*）的作者

这是一本关于怀疑主义文学的重要补充的书，值得与该领域名人的作品放在一起，包括迈克尔·舍默（Michael Shermer）、詹姆斯·兰迪（James Randi）、罗伯·贝克（Robert A. Baker）、马

丁·加德纳（Martin Gardner）等名人的著作。

——《书单》(*Booklist*)

史蒂文和他的合著者再次做到了。《未来漫游指南》是关于科学和怀疑论的极好、非常受欢迎的播客。（我很荣幸成为他们的第一位嘉宾！）据我们所知，现在这本书是非常好的一本，很快就会成为非常受欢迎的一本关于什么是真实的指南。

—— 马西莫·匹格里奇（Massimo Pigliucci），
纽约城市大学哲学教授，
《高跷上的胡话》(*Nonsense on Stilts*)的作者

对于百思不得其解的事件，人们本着省事和便利的原则，直接信奉非科学的解释，这比什么都更具吸引力，也更令人不安。当普通人被对自闭症或夜空中神秘灯光的简单易懂的解释（即使是错误解释）所误导时，我们几乎连眼皮都不会眨一下。但我们应该保持警惕。科学可能是伪科学，其严重后果却是真实存在的。诺韦拉和他的同事们收集了许多当代现象，这些现象现在被认为是由神秘原因甚至阴谋诡计引起的。他们还指出了那些声称真相已经存在的人反复犯下的逻辑错误——而且这种错误观点往往十分离谱！对于那些不完全相信某些解释，想要探知真相的人来说，这本书是一本必不可少的读物，也是一本伟大的作品。

—— 赛斯·索斯戴克（Seth Shostak），资深天文学家，
地外文明搜索研究所

这是一本轻松、内容广泛的读物，涵盖伪科学、江湖骗局和多种无稽之谈，书中充满了极有趣味又引人入胜的故事，有一种黑暗的紧迫感——考虑到我们周围赤裸裸的谎言和怪异说法的激增，这本书可能是你最好的防御。

—— 史蒂文·斯托加茨（Steven Strogatz），
美国康奈尔大学应用数学系教授，
《X的奇幻之旅》（The Joy of X）的作者

导致我们屡犯错误的原因众多，我们需要一本指南指导我们做正确的事情。这本《未来漫游指南》是一本宝贵的手册，能够帮助我们避免误导他人或被他人愚弄。一想到我们有许多种误入歧途的方式我就感到沮丧，但至少现在我们没有借口不做好预防准备了。

—— 肖恩·卡罗尔（Sean Carroll），
《大图景：论生命的起源、意义和宇宙本身》
（The Big Picture: On the Origins of Life, Meaning, and the Universe Itself）的作者

这是一本生动、引人入胜、出现非常及时的指南，帮助你在一个充斥着错误信息和伪科学的世界中穿行。这本书将为你提供一些工具，帮助你辨别无稽之谈，直面自己的偏见，并希望在此过程中改变一些人的想法。

—— 詹妮弗·奥雷特（Jennifer Ouellette），《我，我自己，为什么》
（Me, Myself, and Why）和《微积分日记》（The Calculus Diaries）的作者

《未来漫游指南》读起来犹如一场梦：行文通俗易懂、偶尔无礼、充满了奇闻轶事、风趣幽默，但总体来说，这是一本经过充分研究的权威著作，讲述了人类愚蠢和可笑的奇思遐想。

—— 布鲁斯·胡德（Bruce Hood），
《超级感觉》（SuperSense）、《自我的本质》（The Self Illusion）、
《被支配的占有欲》（Possessed: Why We Want More Than We Need）的作者

谨献给我们的父亲，

他启发了我们对所有科技事物的深刻欣赏和迷恋，

对科幻小说的热爱，以及对未来可能发生的奇迹的向往。

目　录

瞥见未来

咔嚓，咔嚓。

杰拉尔德（Gerald）按下了壁龛里的激活按钮，突然红灯闪烁，咔嚓咔嚓的声音让人心烦。杰拉尔德可不能迟到。今天绝对不行。然后他发现，原来是忘了设置衣服类型。他为这样一个重要的日子专门挑选了职业装，终于出现绿灯了。这一次，当他点击按钮时，机器人的手臂动了起来，给他穿上他最喜欢的西装，系好领带，把他的头发梳理得十分整齐。他笑得露出一口白牙，一束紫外线清洁了他的牙齿。完美！

他自信地走到厨房，妻子笑脸相迎，她正忙着通过气动管道系统送孩子上学。孩子还没来得及跟爸爸说再见就瞬间离开了。

"怎么样？紧张吗？"他的妻子显然很担心，但努力露出为他加油打气的表情。

"会顺利的，"杰拉尔德笑着说，既想说服妻子，也想说服自己，"这款自动机器人仆人的新产品线远远领先于 Model 2。他们实际上是在推销自己。"

似乎是为了强调自己的观点，他们的 Model 2 家庭管家贾尔斯（Giles）手拿帽子，叮当作响地走到杰拉尔德跟前，用细小的声音说："早上好，先生。需要我为您叫车吗？"

"当然了，贾尔斯。看看几点了，车早该到了。"

灯光闪烁在贾尔斯的"脸上"，表明他正在使用家里的中央计算机工作，而他的金属骨架却一动不动地站着。杰拉尔德从贾尔斯的钢指上抓起帽子，显然有点不耐烦了。

"亲爱的，别忘了吃早餐。"妻子指着桌上盛着 2 个小胶囊的盘子。"开会需要精力。"

杰拉尔德吃完早餐，小心地把帽子戴在头上，吻别了妻子，然后大步穿过他家前门——闪闪发光的能量方块。汽车飘浮在他面前，汽车的钍核发动机发出悦耳的咕噜声，他走近驾驶室，车门自动打开了。

在他驾驶飞行汽车上班的 20 分钟里，杰拉尔德回顾了他的发言稿。他是这个项目的总工程师，已经对 Model 3 的原型进行了彻底的检验和审查。高层肯定会为生产提供资金，但一切都必须顺利进行。

阿兹拉（Azra）摘下了她的 VR（虚拟现实）眼镜，复古未来风的世界消失在她身边，取而代之的是她那有点呆板的办公室。

"我完全无法接受。这真的是他们当时认为的未来吗？这诡异的 20 世纪 50 年代感是怎么回事？"

布瑞尔（Briar）的化身（由成群的纳米机器人组成）笑了。这就是他们所期待的反应。"我知道，这很棒，对吧？你一定会喜欢这个机器人管家的。非常复古。"

但布瑞尔的微笑迟缓了一下，这让阿兹拉怀疑她又一次在和他们的人工智能模拟体对话，而并非布瑞尔本人。"听着，未来博物馆希望这个展览在两天内上线。我需要对项目做最后的润色，并在明天之前上传。我真的需要你的反馈。"

"呃……"阿兹拉不知道该怎么说，"如果这就是你想要的效果，管家还有点意思。但为什么一切都如此……陈旧？嵌入式人工智能、虚拟叠加层在哪里？这一切看起来都有点卡通化。"

布瑞尔又笑了。"嘿，我只是重建了他们对未来的想象。这不是我编的。接着看吧，看完告诉我反馈。记住，你不要一直批评他们的未来主义。我只希望你能提供关于 VR 外观和感觉的反馈。"

阿兹拉仓促地点了点头，然后挥手让他们的化身离开。她伸手去拿 VR 眼镜，准备再次让自己沉浸在一个从未存在过或将存在的世界里，这个世界只存在于某个早已逝去之人的错误想象中。

第一部分

未来导论

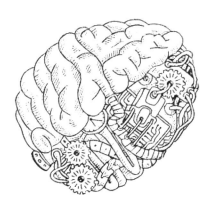

1
未来主义——未来消失的日子

未来始于过去。

　　未来如同天马行空的幻想。它是由我们的希望、恐惧、偏见、无知和想象狂热地编造出来的，而这个未来的主角是我们自己，并非即将发生的事情。人们对未来的预测实际上只是对现在的反映。这意味着我们的确并不擅长预测未来。但这并不能阻止我们做出这样的尝试——它实在是太令我们难以抗拒了。

　　然而，我们可以试着从未来主义曲折的过去中吸取教训，纠正我们所能发现的错误，也许会预测得更准确一点。在这个过程中，我们可以了解主宰世界的技术的前世今生。我们沿着科学和技术的历史轨迹，也许可以推断未来的情况。我和兄弟们一辈子都在做这件事。

　　作为在 20 世纪六七十年代长大的孩子，我们热爱科学、技术、科幻小说，以及未来令人难以置信的前景。我们还太年轻，没有经历过对未来的希望一再落空的失望，所以我们天真地相信摆在我们面前的是进步、是发展。现在看来，其中有不少都是关于未来的陈词滥调，但那时我们满心期待着飞行汽车、喷气背包、月球定居点和智能机器人仆人。

我们对科幻小说的喜爱对科学的发展也于事无补。我们看的电影和电视描绘了一个不久的未来，其中的技术现在看来似乎还要再等一个世纪才能实现。在《六百万美元先生》（*The Six Million Dollar Man*）一书中，斯蒂夫·奥斯汀（Steve Austin）穿戴了机械假肢，这种技术在 50 年后还是离实现遥不可及。在《2001 太空漫游》（*2001: A space odyssey*）中，我们本该建立了空间站，拥有具备感知能力的电脑。研究人员不是在研究将生动的经历直接传送到我们的大脑吗？即使是在黑暗的未来，就像《银翼杀手》（*Blade Runner*）书中描绘的 2019 年那样的场景，也拥有飞行汽车和与人类相似的转基因机器人。不管未来呈现出社会和环境遭到多严重的破坏，让我惊叹的还是技术。只要有飞行汽车，我们就能解决其他问题。

我们对技术的乐观态度可能受到阿波罗时代的重大影响。我们让人类登上月球，并使用"先进"的计算机，尽管出现了一些小问题，但一切都很顺利。1972 年，看着尤金·塞尔南（Eugene Cernan）在"阿波罗 17 号"任务中离开月球，回到月球着陆器，年轻时的我无法想象 50 年后我们仍然不会重返月球，更不用说在月球上定居了。月球基地阿尔法在哪？

这种失望和虚假承诺的另一面是，过去半个世纪中一些较大的技术进步，那些对我们的生活产生了重大影响的技术进步，却没有出现在对未来的预测或科幻小说中。在写这篇文章的时候，我的口袋里装着一台超级计算机（这是我年轻时的想象），它可以让我通过视频、音频或文字与世界上任何地方、几乎任何人进行即时交流。这台超级计算机还有其他优点，我可以访问整个个人音乐库。它还是一台数码相机，不需要胶卷就可以拍摄我想要的任何照片，想拍多少就拍多少，甚至可以指引我去任何地方。它还可以通过可搜索的交互模式探索人类知识库。如果我觉得无聊，这个设备可以播放电影，里面还有无数的电子游戏，这些游戏会让孩童时代的我叹为观止。

智能手机和可以通过它访问的万维网，以及社交媒体、网上购物、无数的应用程序和其他功能，绝对是现代技术的奇迹。这远远超乎我在三四十年前的想象。过去对未来的描述通常无法预料到真实发生的事情。即使是科幻电影《星际迷航》（*Star Trek*），这个技术乐观主义者最喜爱的乌托邦未来，也没有预见数字革命的到来。

所以，在过去的 50 年里，我们在技术上取得了巨大的进步，只是不是以我们想象的方式。为什么人们总是不善于预测未来呢？如果我们能理解这一点，也许我们能做得更好。或者是因为塑造未来的力量过于神秘，超过一定程度就无法准确预测，比如天气预报。

但是，虽然我们不能准确地预测特定的天气，但我们可以更好地预测气候的整体变化。例如，人们可以预测未来的交通出行会变得更快，这比预测汽车技术的具体细节更容易。因此，对于糟糕的未来主义，一个潜在的解决方法是关注大趋势，而不是试图想象微小的细节。然而，即便这样，未来主义者也会受到阻碍。

例如，电影《少数派报告》（*Minority Report*）呈现了未来

2054 年的画面，耐人寻味。我无法说出它对 30 后未来的描绘有多准确，但有一个设定引起了我的注意：人们都在使用微型手机。这部电影拍摄于 2002 年，当时智能手机还未问世。手机变得越来越小是当时的一个趋势，所以编剧推断这一趋势将延续50 年。

与之相反的是，iPhone 在 2007 年发布，从根本上改变了个人手机的使用方式，彻底扭转了这一趋势。突然间，屏幕空间变成了宝贵资源，手机也不可避免地变得更大。iPhone 体现出一项颠覆性技术，改变了手机行业的现状，也彻底改变了我们的生活。或许我们现在正在适应一系列手机尺寸，能够在便携性和实用性之间达到最佳平衡，这取决于个人需求和实际情况两大变量，或者还可能会出现新的颠覆性事件。

企业的确都在想方设法再一次颠覆移动手机市场，推出可折叠或可扩展的手机，让人想起 iPhone 现世之前的时代。这项技术会腾飞、保持小众，还是彻底失败？如果你能准确预测一项技术的下一步发展，你就会成为科技百万富翁。甚至过去著名的科学家和技术领头羊也对未来做出过糟糕的预测，包括他们自身所参与的技术。拿托马斯·爱迪生（Thomas Edison）来说，他在 19世纪 80 年代曾说过，"留声机没有任何商业价值"。肯·奥尔森（Ken Olsen）在 1977 年说过，"任何人都不会在家中放一台计算机"。即使你能预测到第一步，也要尝试预测千种技术的下一个50 步。那才是未来。

当然，"未来"包括从你读到这些文字的那一刻起，到 10^{100} 年后宇宙最终的热死亡（有些趋势是不可避免的）。不同的情况适用什么因素，取决于你试图预测的未来有多远。在不久的将来，比如说未来 10 到 20 年之间，可以通过对现有趋势的高概率推断以及已经在研发中的未来技术来预测。中期未来，即未来 20 到 100 年之间，预测会变得更加艰难，但如果你专注于大局，给自己一些回旋的余地，你可能会窥见一个世纪后的生活。

在 100 多年后，事情才会真正变得有趣，我们现在才刚刚开始探索的技术才会充分发挥其成熟的潜力。虽然预测一些最终会实现的技术很容易，但预测的回旋余地在于需要多长时间。我们可能无法预知何时会出现基本完整的脑机接口，但当它出现时，我们可以想象它会是什么样子。我们可以尽情猜测在遥远未来的全新技术，而这些技术现在只是物理学论文中关于新发现的某些自然方面的一个脚注。

我们的未来指南将包含：现有技术的进步、探索新兴技术、推测未来可能出现的神奇技术。科学将尽可能多地成为我们的指南。

在整个过程中，我们将保持高度怀疑的态度，因为这就是我们所做的。除了科学爱好者和技术爱好者的身份外，我们也是科学怀疑论者。在过去的 25 年里，我们一直在研究和促进批判性思维和科学素养的发展。我们主持了屡获殊荣的播客——怀疑论者的未来指南，也是我们的第一本同名书，这是一本关于科学和批判性思维的入门书。

这意味着我们总是试图用尖锐的批评来淡化我们对未来的热情。过去的失败和失望影响了我们对未来的思考。然而，仅仅愤世嫉俗是不够的。保持怀疑态度意味着要用确凿的证据和逻辑将可能与不可能区分开来。

　　有时我们会让热情战胜我们，但最终，我们总是把它带回现实。毕竟，这是一本怀疑论者的未来指南。

　　具有讽刺意味的是，未来始于过去。我们的旅程从未来主义的历史开始，看看它能教会我们什么。

2
未来简史

未来主义的陷阱。

尤吉·贝拉（Yogi Berra）曾说过一句名言："未来不再是过去的样子了。"（你知道这句话，对吧？虽然他并不是出此言论的第一人）他是位怪才，能让一个听起来自相矛盾或荒谬的概念最终看起来有道理。已经改变的不一定是未来本身，而是我们对未来的信念。未来主义不再是过去的样子了。

在穿越时光同时回到过去和前往未来时，我们可以看到过去对未来的愿景——他们预测对了什么？彻底预测错了什么？在追踪过去的未来主义者的错误预测时，会出现一些共同的主题——我称之为"未来主义谬论"，它们将帮助我们塑造自己的未来愿景。

👉 未来主义谬论 #1——高估短期进步，而低估长期进步。

预测未来的核心挑战在于，不仅需要确定技术将会发展到什么程度，还要确定所需的时间。几乎可以肯定的是，我们最终将开发出拥有充分智慧的通用人工智能。极端挑战是预测何时我们将会完成这项工作。我们试图瞥见未来时，往往倾向于高估短期进步，而低估长期进步。我们经常在科幻电影中看到这种情况：无论电影的类型是严肃、喜剧、乌托邦还是暗黑的，人们通常认为二三十年后的技术具有变革性，而不是更加现实的逐步改进。因此，《回到未来》（*Back to the Future*）和《银翼杀手》这两部电影都描述了这样的场景：到 2015 年，我们将拥有飞行汽车。

这种对短期进步的高估，部分原因在于我们倾向于将"未来"视为一个统一、均质的时间，就像我们经常将"过去"视为一个模糊的时代一样。我最喜欢的例子是埃及艳后（公元前 69—前 30 年）生活的时间比吉萨金字塔建成的时间（公元前 2550—前 2490 年）更接近航天飞机发射的时刻（1981 年首次发射）。

但是，回到未来（嘿！），我们经常认为，"未来"包含任何特定技术的下一个重大进步。因此，在未来，视频电话将取代手机通话，电动汽车、自动驾驶汽车、飞行汽车将取代普通汽车。如今，我们就可以乘坐飞机去往其他大陆，所以在未来，飞行火箭可能将飞机取而代之。因为"未来"距离现在仅仅只有 20 年，我们认为所有技术变革都已经出现，因此高估了短期进步。

低估长期进步主要关乎简单的数学问题，因为技术进步往往是呈几何级数增长，而非线性增长。几何级数增长意味着每个时间间隔的结果翻倍（或其他乘数），所以进度看起来像 2、4、8、16、32，而线性增长意味着每个时间间隔的结果是简单加法：1、2、3、4、5……你可以看到几何级数增长速度比线性增长快得多，尤其是从长期来看。计算机技术是对此最好的诠释，比如硬盘容量和处理器速度。处理器的速度大约每 18 个月翻一番，因此，在过去的 45 年里，处理器的速度不是提高了几倍，而是提高了数百万倍。由于改变游戏规则的新技术经常被忽略，因此低估其发展速度也会发生。

然而，尽管人们普遍倾向于高估技术的短期进步而低估其长期进步，但每种技术都遵循其自身的发展模式。因此，很难分辨出技术上的赢家和输家。我们试图用技术解决的问题也可能是非线性的，以同样的速度进步会日益困难。起先，我们可能会摘下唾手可得的果实，进展可能很快，但随后，取得进一步的进展变得越来越困难，回报越来越少，我们甚至可能会遇到障碍。如果我们无限期地预测早期进步，那将导致我们高估将取得的进步。但几何级数的进步和改变游戏规则的创新最终会迎头赶上，导致我们低估了长期进步。

1956 年通用汽车公司制作的一部短片幽默地展示了这种谬论，这部短片"想象"了 1976 年的"现代司机"，然而这种预测并未实现。这部短片是为了推广他们的燃气涡轮发动机技术而制作的，但是人们可能已经对此没有印象了，因为这些技术并未得到广泛使用。以克莱斯勒为首的几家汽车公司，努力研发一种燃气涡轮发动机来取代内燃机，但是都未取得成功。

这部短片还以"自动控制"为特色，汽车能够从驾驶员手中接管方向盘——记住，那是在 1976 年，大约半个世纪之前。但为了做到这一点，司机必须先进入"电子控制车道"，然后通过外部控制同步汽车的速度和方向。这一切都是在高速公路沿线控制塔中人们的帮助下通过无线通信实现的。

科幻小说对未来的描述也充斥着这种谬论。1968 年上映的电影《2001 太空漫游》记录了一项前往木星的任务（仍然超出了我们目前的技术），机组人员处于低温睡眠状态（这也是不可能的），并配备了一台拥有完全人工智能的计算机 HAL 9000。这些技术可能还需要 50 到 100 年才能成熟。

艾萨克·阿西莫夫（Isaac Asimov）等未来学家经常陷入这种谬论。1964 年，阿西莫夫对 2014 年（即 50 年后的）世界博览会做了预测。他的预测刊登于《纽约时报》(New York Times) 上，尽管平心而论，他承认这些只是"猜测"。他预测：

> 这种微型化的计算机将会成为机器人的"大脑"。事实上，美国国际商用机器公司（IBM）在 2014 年的世界博览会展厅里，最主要的展示品可能是一个庞大的机器人保姆，虽然它行动笨拙迟缓，但能够捡拾垃圾、整理和清洁房间，并且会使用多种家用电器。毫无疑问，博览会参观者会把垃圾撒在地板上，然后看着机器人笨拙地把它们清理干净，并将其分类为"扔掉"和"搁置"。（园艺机器人也会登台亮相。）

那能源呢？

> 2014 年，一两个实验性的核聚变发电厂也将会出现。（即使在今天，1964 年的博览会上，通用电气公司的展览中也经常会展示小型但真实的核聚变反应。）大

型太阳能发电站也将在一些沙漠和半沙漠地区投入使用，如亚利桑那州、内盖夫、哈萨克斯坦。但在人口密集、多云且雾霾严重的地区，太阳能无法被利用。在2014年的博览会上将会设置一个展柜，展示太空发电站的模型，它通过巨大的凹面镜收集阳光，并将收集到的能量传送到地球上。

同样，这些预测至少还需要半个世纪才能实现。总体来说，未来主义者对短期进步的预测需要更加保守。根据经验法则，将预测时间延长至两到三倍似乎才合理。预测其中的障碍、死胡同、恼人的阻碍，你的预测才会更有可能接近目标。

👉 未来主义谬论 #2——低估了过去和现在的技术持续对未来的影响。推论——假设我们会以不同的方式行事，只是因为我们有能力。

1967年，菲尔科-福特（Philco-Ford）公司赞助拍摄了一部对未来满怀热情的电影，这部影片由年轻的温克·马克代尔（Wink Martindale）主演，构想了1999年的世界。随着个人电脑、互联网的出现，以及数字技术的发展，科技在这32年在不断发展进步。

这部影片的编剧无法揭开这些技术革命厚厚的面纱从而预测技术的发展，所以他们严重依赖自己隐藏的假设，陷入了许多未来主义的谬论。他们认为由于未来技术的影响，日常生活的许多方面会发生变化。32 年后的一切都会不一样，是吗？然而，历史表明，过去的技术会以令人难以置信的程度持续在未来存在。

他们对 1999 年某一天的描述如是：即使是在家里擦干手这样简单的动作，也必须使用最先进的技术，比如红外线和鼓风机。用毛巾擦手在未来似乎太过时了。与隔壁房间的人进行交流是通过视频完成的。在未来，所有食物都是单独冷冻保存的，用微波炉加热几分钟就可以食用，而不再需要做饭，也许特殊场合除外。中央计算机监测人们的营养和热量需求，推荐合适的菜单。

阿西莫夫对未来的烹饪也做出了类似的预测（同样出自他 1964 年对世界博览会的预言）：

> 家用器具将继续把人类从烦琐的工作中解脱出来。厨房的设备可以"自动烹饪"：自动烧水并冲泡好咖啡，烤面包，煎蛋、煮蛋或炒蛋、烤培根等。头天晚上就可以"预约"明天的早餐，设备在明天早上指定的时间内就会准备好。全部的午餐和晚餐以及半成品食物都将储存在冰箱里，拿出来加工就可以食用。不过，我认为，即使到了 2014 年，在厨房里留出一个小角落仍然是个明智的选择，可以自己动手烹饪，尤其在客人来访的时候。

尽管几千年来我们一直在用高温烹饪食物，未来我们也将使用基本相同的烹饪技术，这种想法并不符合未来学家的观点。但现实情况是，我们仍然会买生蔬菜，在木制砧板上用刀切，然后在锅里炒或炖。50 年前，甚至 100 年前的人们可以根据菜肴完全辨别出现代厨房设备以及烹饪流程。事实上，我最近买了几把手工锻造的菜刀。当然，这些厨房设备提高了做饭效率，而且可能有一些渐进式的功能改进，但它们大多是一样的。微波炉才是最大的创新，也是我的最爱，可以用来加热食物，但不能做饭。

有时候我们用传统的方式做事是因为我们想这么做，或者因为简单的方式才是接近最佳的方式。有时，便利并非最重要的因素（这是另一个关于未来的懒惰假设——一切都是为了优化便利性。）最近，我身边的几个人购买了自动咖啡机，每杯咖啡都是由一个预先包装好的单独咖啡粉容器制成的。这种方法的优点是简单、快速和方便，因此这种自动咖啡机变得非常受欢迎。但几年后，出现了强烈的反弹，只要喝上一杯真正人工精心煮好的咖啡，人们就会对这种自动咖啡机心生反感。再加上人们担忧那些个性化包装中使用的塑料废物所造成的环境污染，突然之间，他们为了方便而喝的自动咖啡机冲泡的咖啡就不够好喝了。

现在，他们中的许多人（我不喝咖啡，所以我是旁观者）又重新回到了优先考虑质量这一方面。他们研磨新鲜的咖啡豆，为了制作一杯完美的咖啡他们可以经过一个复杂的过程，比如慢慢地将沸水倒在咖啡豆上。他们喜欢这种形式，这也建立了他们对享受美味的期待。

过去的技术使用的时间可能非常持久。我们现在仍然通过燃煤发电。世界的诸多物品、建筑等仍然主要是由木头、石头、钢铁、陶瓷和混凝土构成的——所有这些材料都已经使用了数千年。塑料可能是塑造我们现代世界的一种新材料，塑料可以制成许多东西，但并非所有东西都由塑料制成。

这一切都不是为了贬低真正的变革性技术，这些技术构成了我们的现代世界，改变了我们的生活。但未来似乎总是新旧事物的复杂融合。关键在于预测哪些事情会改变，哪些会基本保持不变。

👆 未来主义谬论 #3——假设只存在一种技术变革或采用的模式。相反，未来将是多种模式融合。

有时新技术会彻底失败，逐渐消失在大众视野（比如燃气涡轮发动机）；有时它们被采用，但填补的利基市场比最初设想的要小（比如微波炉）；有时它们完全取代了（怀旧或历史用途除外）以前的技术（就像汽车取代了马和马车）。这都没有固定的一种模式。

我们还必须认识到，有许多担忧是相互矛盾的，这就是为什么预测一项新技术将如何发挥作用通常是极其困难的。一切并不都是以便利为前提，我们也并不会因为技术新就广泛采用。此外，还需要考虑成本、质量、持久性、美观、时尚、文化、安全和环境因素。甚至便利的概念也可以是多方面的。

真实情况往往是这样的，许多技术并行存在，每种技术都在这些因素组合最有意义的地方找到合适的位置。虽然我在电脑上写作这本书，但有时我需要在纸上做笔记。只是看在某些情境下哪种方式用起来更方便。关于阅读，有时我在收音机上听书，有时我在电子书上阅读，有时我喜欢手拿纸质书的感觉。

我们仍然在房屋建筑中使用天然木材，因为它的成本较低、易于加工、具有想要的美学特性。事实上，古董之所以有很高的价值，部分原因是它们在家庭装饰中具有材质特色或古朴的外观。相反，我可能会为家中的平台选择人造木材，因为它具有耐候性，且仅需较低的维护成本。

我开着一辆在 20 世纪 50 年代的司机看来很普通的车去上班，但车中的全球定位系统（GPS）和娱乐系统会让他们感到大吃一惊。然而，我通常还是只听收音机里的新闻。

☞ 未来主义谬论 #4——预测历史终结。

尼古拉斯·雷舍尔（Nicholas Rescher）在《预言未来》（*Predicting the Future*）一书中指出了一种假设"历史终结"的倾向——一旦社会达到了它的平衡点，我们就有了无尽的和平与繁荣。在这个乌托邦式的未来，不仅便利性十分重要，而且休闲也成了重中之重。但是，历史不会停止，至少到目前为止还没有。

诠释这种谬论最好的例子是 20 世纪 20 年代拍摄的关于 21 世纪的电影《预见未来》（*Looking Forward to the Future*），剧情设定在"终结所有战争的最后一战"之后，人们有更多的闲暇时间，社会是永无止境的和平与繁荣。这部影片预测人们会通过佩戴电子腰带来控制气候。男性（而非女性）将穿戴一条实用腰带，装满了"电话、收音机、存钱罐、钥匙，以及给小可爱的糖果"，应有尽有。巨型飞机被设计得犹如豪华游轮，设有休息室、用餐区，还可以在上面活动。我们预测得越远，现在真正的"未来"就显得越古怪。

得出这种谬论的人可能缺乏想象力——他们认为技术进步将会解决我们目前面临的所有问题。一旦实现，我们将会生活在一个稳定的理想社会中。但到目前为止，情况多是这样的：每当我们解决一个问题，新的问题就会出现。即使是我们为改善生活而研发的技术也会带来一系列挑战——新资源愈加宝贵、权力转移、新的冲突出现。当过去的未来主义者看到内燃机的出现时，他们并未想象到人类会面临全球变暖的挑战以及中东沙漠中权力中心的崛起。

历史不会终结，历史一直在螺旋式发展。

☜ 未来主义谬论 #5——用当前的趋势和优先事项推测未来。推论——未来并不都是关于闲暇和便利的。

大约一个世纪前，这种关于闲暇时间增加的假设并非不合理，因为工业革命确实使发达社会摆脱了以往的繁重劳动。机器承担了许多最为重复、耗时和危险的任务，这是那个时代的一个标志性特征。他们有理由通过这种趋势推测未来，他们也确实这么做了：假设当前的趋势将无限期地持续到未来，但事实并非如此。

例如，在美国，每周工作 40 小时并不是技术进步的产物。事实上，工业工厂提高了工人的生产力，他们的工作时间变得更有价值。每周工作 40 小时是劳动力竞争的结果，他们斗争了一个多世纪，最终在 1940 年通过联邦法律实现。从那以后，每周的工作时间一直很稳定，但最近随着不受这些规定约束的新形式合同工作的增加，每周的工作时间一直在增加。

2014 年美国盖洛普的一项民意调查显示，美国员工平均每周工作 47 小时。而且竞争激烈的行业或者像优步司机这样的零工，工作时间更长，他们可能每周工作时间高达 100 小时。讽刺的是，工作时间的增加是由现代技术推动的，现代技术催生了合同工作，这在 100 年前难以预测。现在，由于电脑和远程会议的出现，人们正在推动缩短每周的工作时间，增加在家办公的时间。一场难以预测的百年一遇的新冠疫情推动了这些趋势进一步发展。

这种谬论的核心问题往往是被人忽略的懒惰假设。以往，科技及社会的进步意味着便利，因此人们通过这一狭小的视角来看待未来的进步。问题是，我们今天做了哪些隐藏假设，影响了我们对未来的思考？

👆 未来主义谬论 #6——把现在的人和文化放到未来。

"过去如同异国他乡：人们做事的方式不同于现在"是莱斯利·珀斯·哈特利（L. P. Hartley）的小说《幽情密使》（The Go-Between）的开场白。引申开来，即未来也是一个陌生的国度。当我们展望未来时，在默认情况下，我们倾向于把像我们这样的人放在未来。但这就相当于想象中世纪的人生活在 21 世纪。有一点可以肯定——未来的人类并不仅仅是拥有更好技术的我们。人和文化往往以难以预测的方式发生变化。

未来社会的人们可能会有不同的优先事项、道德规范和与技术的不同关系。我们今天可以看到这一点，因为父母就经常不了解自己的孩子是如何使用最新的社交媒体应用程序的。随着时间的推移，我们倾向于接受技术的变化，最终之前觉得不可思议的事情会变成每天的日常。例如，现在我们可能会对操控基因感到不安，但一个世纪后的人可能会对此不以为然。未来几代人将如何与人工智能机器人相处？

这种谬论普遍出现在科幻小说中，这就能解释为什么 1956 年的经典电影《禁忌星球》（*Forbidden Planet*）构想了一艘 23 世纪的星舰，船员全都是第二次世界大战战舰上的美国人。当时的人们缺乏更多的想象力，对未来的设想已经过时了。

这种未来主义谬论是如此普遍，以至于几乎成为复古未来主义的代名词。例如，我们可以将其看作是《辐射》（*Fallout*）电子游戏中刻意的美学。这款游戏呈现了由 20 世纪 50 年代未来主义者构想的 2071 年的世界，但充满了 20 世纪 50 年代的文化、风格和观点，毫无变化。但这些 20 世纪 50 年代的人生活在一个拥有复古未来技术的世界里，包括机器人和核动力汽车。

人类和技术作为一个动态系统共同发展，然而未来主义者往往认为，除了技术，时间是静止的。

☞ 未来主义谬论 #7——未来发生的一切都将经过计划和深思熟虑。

在这些预测未来的早期尝试中，存在一个更普遍的假设，即未来的社会和技术将更加有计划、精心设计、深思熟虑和可控。1935 年的电影《未来之城》（*City of the Future*）明确提出了这个假设，直截了当地表示未来的每一个细节都将被计划好。这种高度规划更适合乌托邦式的未来，而不是反乌托邦式的未来，但它是基于这样一种观念，即掌握权力的人将精心设计我们的未来，以最大程度地满足我们的需求。

在福特公司赞助拍摄的电影中（马克代尔主演的那部），呈现了想象中 1999 年的世界，未来主义的家中设计了一整间专门用来放置中央计算机的房间。这个中央计算机有一排开关、闪烁的灯光和真空管。它看起来像个 20 世纪 50 年代的怪物，如同一个"主宰者"，控制着整个家和家人生活的方方面面，包括计划膳食和孩子的家庭教育。

当然，现实仍然混乱得多。"破事儿总是难免会发生"这一深刻的哲学原则仍然适用。通常由于一些古怪、偶然的原因，事情会以一种混乱的方式发展，这再次导致我们无法准确预测未来。

赛格威公司（Segway）曾经承诺会改变人们的出行方式。这也是一项令人兴奋的技术：一种电动两轮站立式平台，可以在城市或大型室内空间（如商场）快速移动。据报道，史蒂夫·乔布斯（Steve Jobs）称赛格威"像 PC 一样重要"。然而，赛格威从来没有流行起来，主要是由于现实和经济原因。也许关于技术最难预测的事情是人们对这项技术的反应和使用——人们会想在城市里使用轮式平台吗？它是否比其他选择更好，能够证明这笔钱花得值吗？

同样，未来主义者也没有问过，人们会想要通过视频进行日常交流吗？令人震惊的是，这个答案将会是"不"，他们更喜欢发信息。我认为还没有人预测到这一点。在人们对未来的描绘中，视频电话几乎无处不在。尽管技术已经完全成熟，但是如今仍然很少有人进行视频交流。

由于人的想法是无法预测的，我们对未来技术的应用可能具有很多不确定性因素。

👆 未来主义谬论 #8（蒸汽朋克谬论）——在不考虑新技术和潜在颠覆性技术的情况下，将现有技术推广到未来。

过去对未来的预测的另一个特点是所未能预见的事物，即他们没有预测到的东西。站在 21 世纪 20 年代这个有利的时间点回顾过去，未来主义者忽视了过去几十年里最大的技术进步——数字革命。过去对今天的描绘往往仍然是陈旧的——他们将当时的技术推断为更先进的形式，但没有考虑到新的颠覆性技术的可能性。

其中一个引人注目的例子是阿西莫夫于 20 世纪 40 年代和 50 年代创作的史诗科幻系列小说，即基地三部曲。他想象了一个遥远的未来，从他所处的时代起到几千年后，非常陈旧。在前两本书中甚至没有提到计算机。同样令人惊讶的是，在他的书中，他笔下的未来的人与 20 世纪 50 年代的人非常相似：他们戴着帽子、抽着雪茄，男性占主导地位。

这种谬论经常让我想起蒸汽朋克风格小说，它从美学上想象了一个世界，在这个世界里，蒸汽工业技术仍然是最前沿的，并继续发展到更复杂的仪器和设备。此外，在这个世界里，蒸汽工业技术从未被电子或数字技术所取代。

我们不断地想象蒸汽朋克的未来。19 世纪早期的未来主义者没有预见到电子设备，20 世纪上半叶的未来主义者没有预见到计算机，后来忽视了广泛普及的小型计算机。通常情况下，直到新技术已经广泛存在，我们才开始在未来的小说中看到它的身影。

即便如此，我们也不擅长选择技术上的赢家和输家。还记得即将到来的氢经济吗？21 世纪早期，人们普遍认为汽车的内燃机将被氢燃料电池所取代，这将成为氢经济的基石。现在，氢燃料电池汽车还没有消亡，但它们正在彻底输给电池电动汽车，而电池电动汽车显然是最受欢迎的油车替代品（使用电池只是比使用氢更节能）。

回到马克代尔主演的关于 1999 年的电影。电影制片人的确期望在家中购物，但一切都是如此陈旧——移动摄像机扫过可购买的物品。当然，妻子在一个房间里购物，而丈夫在隔壁房间的控制台银行付款，控制台上有旋钮和按钮，但没有键盘或其他界面。他们预计会以一种新的方式做一些事情，但那只不过是对当时技术的发展方向的推测。

预测哪些新技术将改变游戏规则、哪些将失败，也许是未来主义最大的挑战。这种谬论也会产生最大的失败，因为颠覆性技术（或其缺失）可以彻底改变我们对未来的愿景。

👉 未来主义谬论 #9——假设客观上领先的技术总是会胜出。

预测未来的另一个挑战是竞争性技术。在 20 世纪之交，蒸汽动力汽车、电动汽车和汽油汽车之间存在着激烈的竞争。无论哪种技术胜出，都将对 21 世纪乃至以后的方方面面产生重大影响。当然，事后看来，汽油发动机的胜利似乎是必然的，但事实并非如此。每种技术都有其优缺点。

虽然这些技术竞争十分复杂，但它确实主要归结于基础设施。电气化还不足以让电动汽车在城际便利穿行，而且经常要给蒸汽机加水也是一个限制因素。汽油只是在发展关键基础设施方面击败了其他技术，这创造了一个自我强化的正反馈循环。技术的采用推动了对基础设施的进一步投资，从而提高了技术进一步的使用。亨利·福特（Henry Ford）为他的第一辆量产汽车选择了汽油发动机，这也对汽油发动机技术的发展起到了促进作用——个人的选择可能会改变整个行业的技术格局。

这并不是历史上唯一一次赢家并非必然胜利的竞争。对于长途旅行来说，喷气式飞机的胜利现在看来是显而易见的，但火箭也曾被认真考虑过。事实上，埃隆·马斯克（Elon Musk）的 SpaceX 计划回到了用火箭长途旅行的想法。火箭旅行肯定会快得多。

还记得通用汽车公司推出的燃气涡轮发动机吗？与内燃机相比，它们更安静、更小、污染更少、运行温度更低。与当时的内燃机相比，它们在寒冷的环境中也能启动，更加可靠。但燃气涡轮发动机的燃油效率较低，生产成本也较高。它们从来都不具备成本竞争力，因此没能流行起来。

在家庭视频录制方面，VHS[①] 在市场上战胜 Betamax[②] 通常被视为这一方面的经典例子，由于 Betamax 具有更高的分辨率、更好的音质和更稳定的图像，被视为一种领先技术，因此它抢占了早期市场。然而，Betamax 的制造商做出了一个错误的决定——他们使用的紧凑型的磁带只能录制一个小时，而 VHS 可以录制两个小时及以上。一个 VHS 磁带就可以录制一整部电影，而 VHS 的这一便利性很可能是 Betamax 失败的原因。

最终，判定一项技术"领先"的标准可能是主观的。

👆 未来主义谬论 #10——没有考虑到技术将如何影响人们，我们的选择，以及我们所做的决定。

1981 年，软件巨头微软的联合创始人比尔·盖茨（Bill Gates）说："没有人的电脑需要超过 637KB 的内存。640KB 对任何人来说都应该足够了。"写下这句话时，我目前电脑的内存是

---

① VHS 是家用录像系统。——编者注
② Betamax 是一种年份较早的磁带格式。——编者注

它的 3200 多万倍。在过去，许多非常聪明的人都曾陷入我在本章详述的一个或多个未来主义谬论。即便如此，比尔·盖茨的这句话事后看来还是令人震惊。他似乎忽略了这样一个事实：一旦个人电脑流行起来，人们就会想用他们的设备做更多的事情。由于内存的增加和性能的提高，人们能用电脑做更多的事情，相应地，其他应用程序也需要更多的内存和更高的性能。我们可以合理地认为，计算机技术正在高速发展，这显然是比尔·盖茨没有预料到的。

我们现在认为理所当然的技术出现的概率有多大？我们曾经有可能生活在一个以直流电为动力、以核能为主要燃料的世界中，在这个世界里，全电动汽车一直是标配，长途城际旅行主要通过火箭进行，我们的家用设备由放射性同位素电池提供动力。个人电脑真的会必然出现吗？如果它在很大程度上仍然是一种面向公司和机构的用于大型计算工作的设备，结果会怎样呢？如果没有个人电脑，就不会有万维网、社交媒体和智能手机。我们的世界会有多大的不同？

历史上不乏改变技术进程的奇异事件。要不是兴登堡爆炸的发生，齐柏林公司建造的硬式飞艇能成为一种受欢迎的旅行方式吗？它们最终可能会被商用飞机所取代，但也许它们会像远洋游轮一样幸存下来，成为一种豪华度假方式，而并不只是为了到达目的地。

"阿波罗 13 号"险些遭遇灾难，飞船上的一次小爆炸威胁到宇航员的生命，迫使他们没有登陆月球就返回了地球，"阿波罗18 号"和"阿波罗 19 号"的最后两次任务也被取消。当然也有其他因素，但另一种情况可能会有利于美国完成阿波罗计划，并继续计划载人登月甚至火星任务。如果没有那次"阿波罗 13 号"的短路事件，我们的太空计划今天可能会大不一样。

如果我们当下的处境不是必然的，而是由许多个体选择和个别事件结合产生的不定结果，那么也没有哪个特定的未来是必然要出现的。我们今天所做的选择将对塑造未来产生不可磨灭的影响。从个人购买决定到大型企业首席执行官的判断，这些选择存在于各个层面。我们如何投资基础设施也很重要——我们会在信息高速公路上投资数十亿美元吗？我们应该投资充电站或氢燃料补给站吗？

个人和集体做出的古怪决定，以不可预测的方式塑造着未来。但这里还有另一个层面——文化和社会。在下一章中，我们将探讨未来的社会可能会有何不同，以及这将如何影响我们预测未来技术的尝试。

3

未来主义的科学

未来的人不同于今天的人。

如果我们要在对未来的探索中增加一个真正的怀疑过滤器，这意味着我们必须尽可能地基于科学、实证和逻辑进行思考。上文提到了阿西莫夫的基地三部曲，他在其中写了一门关于"心理史学"的科学，其中系统地研究了这些文化趋势，绘制出了人类历史的未来进程。即使在阿西莫夫乐观主义的科幻小说中，这个过程也需要不断监控和修改，即使这样，也因为引入了不可预测的古怪元素而失败。

"心理史学"在理论上有可能存在吗？

关于是否有科学的方法预测未来，人们众说纷纭。温德尔·贝尔（Wendell Bell）在其著作《未来研究的基础》（*Foundations of Future Studies*）一书中认为，未来主义作为一个学术领域代表着"一套健全而连贯的思想和实证结果"。因此，他认为未来主义是一个合法的学术研究领域。然而，尽管他很乐观，学术界中未来主义的研究却日渐式微。

由于许多批评者的态度，未来主义可能难以赢得学术界的认可。例如，抨击者威廉·谢登（William Sherden）在其著作《财富卖家：买卖预测的大生意》（*The Fortune Sellers*：*The Big Business of Buying and Selling Predictions*）一书中，将未来主义比作占星术。将描绘未来科学、技术和社会走向的合法尝试与古老的迷信相比较，这是对未来主义相当严厉的批判。但是当谈到未来主义者对未来技术的预测的相对成功率时，谢登说的也有道理。

那么，当我们思考未来时，有没有什么科学分析可供我们参考呢？这些分析可以确定过去的未来学家在哪里犯了错，然后我们努力纠正错误，就像我们在这里要做的那样，这当然是一种合理的方法。但是，如果从历史的角度来看技术的进步呢？是否存在科学方法可以让我们合理推断未来大趋势？

雷·库兹韦尔（Ray Kurzweil）的《心灵机器时代》（*The Age of Spiritual Machines*）一书中提到"加速回报定律"。他认为，在技术进步等任何进化系统中，随着时间的推移，进步的速度将呈指数级增长。例如，效率、速度或功率会在一段时间内翻倍。最近最明显的例子是摩尔定律：计算机科学家戈登·摩尔（Gordon Moore）在 1965 年观察到，每个硅芯片上的晶体管数量每 18 到 24 个月就会翻一番。从那时起，这一趋势就一直持续下去。现在，我们都在享受计算机存储设备容量和处理速度指数级增长的成果。但这种模式一贯如此吗？

库兹韦尔明确地说，如果你从宏观角度来看进化过程，那么的确如此。他说：

> 对技术史的分析表明，技术变革是指数型的，这与

常识性的"直观线性"观点相反。因此，我们在 21 世纪不会经历 100 年的进步——它更像是 2 万年的进步（以今天的速度计算）。

然而，这种观点并没有被普遍接受。有时候，技术会遇到无法克服的困难。这就是为什么我们仍然没有飞行汽车——保持足够重的东西在空中运载仍需要大量的能量，而在地面上滚动所需能量更少。

虽然我们不能对每种技术或应用都做出这样的预测，但这似乎是对历史合理的解读，技术进步正在加速发展，而且很可能会继续加速。但在这里，我们也不能无休止地从当前的趋势推断未来。也许我们会遇到一些普遍的技术障碍，这将在很长一段时间内阻碍整体进展。一些客观的物理定律可能会施加限制，也许需要发现新的定律或开发全新的技术来克服，而这可能需要大量的时间，因此未来技术的发展难以预测。

目前面临的挑战在于，我们正试图在技术进步的过程中了解技术进步的全貌。我们也只有一个数据点：人类。如果能进入一个银河系数据库，我们就能回顾和比较几十个文明的技术历史，并从中寻找规律，这将是一件令人着迷的事情，但目前实现的可能性极低，所以我们只能将就。

许多未来学家从进化的角度看待技术的进步，但从进化中得出的教训与库兹韦尔不同。马克·科奇（Mario Coccio）在其一本书中写道，技术进步是一个复杂的系统，包括技术选择、技术需求和试图解决复杂问题的科学进步。他引用了两个基本的理论，其中一种是竞争性替代理论，即更先进的技术取代旧的技术。然而，科奇也提出了技术寄生的概念，它把技术进步看作是技术相互作用的复杂系统。

例如，随着汽车发动机日益强大，推动了优化汽车轮胎、悬架和转向的创新。汽车的全面改进会影响人们使用汽车的方式，以不可预测的方式影响社会，比如人们对居住地的选择以及他们计划出行的方式。这些变化反过来又推动了汽车和其他技术的进一步变革。

清楚地预测复杂的相互作用系统会如何表现是极其困难的，但并非所有过去的预测都是可笑的错误。如果你考虑到整体情况，那么有一些令人印象深刻的成功。在某种程度上，过去所有人中，只有马克·吐温（Mark Twain）预测到了互联网。在1898 年发表的短篇小说《来自 1904 年〈伦敦时报〉》（*From The 'London Times' of 1904*）中，他写道：

> 一旦巴黎正式批准电传照相机的发布，它将立刻被投入公共使用领域，并很快与全世界的电话系统相连。随后还引进了改进版的"无限距离"电话，使身处世界不同角落的人互相看得见、听得见，能够谈论日常生活。

1900 年，一位名叫约翰·埃尔弗里斯·沃特金斯（John Elfreth Watkins）的工程师多次预言数字彩色摄影、手机、坦克和电视的出现。例如，他写道："无论身处何处，照片可以通过电报传输。如果一百年后中国发生了一场战役，一小时后，最引人瞩目的事件快照就会刊登在报纸上，并且照片将再现事件的原本色彩。"当然，他也犯了很多错误，比如他认为字母 C、X 和 Q 将从字母表中消失，但他的技术预测是有预见性的。

未来主义者设想冷藏车会广泛用于运输农产品，这对现代饮食产生了重大影响。可移动房屋、节育和医学成像也得到了预测（至少预测出了一般概念）。

沃尔特·克朗凯特（Walter Cronkite）在 1967 年的报道中向观众展示了 2001 年的现代住宅。他预测将来会有一种人们可以在家工作的办公室。这样的办公室将包含多台电脑，可以接收新闻、监控天气或股票市场；还会有座机，而且你可以用它来打视频电话。这些预测都非常准确，尽管有些并不成熟。

但前人曾预测的细节仍然很不准确。上面列出的每个功能都有自己的专用显示器，你可以通过旋钮进行控制。如果你想要的话，新闻阅读器可以打印一份纸质版报纸给你。当然，办公室是为家里的男人准备的，他也可以通过闭路电视监控房子里的其他房间，在闭路电视里我们可以看到母女俩在铺床。

除了偶尔取得的成功外，这些未来主义的尝试还有很多值得学习的地方。了解成功的未来主义所面临的诸多挑战，可以让我们了解自己、我们在历史中的位置，以及现在是如何塑造未来的。现在，我们回顾过去对未来的预测，可以窥见他们的心理、文化以及与技术的关系。

希望我们自己在预测科学和技术的未来时，能提高预测的准确性。至少，这项工作将成为未来主义时间胶囊的一部分。也许未来的未来学家会回顾过往，对我们的现在有所了解。

◎ 未来的科幻小说：公元 2063 年

尽管阿延什（Aayansh）度过了 3 天的周末，但他还是不喜欢周一。他通常星期一在家办公，但这次不是。他已经 72 岁了，今天将是他职业生涯的顶峰——ITER 热核聚变反应堆终于要连接到大陆同步电网了。

他坐进一辆无人驾驶汽车，开始最后一段前往迪朗斯河畔圣保罗的旅程，他检查了一下自己的前臂，上面显示着时间、当地天气和当天的行程。他有 11 条未读信息，按类别和紧急程度分类排序，但这些可以稍后处理。

当汽车升空时，他几乎没有注意到，引擎的电动嗡嗡声逐渐消失，他再次检查着自己的演讲稿。ITER 项目可能比猫还多几条命，它经历了无休止的拖延，也经受住了越来越多要求关闭这个昂贵项目的呼声。今天，那里可能聚集着抗议者。目前，在欧洲的能源基础设施中，风能和太阳能占 73%，纯粹主义者希望将所有的能源投资转移至此，使这一数字达到 100%，尽管想要实现足够的电网存储还需要几十年的时间。与此同时，第四代核裂变反应堆发电厂即将走到寿命的尽头。在接下来的几十年里，它们要么被彻底关闭，要么延长使用，要么被取而代之。

这就是 ITER 项目存在的原因——让那些核裂变反应堆发电厂保持运转，或者用核聚变发电厂取代它们。正是这一点推动了 ITER 项目的完成。如果让另一代人来完成，这一切就太晚了。太阳能和电池技术已经变得太便宜了。

另一个信息提示音引起了他的注意，是参与月球–ITER 项目的萨拉（Sarah），她负责在基地监视计划中的月球反应堆。在她被美国国家航空航天局（NASA）和欧洲空间局（ESA）联合委员会派往马里乌斯站附近的 ITER 项目担任负责人之前，她一直是阿延什在地球上的项目的次要负责人。录制的信息是虚拟现实的，所以他戴上眼镜，说了声"启动"，然后就突然坐在马里乌斯站上，面对着萨拉。

"我只是想祝你在你重要的日子里好运，希望那里一切顺利，否则我们的小项目也不能走得太远。"她指了指身后的大窗户，窗户上显示着日光下的月球表面。"在这儿，这台月岩混凝土 3D 打印机上个月到货了。一旦计划获得批准，一切都经过测试，我们就可以开始建造防范设备了。希望 20 年后我能为自己剪彩。"

她微笑着挥手再见，然后阿延什的视线回到了他的无人驾驶汽车上。他还戴着眼镜，但是切换到了增强现实模式，将地图叠加在下面的景观上。他可以看到远处的 ITER、庞大的设施、连接电网的埋地电线、附近的城镇、磁悬浮线路和公路。就在这个设施的另一边，矗立着十几个大约 30 层高的水培花园，其轮廓得到了增强，这些花园最终将由这个热核反应堆提供动力。当他坐下来时，他的视角切换了，突出显示了聚集在同一地点的数十辆无人驾驶汽车。

新闻无人机挡在他的汽车两侧，他心不在焉地挥手。如果能重获隐私将是个不错的变化。

　　无人驾驶汽车进入一个开放式着陆台，他摘下了眼镜。今天将是漫长而乏味的一天，但这样一来，他的星期一将很清闲。

第二部分

今天的技术将塑造明天乃至未来

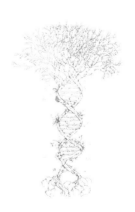

我们无法预测未来，但我们可以创造未来。

——诺贝尔物理学奖获得者丹尼斯·加博尔
（Dennis Gabor）

我们现在正在创造未来。在这一部分中，我们将回顾最有可能塑造未来的现有尖端技术。我们还将回顾每种技术的历史，就像是追随一个掷出物体的抛物线，并观察其将走向何方。创造未来的过程是永无止境的，有多个反馈回路以复杂的方式相互作用。当我们追溯这些轨迹时，确实会发现更大的模式，它们在一定程度上可以阐明未来的技术。

至少我们会了解到一些正在塑造我们现在的先进技术。

4
基因操纵

我们仍处于基因改造的原始阶段。

1985 年，美国科学家首次提出人类基因组计划，该计划的目标是完整绘制出构成人类基因组的基因图谱——DNA，这是从单个细胞发育成人类的一套指令。该项目于 1990 年正式启动，目标是在 2005 年前完成测绘工作，并于 2003 年 4 月提前两年完成。尽管耗资约 10 亿美元，但他们在预算内完成了任务。

DNA 测序技术在该项目期间取得了相当大的进步，并在此后的 20 多年中继续发展。科学家们现在已经对数百种动植物的基因组进行了排序。事实上，我们现在可以在两天内完成一个人类基因组的测序，而且成本只有 3000 到 5000 美元。这比 21 世纪初快了 2372 倍，便宜了 25 万倍。

现在人类基因组的测序快速且费用便宜，我们只需要对个体进行外显子组图谱绘制，就可以检测任何遗传疾病或异常。外显子组是控制产生蛋白质的基因（外显子）的重要组成部分，忽略了所有的"垃圾"DNA 和调控 DNA。花几百美元，你还可以绘制自己的遗传标记，以此确定你的祖先（但是我不能保证任何商业实验室的准确性）。

这代表了几何级数的进步，而不仅仅是线性增长或循序渐进，这也加大了人们对遗传学和基因工程未来的担忧和乐观情绪。

此外，科学家们正在绘制蛋白质组——构成人类或其他物种的所有蛋白质的完整列表。基因和蛋白质是生命的基本组成部分，绘制和操纵它们的能力本质上为我们提供了打开生物学世界的钥匙。我们可以肯定地预测，除非出现一些极端的文化反弹，否则基因技术的现状和发展方向将极大地影响我们的未来。

☝ 基因改造

几千年来，人类一直在对那些对我们生存至关重要的动植物进行基因改造。这是我们利用技术让环境适应我们的方式之一，比生物适应环境要快得多。传统的基因改造方法包括培育和杂交。通过简单地选择种植具有理想特性的植物从而得到下一代，我们可以将它们的一部分培育成更好的作物。

事实上，几乎我们食用的所有东西都经过了这种显著的基因改造。大多数现代作物看起来几乎一点也不像它们的野生祖先。在 20 世纪，我们学到了加快基因改造过程的一些技术。也许最重要的是杂交——相关植物通过杂交来产生有利的性状组合。例如，梅尔柠檬是传统柠檬和柑橘的杂交品种。美国种植的大多数甜玉米品种都是不同玉米品种的杂交品种。

自 1930 年以来，人们也一直在使用一种名为"突变育种"的技术。这项技术使用化学物质或辐射来加速突变，这样农民就可以选择一小部分具有有利性状的品种来培育新品种。在 1930年至 2014 年间,美国的农业系统中引入了 3200 种基因突变物种,包括小麦、梨、花生、葡萄柚和许多其他品种。

在 20 世纪末,又增加了一项新的技术,可以加快改变我们赖以生存的动植物品种(以及药物和燃料等其他事物)的进程。这包括通过关闭一个基因,变更一个基因,或者甚至在目标基因中插入一个来自相关的(顺基因)甚至遥远的(转基因)物种的全新基因,从而直接改变一个生物体基因的能力。这些技术已经培育出了抗虫害的玉米、不褐变的苹果、抗真菌的栗树等。最后的这项技术通常被视为"基因改造",尽管该分类比较武断。

通过该技术培育的品种,通常被称为"转基因生物",是培育和技术之间相互作用的一个典例。一方面,我们可以讨论这项技术目前的能力以及未来巨大的潜力。另一方面,我们必须研究社会对这项技术的反应,以及这对未来产生的影响。

目前有几种技术可以精确地改变生物体的基因组。这些技术虽不完美,但发展得很快。重组 DNA 技术于 1972 年首次实现。该技术将两个或多个物种的 DNA 结合成一条 DNA 链,使用参与正常 DNA 调控的酶,然后将该 DNA 插入宿主细胞(通常是细菌)以改变其功能。这项技术彻底改变了一些原本难以生产的药物的生产方式。

也许重组 DNA 技术最重要的早期应用是胰岛素的生产。以前,胰岛素必须从动物的胰腺中获取,而且制造过程缓慢,成本高昂,降低了其用于治疗糖尿病患者的可用性。然而,科学家们利用重组 DNA 技术,将产生人类胰岛素的基因转移到一大桶酵母菌体内。这种产生大量人类胰岛素的菌体改变了糖尿病的治疗方法。一项未来主义的技术已经成为现实，这是一项惊人的科学成就。

最初创造酵母菌的这些基因变化十分困难，成本高昂且耗时，这意味着只有资金充足、设备齐全的实验室或大公司才能做到这一点。我们需要一个可以针对特定 DNA 序列进行操作的可编程平台。从 1985 年的锌指核酸酶开始，现在已经发现并实施了三个这样的平台。锌指核酸酶可以识别并靶向试管或活体生物中的特定 DNA 链，并将可以剪接 DNA 的酶传递给该靶酶，从而实现删除或插入所需的遗传密码片段。

锌指核酸酶是一项巨大的进步，但开发一个基因靶标仍然需要几个月的时间，而且成本相当高。之后，在 2011 年，一种更快、更便宜的新方法被发现：TALEN——转录激活因子样效应物核酸酶。不久之后，研究人员引入了另一种基因编辑系统，将细菌作为其免疫防御的一部分：CRISPR——有规律间隔的成簇的短回文重复序列（这在新闻中经常出现，可能你已经听说过）。

CRISPR 本质上是一种靶向 DNA 序列的 DNA，可用于递送有效载荷，如 Cas-9，这是一种可以切割 DNA 的酶。其他类型的有效载荷也可以递送。TALEN 和 CRISPR 都可以精确切割 DNA，（相对）便宜和快速。如果你把 DNA 想象成一个遗传数据的图书馆，那么这些技术就像一个检索系统，可以带你找到你感兴趣的书、章节和句子。然后，你可以对该句子进行编辑、删除或替换。CRISPR 技术更快更便宜，但 TALEN 在某些用途上可能更精确。有了这些技术，靶向特定 DNA 序列所需的时间从几个月缩短到几天，现在世界上大多数研究实验室都可以实现这一点。

我们仍然处在基因改造技术学习曲线的陡峭阶段，而它们发展得如此之快，呈现几何级数的发展。这些技术还不完美。例如，存在脱靶的问题，这意味着 CRISPR 有时会在期望的目标之外靶向错误的 DNA 分子部分（图书馆检索系统可能已经在十几本不同的书中识别到十几个类似的句子，并将它们全部作为目标）。但科学家们已经在学习如何在这些系统的速度和精度之间进行权衡。通过改变所使用的酶和 CRISPR 的结构，他们可以减缓这一过程，减少错误的数量。

研究人员还在开发可以通过其他方式改造基因的新有效载荷。例如，研究人员已经创造了他们所谓的 CRISPR-On 和 CRISPR-Off 的技术。这些技术不会改变目标基因，它们只是关闭转录基因。现在，我们可以实现可逆的基因沉默，关闭基因，然后随时重新打开。在一些遗传性疾病中，如亨廷顿舞蹈症——一种导致痴呆和运动障碍的大脑疾病，其生物学危害不仅是由于蛋白质失去正常功能造成的，而且突变蛋白质本身也可能有害。因此，关闭突变基因可以减少损伤。

这些技术已经非常实用，而且似乎必然会得到进一步改进。在短期和中期内，拥有廉价、快速和强大的基因操纵工具意味着什么？我们必须先考虑它对研究本身的影响。这些是基因研究的首要工具。科学家们已经在加速这一领域的进展，这将继续增进我们的理解，从而提高科学家改造基因的能力。例如，如果你能打开和关闭一种蛋白质的基因并观察结果，就很容易看出这种蛋白质的功能。我们不仅需要基因改造的工具，还需要知道基因的作用，以及改造后的基因会如何改善健康和功能。

在短期内，可以肯定地说，人们将更快地发展转基因生物。我们已经有了抗虫害、抗旱、耐除草剂、耐寒、保质期更长的转基因生物。这些改变大多是为了提高农民的农场生产力和利润。然而，许多其他可能的应用领域正在开发中。

转基因食品的一种新奇的特点是营养强化，比如黄金大米。这是一种被插入了基因的水稻品种，可以产生 β-胡萝卜素（维生素 A 的前体）。这旨在将维生素 A 添加至主要食物中，是治疗人们维生素 A 缺乏症的一种策略。黄金大米品种已经上市，并正在进行监管审批程序。

在非洲，香蕉是一种主要作物——它们更像富含淀粉的大蕉，而不是我们所熟知的香芽蕉。在世界上的一些地方，主食香蕉占其总热量摄入的比例高达 40%。这些香蕉正受到真菌害虫的威胁（就像香芽蕉一样），并有可能最终被其消灭，但人们正在努力研发插入抗病基因的转基因香蕉。

转基因木瓜已经拯救了受环斑病毒危害的夏威夷木瓜产业。转基因技术有希望保护佛罗里达的柑橘作物免受另一种真菌的感染，即柑橘黄龙病的侵害。

整体情况是这样的，当我们试图养活数十亿人的时候，我们需要种植越来越多的作物。然而，大多数作物已经种植了长达几个世纪，作物的防御能力已经被削弱了。这是因为植物会产生毒素来保护自己，这些毒素是苦的，因为动物已经进化出了为了自卫而品尝毒素的能力。因此，人类培育了苦味更少、食用更安全的植物，但这剥夺了它们的天然防御能力。然后我们把这些植物种植在基因相似的单一作物的大片土地上，这实际上引来了害虫。简单地说，这个系统具有不可持续性。

人们关于这个问题的最佳解决办法展开了激烈的辩论，辩论的结果将决定我们的未来。我们可能需要进行病虫害综合治理、增加作物的遗传多样性、使用覆盖作物和轮作以及使用杀虫剂等多种方法。一种解决方案是通过基因工程改造作物，使其既能抵抗害虫，又能让人类享受到安全可口的食物。

这并不意味着我们为了进步需要使用最新、最先进的技术。有时，传统的育种技术或杂交仍然是最好的方法，也更容易、更便宜。但是，当整个主要作物产业受到威胁时，我们也需要转向转基因技术，就像我们已经做的那样。在接下来的 40 ~ 50 年里，为了拯救这些作物，我们很可能会看到转基因香蕉、橙子和其他作物的引进——除非政治上的反对过于激烈。

然而，人们似乎不太可能为了一个原则问题而选择挨饿。我怀疑转基因的结果将与第一次体外受精后发生的事情相似。很多人反对第一个"试管"婴儿，认为这不是自然受孕，担心会导致人口激增，但这项技术很快就变得司空见惯，那些可怕的预言没有一个成真。对那些不能自然受孕的夫妇来说，这个技术只是意味着多了一个选择。

同样，转基因技术也在默默地不断进步，它所生产的产品给世界带来的好处是难以否认的。即使是全世界在政治上最反对转基因的州之一——夏威夷，木瓜作为其最重要的作物之一，夏威夷州并没有对木瓜的灭亡坐以待毙，也慢慢地接受了转基因木瓜。

人们也在积极努力地研发转基因作物，以提高作物的光合作用效率。这可以使同样面积土地的生产率提高 20% 左右。另一个项目也正在研发中，即通过将大气中的氮与化合物结合，使其可用于化学反应，从而提高从大气中固定氮的能力。只有一些植物能够通过根部的共生细菌获得氮，但如果我们的主要农作物能从空气中获得所需的所有氮（空气中，氮气占了总体积的 78%），那将大大减少对氮肥的需求，并进一步提高生产力。

转基因生物除了提供食物外还有其他功能。转基因细菌和酵母已经用于制造药物。为了清理环境中的泄漏物，研究人员正在研究"吃"石油的转基因细菌。它们也可以吃其他毒素，或者被设定为在这些毒素存在时发光，提醒我们它们的存在。转基因生物也可以消耗垃圾，并从垃圾中制造生物燃料。

虽然我认为未来我们不会看到像电影《沉睡者》（Sleeper）中那样的巨型作物，但大部分作物很可能会被改造成抗虫、光合作用效率更高、能够自身固氮、保质期更长、风味更好、更有营养的作物。与此同时，我们还会继续采用传统育种方法，种植传统作物的自留种，使用其他传统农业技术。

我认为我们的农业困境并不会很快消失。在对环境造成最小影响的情况下生产足够的食物，同时在那些想要吃掉我们食物的害虫面前保持领先一步，这可能是一场无休止的斗争。

✋ 治疗疾病

自 20 世纪 90 年代以来，科学家们一直在努力完善基因疗法。一些早期尝试使用逆转录病毒将 DNA 插入患者体内，以纠正遗传缺陷。例如，由一种基因突变引起的囊性纤维化疾病，会引起黏液变稠，主要影响肺部，并导致病人早逝。不幸的是，治疗这种疾病的一些早期临床试验导致了致命的病毒感染，在解决这些问题的过程中，这项技术被搁置了几十年。

为了将基因改造技术传递至靶细胞，基因治疗也需要一种载体，比如病毒。换言之，CRISPR 可以靶向正确的 DNA 片段，但必须将 CRISPR–Cas9 蛋白输送至你想要改变的正确细胞。

一种方法是对培养皿中的单个细胞进行基因改造。如果在胚胎植入前对其进行改造，理论上就可以改写最终形成的生物体中的每一个细胞。也可以从血液或骨髓中提取细胞，进行基因改造，然后将细胞放回体内。

对活体细胞进行基因改造更为棘手。你必须将改造平台植入体内，并将其移植到你想要改变的细胞中。病毒载体是最常见的。病毒经过数百万年的进化，能够进入宿主的特定细胞，因此它们很擅长做这件事。人们对非病毒载体很感兴趣，比如使用 RNA 病毒，因为它们更安全，可以传递更大的有效载荷。然而，这在很大程度上仍是一项新兴技术。

显然，除了引入病毒外，还存在安全问题。基因改造技术本身具有严重的脱靶的危险，这意味着它改变了不是预期目标的基因。此外，我们使用的任何载体都可能将有效载荷传递给非目标细胞。

考虑到这项技术迄今为止的进步和这些进步的速度，似乎有理由相信这些技术障碍将被克服。即使是渐进式的进步也足以使基因治疗成为一种普遍的现实。事实上，这种情况已经在发生了。

人类已经成功地用 CRISPR 治疗了遗传性疾病镰状细胞性贫血。

因此，在接下来的 20 ~ 50 年里，基因治疗很可能会被用来解决更常见的遗传疾病。这些疾病并不一定能完全得到治愈，更有可能的是局部基因发生突变，但其足以显著减轻症状的严重程度。也可以引入不修复基因突变但补偿其影响的基因改变。例如，我们可以改变星形胶质细胞的支持细胞，帮助患病神经元保持更长时间的功能，从而减缓阿尔茨海默病等神经退行性疾病的发展。

基因治疗还能应用于其他医学领域。已经有研究着眼于如何使用 CRISPR 治疗癌症。CRISPR 可以靶向特定的 DNA，其中可能包括导致细胞癌变的突变 DNA。它们所要做的就是以这些细胞为目标，切割细胞中的 DNA，最终杀死细胞。CRISPR 治疗癌症的早期研究结果表明这一应用前景广阔。

我永远不会预测"癌症的治愈方法"，因为癌症不是包括一种疾病，而是包括多种疾病，并且事实证明，治疗癌症的难度极大。然而，大多数癌症患者的存活率一直在稳步提高，因为每一种新的治疗方法都增加了我们的工具，进一步抑制了癌症的发展。基因工具可能也是一样的，但由于事实证明它们非常强大，我希望它们的影响不仅仅是渐进式的。

除了特定基因突变能引起遗传疾病外，还有遗传易感性这个问题。例如，有些人比其他人更容易患心脏病。这就是为什么医生需要家族病史来估计人们患病的风险。降低患这些常见疾病的风险为医学基因改造又提供了一个机会。想象一下，如果我们能将糖尿病、高胆固醇、高血压或阿尔茨海默病的发病率降低一半，那么所有这些疾病的遗传成分都有可能被改变。

花哨的基因改造不会取代健康的生活方式。健康饮食、定期锻炼、充足睡眠、避免吸烟和喝酒等生活方式都会对我们的健康产生深远的影响。基因治疗可以协同进行，从而使我们的适应性更强，甚至可能帮助我们实现这些生活目标。

记住未来主义的基本原则：新技术并不总会取代旧技术，而是与旧技术共存。各种类型的基因疗法很可能会成为未来预防和治疗疾病的有力工具，当然还有现有的成熟方法与未来的其他发展。

👆 基因增强

我们将越来越多地使用基因改造来治疗和预防疾病，以及增强作物甚至动物的能力，这个预测实现的可能性似乎非常大。然而，更难以预测的是，我们将在多大程度上利用基因改造来增强人类的能力。这是我预料到的在伦理道德方面会遇到最多抵制的地方，而且已经有诸多国家的法律禁止这种应用。例如，在美国，可遗传的人类基因改造是完全禁止的。人类基因改造的具体应用必须单独获得批准，而美国食品药品监督管理局只批准那些旨在治疗疾病的应用。

在疾病预防治疗和基因增强之间可能存在一条微妙的界限。这在一定程度上是因为简单的基因多样性和健康与不健康的区别之间存在模糊的界限。例如，一个人要有多矮，我们才会认为他的身材矮小属于残疾？对于一些大多数人认为是疾病的情况，如遗传性耳聋、唐氏综合征，甚至是自闭症，有些人认为这些是非典型的正常人类变异。聋人社区中的一些人已经反对通过治疗耳聋来消除聋人文化。

因此，在通过改造基因来改变一个特征时，我们是在治疗一种疾病，还是在增强人类的能力？如果这种改造被视为效果没有明显提升的横向移动，那么它甚至可能被视为是在创造一个"定制"人类，其特征是根据个人选择、文化偏好、偏见甚至时尚而选择的。对于某些特征，比如眼睛的颜色，选择显然是出于审美考虑。至于其他方面，比如身高、体格和力量，治疗和增强之间的界限是模糊的。

从技术的角度来看，我们改变基因组以产生预期结果的能力至少正在稳步提高。如果我们继续发展这项技术，毫无疑问，在50年或100年内，我们将拥有从基因上设计人类的强大能力。这项技术最终成熟的形式可能是对本质上可编程的人类进行近乎完全的控制。

因此，预测未来的真正问题是，这项技术将如何被接受和监管。我们的底线在哪里？监管基因改造的尝试会成功还是仅仅会滋生黑市？

很明显，基因治疗疾病甚至预防某些疾病将被普遍接受。总会有技术恐惧者，但当涉及基因治疗时，他们可能会处于边缘，为了降低医疗保健成本，甚至有可能大力鼓励通过基因改造来减少疾病，甚至在某些国家会要求使用该项技术。然而，基本的增强功能将完全处于有争议的灰色地带。人们担心会产生"超级士兵"，或者像电影《千钧一发》（Gattaca）中那样，富人和权贵会成为基因精英。

眼睛或头发的颜色等中性但关于审美的选择可能不会引起激烈的争论，因为这些变化最终是中性的。但它们可能仍会引发文化上的争论。

最后，我们是否会像苏斯博士的史尼奇①一样？基因改造可能变得如此普遍，以至于文化遗产不再可识别（我们可能完全忘记了谁的肚皮上有星星标记）。这是好事还是坏事？可能两者都有一点吧。

人们对此产生了重要的推测，即如果允许广泛或自由地进行人类基因改造，不加以限制，我们的基因将会与遗传脱节。我们将不再受制于从父母那里遗传的基因。

如果发展到极端，人类基因改造还可能影响人类的定义。人类能够或者被允许吸收其他物种的基因吗？那全新的、完全人造的基因呢？人类会有尾巴、尖牙、翅膀、鳞片和其他明显的非人类特征吗？

人类也可能具有非人类的超级增强功能。我指的不是 X 战警那种从我们眼睛里射出激光束，而是被认为是超出常人的生物特征。例如，对组织进行基因工程使其再生，这似乎是合理的。我们可以从上到下重新设计人体解剖结构，让人类拥有两颗心脏、更多的动脉、坚固的韧带和肌腱、内置的大脑缓冲、使我们对大多数毒素免疫的超级肝脏，或者抵御感染和癌症的增强免疫系统。可能改进的方面还有很多。

我们还可以利用基因改造使人类适应其他环境，比如在月球上或空间站上生活，甚至在沙漠或寒冷的环境中生活。

---

① 出自童书《史尼奇及其他故事》（*The Sneetches and Other Stories*），有的史尼奇肚子上有颗星星，有的没有。——译者注

我们不仅可以改造自己的基因，还可以改造生活在我们体内和体表的细菌。通过改造共生菌群可以消除蛀牙、改善呼吸气味或减少胀气，在更好地消化食物的同时保持最佳体重，进一步帮助人体抵抗感染，并分泌各种有益的生物化学物质。

人类基因改造的潜力还有另一个极端的方面——我们可能会修改我们 DNA 的整体结构，而不仅仅是单个基因。例如，我们的大部分 DNA 都是"垃圾"DNA，因为它不编码蛋白质。有人估计"垃圾"DNA 所占比例高达 98.5%。这个数字是有争议的，因为我们不确定有多少 DNA 是调控性的，或者除了直接编码外还有其他功能，但有充分的证据表明，我们的 DNA 中至少有 75% 是垃圾，而真实的数字可能接近 90%。

如果我们对人类基因进行改造，消除所有明显的"垃圾"DNA，只留下我们必需的 DNA，会怎么样？这将大大降低生物成本和细胞繁殖的复杂性。我们的细胞不需要浪费资源复制不必要的部分，并且可以减少复制过程中出现复制错误的数量。

这样一个经过改造的基因组，无论是出于设计还是作为一种副作用，都会创造出一个单独的人类物种，无法与现有的人类物种杂交。这将创造科幻精英主义的终极产物：埃洛伊人和莫洛克人[①]。

[①] 出自英国作家赫伯特·乔治·威尔斯的小说《时间机器》（*The Time Machine*），它讲述了时间旅行者造出一个时间机器，并乘坐它飞到未来的 802701 年。在那里，他看到一副可怕的人类图景——未来的人类进化成为两种人：埃洛伊人和莫洛克人。——译者注

🖑 提升之战

除了人类，我们还可以把对基因的掌握运用到动物身上。我已经讨论了基因改造在农业、化学制造和环境清理方面的应用。

当我们试图用先进的基因工程来构想未来时，未来主义的局限性变得显而易见。然而，在中短期内，我认为我们可以做出一些高概率的推断：基因改造技术将继续变得更加先进，也更容易获得，从而产生越来越多的基因治疗。尽管转基因作物甚至动物会受到抵制，但它们有的正在被越来越多地采用，纳入我们农业挑战的众多解决方案之一，此外还有药物和其他制造和环境应用。我们至少将开始探索是否有可能通过一些有限的基因增强形式来改善人类状况。

然而，长期来看，基因操纵前景是模糊的。这在很大程度上取决于文化和个人道德的发展。也许有一天，我们对人的定义过于狭隘，会被认为古怪且落后。同样有可能的是，人们会对基因操纵的潜力采取措施，因为大部分人都支持自然状态，谴责任何"扰乱自然"的企图。

当然，有一个基因改造的应用我没有提及，因为它应该有自己的一章——将细胞转变成干细胞，然后可以应用到医学领域。在下一章中，我们将探讨干细胞技术、尚未兑现的承诺，以及这一切可能的发展方向。

5
干细胞技术

潜力惊人，但比我们想象的更棘手。

1958 年，法国肿瘤学家乔治·马修（Georges Mathé）对人类进行了第一次干细胞治疗。也许比干细胞疗法的历史更令人惊讶的是，半个多世纪后，在这本书出版的时候，马修使用的治疗方法仍然是唯一被证实的干细胞治疗方法。因此，尽管干细胞疗法是未来医学的象征，但它现在使用的仍然是 20 世纪 50 年代的技术。

干细胞是所有生物自然拥有的，具有分化为不同细胞类型的潜力，一切组织的愈合或再生都是这样发生的。成体干细胞可能出现在所有组织中，但已经得到明确证实，在骨髓、外周血、大脑、脊髓、牙髓、血管、骨骼肌、皮肤上皮和消化系统、角膜、视网膜、肝脏和胰腺中都有成体干细胞。有些成体干细胞也可以分化为几种不同类型的成熟细胞，被称为多能干细胞。只能形成一种细胞类型的成体干细胞是单能干细胞。

多能干细胞能分化成几种不同的相关细胞类型。例如，骨髓干细胞是多能干细胞，它可以分化为不同类型的血细胞，但不能分化为其他类型的细胞。多能干细胞可以分化为体内任何类型的细胞。仅来自胚胎的全能干细胞（也被称为"胚胎干细胞"）可以分化成任何类型的细胞。

干细胞还有另一个非常有趣的特性——永生性。你仔细想想，它们必须是这样，因为多细胞生命的胚胎干细胞有一个连续的遗传序列，这至少可以追溯到 6 亿年前。干细胞可以自我克隆修复它们所嵌入的组织。在体外培养中，干细胞系也可以永久保存。

追溯到 20 世纪 50 年代，当时马修正在研究动物骨髓移植——被称为"造血干细胞"的骨髓干细胞能够造血，不断补充红细胞和白细胞。马修发现，如果在同种动物身上进行骨髓移植（这被称为"同种异体移植"），受体动物的免疫系统会排斥移植。然而，如果他先用辐射破坏受体动物的骨髓，它们就可以接受同种异体骨髓移植。

辐射预处理之所以有效，是因为它会消灭受体的免疫系统（白细胞），然后受体基本上会接受供体的免疫系统。不过，用辐射消除受体的免疫系统十分危险，所以这个试验并没有在人类身上进行。

然而，在 1958 年，一个机会来了。几名南斯拉夫物理学家在一场反应堆事故中受到辐射，导致他们的骨髓坏死。马修为幸存者进行了同种异体骨髓移植。骨髓移植成功，并在一定程度上开始产生血细胞，这一过程被称为"移植"，因而这成为第一次成功的人类干细胞移植。然而，移植的免疫系统确实开始攻击宿主，因此马修是第一个记录"移植物抗宿主病"的人。这种基本的治疗方法，即放疗后进行同种异体骨髓移植，至今仍被用于治疗某些类型的血源性癌症。

那么，如果我们仍然局限于使用 20 世纪 50 年代研发的治疗方法，为什么会有这么多关于干细胞治疗的炒作呢？为了公开和透明起见，目前存在几种类型的组织移植，如皮肤和视网膜，需要移植组织中的干细胞才能愈合和发挥作用。这些是一种类型有限的间接干细胞移植，但并没有真正被视为干细胞治疗。

人们对干细胞兴趣的增加要部分归功于我们在理解遗传学和基因改造方面的进步。关于什么使干细胞具有多潜能性或多能性的基础科学一直在稳步发展。为了进一步推进这项研究，科学家们依靠具有最大干细胞潜力的胚胎干细胞。然而，保守派对从流产胎儿或未植入的受精胚胎中获取细胞表示担忧。当乔治·沃克·布什（George W. Bush）在 2000 年当选总统时，他很快就加入了这场文化战争。随着新的共和党总统上台，似乎到了反对干细胞研究的时候了。

这反过来又引起一些科学家和其他人论证干细胞治疗的巨大潜力。据推测，它可以治愈阿尔茨海默病等退行性疾病，使衰竭器官再生，并开创现代医学的新时代。禁止这项研究只会把这项关键技术拱手让给我们的竞争对手。

这时，干细胞治疗开始进入公众视野。

2001 年 8 月 9 日，布什签署了一项行政命令，禁止从胚胎干细胞中创建任何新的细胞系，但允许对已经存在的细胞系继续进行研究。这被认为是一种"寻求折中"的解决方案，但其最终大幅减少了美国联邦对干细胞研究的资助。一些州，尤其是加利福尼亚州，用自己的资金填补了这一空缺，这项命令最终在 2009

年被奥巴马总统推翻。

然而，与此同时，科学进步大多（但并非完全）使这个问题变得毫无意义。在这段时间里，成体干细胞的技术取得了长足的进步。转折点出现在 2006 年，当时研究人员山中伸弥（Shinya Yamanaka）和高桥和利（Kazutoshi Takahashi）能够将小鼠的成体多能干细胞转化为多能干细胞。一年后，人类成体干细胞完成了这一实验。这种新型干细胞被称为"诱导性多能干细胞"。令人惊讶的是，这一伟大成就只需改变 4 个基因就可以实现。

诱导性多能干细胞的发展改变了游戏规则，原因众多。其中最重要的是，它在很大程度上消除了从胚胎中获得多能干细胞的需要。多能干细胞在研究方面仍然比诱导性多能干细胞有一些优势，但后者可以避免伦理争议。

然而，也许更重要的是，诱导性多能干细胞技术允许从成年人身上产生多能干细胞。在骨髓移植时，排斥反应是一个重要问题。然而，如果能够移植来自受体自身细胞的干细胞，那么它们在免疫上是完全相同的，就不会有排斥反应的问题。

干细胞基础技术的突破只会放大对其医疗潜力的炒作。但这样做的一个重大弊端是出现了许多虚假的干细胞诊所，这些诊所通常位于医疗监管不力的国家。患有严重疾病的绝望患者不断被诱骗到这些诊所，并被承诺可以得到神奇的干细胞治疗，但通常要花费数万甚至数十万美元。不幸的是，没有证据表明这些治疗方法是否安全有效，在大多数情况下，他们注射的药物甚至未经过认证。

事实上，这些唯利是图的诊所经营者利用了未来主义者最常见的谬论之一：高估短期进步的倾向。基础医学研究通常需要 20 到 30 年才能进入临床，而这些诊所比计划提前了几十年。

每种新药物不仅需要时间来确定细节，证明其安全性和有效性，而且干细胞还存在重大的技术障碍。更悲观的专家甚至担心，干细胞可能永远无法克服这些障碍，发挥其所承诺的治疗潜力。

第一个巨大的障碍与干细胞的负面潜力有关。为什么我们不能像蜥蜴一样，尾巴断了还能重新长出来呢？这是因为干细胞是把双刃剑。干细胞的永生性和无限自我复制的能力与另一种细胞的特征相似——癌细胞。干细胞能够长时间存活也意味着有更多的时间来积累基因突变，从而使它们变成癌细胞，而这些致癌突变已经在多能干细胞中被发现。进化的力量优化能力强，因此我们可能拥有理想数量的成体干细胞，足以保持我们的组织存活和健康，同时将患癌症的风险降至最低。

将多能干细胞注入人体内确实具有让受体患癌症的风险，许多研究都集中在识别和减轻这种风险上。这项研究还在进行中，但是问题还没有得到解决。

干细胞治疗的另一问题是让干细胞做我们想让它做的事情。对于骨髓来说，干细胞只需要存活和繁殖，这可能就是为什么这是唯一被证实的治疗方法，但其他细胞需要做更多的事情。例如，如果我们将神经干细胞注入因中风而受伤的大脑，它们需要到达大脑中正确的位置，并与其他脑细胞建立实际有效的联系。

因此，具有复杂结构的组织对干细胞再生提出了技术挑战。由于这个原因，可轻易治疗的目标很可能是结构最简单的组织，比如皮肤。心肌治疗也可能合理，因为心脏细胞会连接到其他心脏细胞，并自发地与其他心脏细胞同步跳动。因此，为受损心脏注射一些干细胞可能是干细胞早期的应用之一。

我们的基本科学对细胞之所以形成干细胞的原因、其基础遗传学知识以及如何操纵干细胞的理解正在不断深入。然而，临床应用还需要几年甚至几十年的时间，因为这是一项非常复杂的技术。尽管如此，干细胞治疗仍有潜在的用途，我们需要探索，关注它在近期和长期的发展方向。

👆 注射干细胞

干细胞的一个更明显的应用是将这种细胞的浆液直接注射到人体内，或者注射到血液中，或者注射到特定的器官或组织中，以治疗疾病或损伤，甚至逆转衰老对人体的影响。

这样的想法很简单，不过由于上述原因可能很难实现。但如果我们能让它发挥作用，干细胞将分化成适合受伤组织的细胞类型，然后取代受损细胞。这种疗法可以改善萎缩的肌肉，替换心脏病发作后受损的心脏细胞，替换中风后失去的脑细胞，再生因烧伤受损的皮肤，或者替换Ⅰ型糖尿病患者的胰腺中产生胰岛素的细胞。你可以把这个原理应用到身体的任何器官或结构上。

同样，干细胞也可以替代病变或异常的细胞。在前一章中，我们介绍了通过基因治疗遗传疾病以及靶向所有需要改变的细胞的挑战。或者，你可以对从患者身上提取的少量干细胞进行重新编程，然后将其重新输入患者体内，替换足够多的病变细胞，从而修复突变引起的任何疾病或缺陷。这种方法已经被用于治疗镰状细胞性贫血，这是一种基因突变，会导致红细胞畸形，堵塞毛细血管。

同样的方法也适用于肾上腺分泌激素过多或过少的情况。肺表面活性物质具有保持肺泡张开和功能的作用，如果患者的肺表面活性物质不足，可以给他们提供干细胞，或者替换肌肉萎缩症患者的肌肉细胞。

另一种方法不需要替换细胞，而只是将支持细胞注射到患病或受损的组织中。由于干细胞不需要取代现有细胞或建立复杂的连接或解剖结构，这一过程将更加容易。它们只需要开始运作，存活下来。这些细胞可以被编程释放激素来支持其他细胞的功能，改变局部环境，甚至分泌药物。将干细胞作为支持细胞是一种很有潜力的疗法。

干细胞治疗也可以用来逆转衰老带来的影响，比如生长骨骼或替换磨损关节的软骨。干细胞治疗也可以增强只是老化而没有病变的器官的功能；甚至可以在皮肤中注射胶原蛋白，使皮肤看起来更年轻。

如果我们能弄清楚刺激已经存在于各种组织中的成体干细胞的方法，让它们繁殖和替换所有衰老、受损或病变的细胞，我们甚至可能不需要注射干细胞。假设我们可以在不增加患癌风险的情况下做到这一点。理论上，这项成熟的技术可以用年轻的干细胞取代体内的大多数细胞，在保持受体活力和健康的同时大大延长寿命。

虽然在短期甚至中期内都不可行，但从理论上讲，这在遥远的未来是可能实现的。我们确实有一个以动物为试验对象的例子，可能会为这种方法的可行性提供信息——不朽的水母（确切来说是一种"胶状物"）。灯塔水母（Turritopsis dohrnii）是一种小胶状物，当受伤或患病时，它会恢复到未成熟的息肉阶段，然后再生为成年的克隆体。据我们所知，这种自我克隆可以无限期地重复下去。

然而，这种类型的干细胞再生更像是另一种干细胞疗法：培育整个器官，我们将在下文讲到。

✋ 培育器官

世界卫生组织估计，全世界每年会做超过 10 万例实体器官移植手术。器官衰竭可能是致命的，或者需要肾透析等特殊医疗干预来维持病人的生命。

器官移植虽然可以挽救生命，但也有很大的局限性。首先是捐赠器官的供应情况。有些捐献器官来自刚刚去世的人体，而有些来自活体捐赠者。仅在美国，每年就有大约 7000 人因无法及时获得器官移植而死亡。对于那些足够幸运的人来说，为了防止他们的身体排斥移植器官或防止移植损害他们的身体，他们将需要终生使用免疫抑制药物。

我们不需要注射干细胞，可以用干细胞在体外构建或培育器官，以备日后移植。这就是诱导性多能干细胞非常有用的地方。我们可以从患者身上取得皮肤细胞样本，将其转化为诱导性多能干细胞，然后引导它们分化为所需的细胞类型，这是很有可能实现的。通过这种方式，我们可以使用患者自身的细胞培育器官，从而使其具有患者的免疫特性。这种方法不会出现排斥反应，因此不再需要任何免疫抑制治疗。

然而，这还需要一些附加技术。我们需要的不仅仅是一团肝细胞，而是一个肝脏。将干细胞放入培养皿中并不会使它们转化成完整的器官。在从胚胎到成人的正常发育过程中，器官在特定位置形成，并对附近的生理结构、局部生理环境和化学信号作出反应。换句话说，器官是在整个生物体内发育的，而不是在培养皿中。

干细胞形成完整的器官有哪些方法？其中一种是让它们附着在活的动物身上。你可能记得一只背上长着耳朵的老鼠。活体宿主可以为新的器官生长提供所需的营养和氧气。一些器官可能需要在动物体内的环境中生长。这可能需要对宿主动物进行一些基因改造，防止它们在器官生长时排斥器官。

另一种方法是使用支架——为成熟器官提供结构，同时干细胞在其上生长的物质。这项研究已经在进行中，使用捐赠的器官，去除其中的活细胞，同时保留结缔组织。这种结缔组织就是支架，最终形成一个完全成熟的器官。我们还没有做到这一点，但这种做法前景广阔。

三维打印技术也可以打印细胞，这种方法已经投入使用。干细胞可以层叠在一起，并被"打印"到所需器官的结构中。这项技术已经与支架技术相结合——将细胞打印到支架上。

另一个理论方法是创造整个器官生长的人造环境，这一方法还未进行研发。这些就像《沙丘》科幻剧集系列中的 Axlotl 坦克，（据称）被用来培育替代器官。

在动物体内培育人体器官也有可能。与干细胞相比，基因改造与其相关性更大，但我在这里将其包括在内，因为这是一种可能的器官移植方法。例如，为了培育具有人类免疫特征的心脏，研究人员一直在研究对猪进行基因改造。理想情况下，这些具有人类免疫特征的猪心将与人类普遍兼容，并且被设计为不会引发免疫反应。这种动物器官供体甚至可以通过基因工程使其与预期受体的个体免疫标记物相匹配。

2022 年年初，第一位存活的人类受体大卫·贝内特（David Bennett）接受了转基因猪的心脏移植，这只猪具有 10 个基因改变。但他仍然需要强大的免疫抑制来避免排斥反应，不幸的是，他于 2022 年 3 月去世。

最后一个培育替代器官的例子出现在 2005 年的电影《逃出克隆岛》（*The Island*）中。伊万·麦格雷戈（Ewan McGregor）扮演的角色生活在一个封闭的未来社会，在那里他得知了一个可怕的事实，他是一个富有捐赠者的克隆人，生活在"真实"世界之外。在他所处的社会里，所有的人都是克隆人，他们对自己的本质一无所知，他们存在的意义是为了给他们的主人提供器官。他们被告知"中了"彩票，将被送到一个田园诗般的岛屿上生活。然而，他们只是牺牲了，他们的器官被摘取了。

在猪等动物体内培育与人类相匹配的器官是近期技术上最有可能实现的应用，但由于动物权益问题以及人们一直反感将动物和人类器官混合在一起（尽管猪瓣膜和其他动物器官经常用于人体），这一技术发展受限。关于在人体上移植动物器官的争论始于 1984 年 10 月 26 日，当时一位名叫史蒂芬妮·菲伊·波克莱

（Stephanie Fae Beauclair）的女婴接受了狒狒的心脏移植，后人称之为"费宝宝"。她只存活了 21 天就离世了。这一事件引发了激烈争论，从那以后这项技术发展缓慢。

然而，如果以史为鉴，这些争议将随着这项技术的成功而逐渐消失。动物器官移植拯救的人越多，理论上的反对意见就越少。我认为人们对动物移植的反感会像对体外受精的犹豫一样。

器官移植的需求巨大，但消除免疫抑制需要雄厚的财力。实现这一目标可采取多种方法，因此这是未来技术方向的一个分支点。目前，在动物身上培育与人类相匹配的基因改造器官具有巨大的长期潜力，我认为这有可能在短期内取得成功。

👆 永生

基因和干细胞技术结合的最终表现形式会实现虚拟永生吗？智人会像灯塔水母一样用新鲜的细胞完全取代我们身体中的所有组织吗？我们能让自己长出一个全新的身体吗？

这里的根本问题是人类的大脑。水母不需要担心它们过去记忆的连续性。如果我们长出一个包含全新大脑的身体，那就不是我们自己了，而是一个克隆体。理想情况下，我们的大脑（也就是我们自己）需要为自己培育出一具全新的身体。这可行吗？今天的任何技术都行不通，但这在理论上是可以实现的。

一种前景是，我们可以培育出一个克隆的身体，然后将我们现有的大脑移植到新的身体上，尽管大脑移植目前还不可能，就算有可能的话也还需要几个世纪才能实现。我们也可以将自己的记忆转移到克隆体的大脑中。然而，这不切实际。你并不能将你自己"转移到"一具躯体中。再次强调，人类的大脑才是人类自己。你最多只能复制一个自己的躯体而已，有些人可能会说这是一种永生。克隆版本的你会存在，但毫无疑问，那不是你。你会死，而你的克隆体会活下去。

还有一种可能，在我们存在的大脑周围培育新的身体。也许我们可以开发一种干细胞再生的形式，我们进入一种蛹式的状态，在这种状态下，除了我们的大脑外，所有的东西都变成了黏液，这就为干细胞提供了养分。然后这些黏液会被培育成一具完整的可替代的身体，能与存在的大脑相连接。当然，除非我们也有使其加速增长的技术，不然长成一具成人的身体还需要 18 年。再次强调，我们在谈及遥远的未来。这需要对生物过程进行一定程度的控制，而我们今天只能想象。

干细胞的潜力确实具有变革性，从理论上讲，它可能让人类实现某种形式的永生（尽管我们必须在这一点与反复经历发育期之间取得平衡）。然而，这项技术非常棘手，很难预测何时会真正成熟并应用，以及其最终应用结果能否实现我们所期望的目标。

此外，虽然基因工程和干细胞技术可以让我们更长寿、更健康，但它们并不是通往神经永生的途径。为此，我们需要一种新的方法，一种数字化方法，将大脑与计算机连接起来。

6
脑机接口

人类已经开始赛博格化。

未来，我们不仅会使用技术，还会成为技术的一部分。我们将会与机器融为一体——事实上，我们已经开始这样做了。

1960 年，来自纽约州奥兰治堡罗克兰州立医院的两位科学家曼菲德·克莱恩斯（Manfred Clynes）和内森·克莱恩（Nathan Kline）发表了一篇题为《赛博格与太空》（*Cyborgs and Space*）的文章，他们在论文中探讨了生活在恶劣太空环境中的人们所面临的挑战。来自奥地利的神经学家、古典音乐家克莱斯和来自费城的精神病学研究员克莱恩认为，与其让太空去适应人类，让人类去适应太空这一想法显得"更合乎逻辑"。为此，他们断言，要做到这一点，我们必须建立"人机系统"，他们还提出了"赛博格"这一术语，该词由"控制论"（cybernetic）与"有机体"（organism）两个词拼合而成，用来指代这些半生物、半机器的实体。从那以后，赛博格便成了科幻小说的主要内容。

赛博格的概念对未来主义产生了深远影响。在探索未来技术的潜能时，我们不仅要考虑哪些技术会存在，还要考虑我们与技术的关系将如何演变。我们之前探讨过，人类可以通过操纵基因密码来改造自身、宠物、食物乃至周围的环境。现在我们将窥探如何通过与非生物技术相结合来重塑自我。

人类已经开始赛博格化了。许多人在体内植入了各种医疗设备，包括心脏起搏器、脑深部刺激器、假肢、支撑退化脊椎的内固定器等。我们也在不断研发完全机械化的器官，比如人造心脏。

植入式设备正变得越来越小，性能越来越强，电源也愈发便携。工程师们也在探寻如何从环境中获取微量的能量——比如从热量或微小机械运动中收集能量，从而确保植入式设备能够从生物功能中收集所需的能量，如此一来，就更接近克莱斯和克莱恩所设想的"人机系统"。

为了让人类与技术完全融合，让技术完美地成为我们的一部分，我们需要一个实用的脑机接口（BMI）。我们的大脑需要直接控制身体的机械部件，并接受它们的信息。就像大脑既能感知又能控制人体的每一个部分一样，理想情况下，机械部件也会如此。

在过去的20年里，脑机接口技术突飞猛进，这一成功让人们对赛博格的未来越来越乐观。然而，这一技术能否成功，我们仍无从知晓。关键的问题一直在于，人脑会适应机械接口吗？此类接口会让人们感到真实吗？把机械臂绑在身上，与将一只机器臂融入自己的身体，是两种截然不同的体验。

科幻小说对赛博格的描绘往往都忽视了一个问题：他们认为这个接口会让人感到很自然。达斯·维达（Darth Vader，一位赛博格）用光剑砍下卢克·天行者（Luke Skywalker）的手臂后，卢克得到了一只全新的机械手臂，他似乎能自如地感知并控制他的假肢，仿佛假肢成为他的身体天然的一部分。在《星球大战》（*Star Wars*）以及其他科幻电影中，对赛博格的刻画往往没有涉及脑机接口，但是这是最关键的技术。

脑机接口要发挥作用需要什么条件？首先，大脑释放的神经冲动要能够驱动电子设备，包括电脑元器件和机械假肢。这是相对容易实现的部分——大脑的神经冲动本质上就是电信号，你可以通过头皮电极监测脑波活动。1924 年德国精神病学家汉斯·伯杰（Hans Berger）首创了这项实验，自此以后就一直沿用至今。

事实上，用大脑控制机器的方法有好几种。我们既可以用电极直接记录脑电波，并以某种方式将这些信号转化为目标动作，也可以将机器连接到提供电信号的神经末梢上。或者，在条件允许的情况下，肌肉收缩产生的电脉冲可以提供控制信号。我们将在后文探讨这些技术。

其实，人体本质上就是一台电机。每个细胞外膜上都有一个电势。骨骼肌、心肌、神经和脑细胞都进化出可以利用电势来传递信息的机制，这与我们的电子技术适应良好，无论是模拟技术还是数字技术。

那如何将信息从机器传递到大脑呢？这可能有点困难，因为传递到大脑内部各个区域的感官信息众多。其中有些是特殊感官，包括听觉、视觉、嗅觉和味觉。内耳还包含前庭感觉，可以检测重力和加速度的方向。另外，触觉包括软触觉、压力感、本体感觉（感觉到自己的身体部位在三维空间中的位置）、振动感、温度感和痛觉等。

然而，只要负责感觉的中枢通路完好无损，那机械传感器便能将信号发送到正确的通路上。例如，一只接入视神经的义眼应当能正常发挥功能。

因此，在没有任何理论限制的情况下，大脑可以发送和接收电信号。到目前为止，一切都很顺利。而真正的目标是让人们有意识地体验这一切。人类的大脑能够像控制自然的生物肢体一样控制机械肢体吗？答案似乎是肯定的，这要归功于所谓的"神经可塑性"。

大脑是一个适应性很强的器官，为了理解神经可塑性，了解一些关于哺乳动物大脑功能的基本知识很有必要。大脑在发育过程中，甚至在出生后很长一段时间内，都是根据基因中的指令以及它们的使用和受到的刺激来进行自我组织的。例如，视觉皮层只有在接收到视觉信息时才能完全发育，而先天失明的人就无法发育。因此，大脑能够映射整个躯体和世界。

当我们处于生长发育期时，这种映射过程更加显著，且它永远不会完全停止。由于神经的可塑性，即使是成年人，大脑也可以在受伤后或接受新的用途时重新映射自己。那么，问题来了，大脑的可塑性能否让它学会如何控制新的机械肢体？现有研究表明，大脑的确可以做到，也许正是这一点为脑机接口和有朝一日将由大脑进行控制的控制论开辟了广阔的前景。

顺便提一下，未来主义者在很大程度上忽略了这一点。《星际迷航》（*Star Trek*）电视剧原初系列中的麦考伊医生（Dr. McCoy）也构想了300年后的未来，但这个未来还没有入侵大脑的技术。现代神经科学已经超越了吉恩·罗登贝瑞（Gene Roddenberry）所构想的 23 世纪的技术。

脑机研究至少可以追溯到 2012 年，当时亚伦·C. 科拉里克（Aaron C. Koralek）等研究人员证明，老鼠可以学会只用大脑控制神经假体，而无须移动身体的任何部位。他们训练老鼠通过阅读它们的大脑活动来发出一定的噪声，以获得食物奖励。音调只由他们的大脑活动所决定，与动作无关。

在那以后的几年里，研究人员已经教会猴子通过大脑活动来操作机械臂进食。他们还对人类进行了类似的脑机接口研究，人类学会了如何用大脑控制电脑屏幕上的光标，或控制机械设备。

在各种情况下，受试者都能很快学会这项新技能。他们的大脑适应后感觉控制起来很自然。事实上，这种神经可塑性只是正常学习过程的延伸。你通过一遍又一遍的练习来学习投篮。最终，不用再思考如何投篮你就能投篮了。这是因为你的大脑已经形成了自动投篮的必要路径，而不需要有意识地努力去做这件事。同样的过程也适用于控制机械假肢。

不过，还是感觉少了点什么。报告显示，受试者在使用机械假肢代替缺失的肢体时，感觉并非百分百自然。他们必须集中精力看着自己的机械假肢。他们缺少我们认为理所当然的东西：感官反馈。

我们的大脑不只是朝着一个方向运作，例如，从大脑到肌肉不是直线单程的，而是处于回路之中。在你移动手的时候，同时你也能感觉手在动。你能感觉到手的位置，也能感受到手是身体的一部分。你也有一种在控制着你的手的主观感觉。这些对运动控制都很重要。

神经科学家之所以了解这些功能，部分原因在于他们研究了由于脑损伤（比如中风）导致这些功能缺失的情况。在这种情况下，人们会失去感知或控制部分身体的感觉。这使得研究人员能够确定产生这些感觉所需的回路。大脑中确实存在一个"所有权模块"——它是一个能够让我们感觉到身体的每一部分都是整体的一部分的神经回路。还有一些回路让我们感觉我们可以控制自己的身体。

这些回路的工作原理是，根据我们所看到和感受到的，将我们想要做的事情与实际发生的事情进行比较。比如说，我想举手。我感觉到我的肌肉在收缩，感觉到我的手在举起，并且我能看到它在上升。此时，我的大脑回路会很兴奋，因为一切都能匹配上，我也会获得一种感觉——事实上，我能控制我的手。

因此，为了让机械肢体感觉灵活自如，就需要提供一些感官反馈关闭这个回路。研究人员也在研究一种名为"触觉反馈"的技术来实现这一目标。为了提供一些感官反馈，神经科学家已经升级了具有一些振动感的"仿生"肢体。用户报告说，使用"仿生"肢体感觉更自然，可以更灵活地控制肢体，尤其是在不看肢体的时候。闭合这种感觉回路也会产生一种错觉：机械假肢并不只是附在身体上的机器，而与身体融为一体。

其实，这种"所有权错觉"影响可能非常深刻，也很容易产生。只需同步视觉和触觉，就能引发错觉。

在目前的经典实验中，研究人员会让受试者坐在桌子旁，一只手臂放在桌子上，另一只手臂放在桌子下面。桌子下面的手臂用纸板盖住。与此同时，在桌子上放着一只橡胶手臂，代替现在看不见的那只手臂。如果研究人员触摸橡胶手臂，并让受试者看着它，同时触摸纸板下的手臂，这可能会引发橡胶手臂就是他们自己手臂的错觉。大脑会被视觉和触觉信息的同步性所欺骗。

这种错觉可以应用于全身。在某项研究中，受试者戴着虚拟现实眼镜，通过眼镜，他们可以接收身后的相机传来的信息。因此，他们看到了自己背后的实时影像。如果有人触摸他们的背部，受试者会看到并感觉到他们面前的"化身"被触摸。这会让受试者产生一种错觉，即受试者能够控制他们在虚拟现实中看到的影像。

所有这些研究都表明，大脑被入侵的程度似乎没有任何限制，因为它感觉自己是机械部件——大脑能够感受和控制机械假肢，仿佛它是真实肢体一样，或虚拟实体的一部分。唯一重要的是大脑感知信息的方式。

这其中的原理是，我们的现实感最先是由我们的大脑构建的一种错觉。我们的存在感、我们与宇宙其他部分分离的感觉、我们能控制整个身体的感觉，以及我们控制身体每个部位的感觉，都是一种活跃的神经结构所产生的。这使我们能够入侵这种结构并添加新部件。

到目前为止，我主要谈论的是现在，即技术的现状，但有一个非常清晰的迹象表明了未来技术的发展方向。人类的大脑与机器人或虚拟现实相连接的程度在理论上不受限制。唯一的限制因素就是技术。

这个技术难题部分在于软件和运行它们所用的计算机。软件技术已经非常先进，人工智能算法（我们将在第 9 章看到）可以达到惊人的成就。解释脑电波并将其转化为预期行动所需的具体算法正在迅速发展。这项技术的软件部分不是限制因素，实际上技术是领先的。我们需要软件做的一切事情，软件现在已经可以完成了，或者只需快速训练就可以做到。

计算机也足够强大，可以控制我们可能想要的任何赛博格设备。然而，计算机芯片的尺寸，尤其芯片所需要的能量和产生的热量，限制了计算机技术的发展。根据不同的应用，理想情况下，我们希望小型计算机芯片耗能少，产生的废热少。例如，我们不希望植入的芯片烧坏脑组织并造成损伤。不过，我认为这不是最终的限制因素。即使只是按照目前的技术进步速度推断，计算机技术也应该远远领先于我们对赛博格的需求。

通过将计算机组件放置在大脑之外而不是直接植入大脑内，能耗、热量、尺寸等大部分问题都可以迎刃而解。然而，这需要一种与大脑沟通的方式，这就引出了最后一个组成部分——电极。

到目前为止，人类对脑机接口的研究主要包括通过颅骨远程读取大脑电活动的头皮电极。这种方法具有非侵入性，易于使用，但由于颅骨会干扰电信号，因此分辨率有限。动物研究已经发展到直接与大脑接触的植入电极。这提供了更高分辨率的信息，但具有侵入性和风险。植入电极的局限性在于大脑会随着血液流动而轻微搏动。即使是微小的运动也会改变大脑对电极的反应，从而改变电极的信号。这种运动也会引起摩擦，产生瘢痕，最终会阻断向电极发出的信号。

然而，对于这个问题，已经有几种解决方案在酝酿之中。其中一种被称为"支架"（Stentrode）（由 Synchron 公司制造），它是一种内置在支架中的电极阵列，放置在从大脑排出血液的静脉内。这将电极放置在头骨内部、大脑皮层附近，这种方法与必须打开头骨并将电极放在大脑内相比，更安全、侵入性更小。

另一种方法是用柔性材料制作柔性电极。这使它们能够随着大脑的运动而弯曲，与大脑信号保持一致，而不会产生瘢痕。

还有一种可能是微电极——比人的头发丝还薄（这是普遍薄度比较）。成千上万的微导线可以安全地穿过大脑进入深层神经组织，提供极高分辨率的信号捕获。在所有方法中，这种方法的接口可能最稳固，并且原型已经成功地进行了测试。

还有一些推测高级接口的想法，比如神经"尘埃"。这使用了一群纳米电极读取神经元活动，并使用超声波与植入板进行通信。研究人员已经用这种方法进行了初步的概念验证研究。

虽然这项技术要达到成熟的应用还有很长的路要走，但似乎没有任何致命障碍。脑机接口技术和赛博格技术都已经存在，我们只需要不断进步。那么，它们在未来将引领我们走向何方？

成熟的脑机接口将使假肢与身体无缝相融。我们可以替换失去的肢体、视力或听力，它们会正常运作，毫无违和感。所有这些应用的初始版本已经存在，比如人工耳蜗，但这仅仅是个开始。

一旦我们可以完全替换缺失或受伤的身体部位，我们就能拥有超出正常生物能力的功能。这就是"仿生人"的优势——更强、更快、更好。但为什么要局限于原来的身体呢？我们甚至可以增加新的肢体。人类的大脑能适应更多的肢体吗？当然可以。大脑的可塑性并不局限于原先设定好的身体，而是会映射到它所实际拥有的身体上。实际操作起来一定存在限制，因为大脑能够处理的信息有限。当然这也可以解决，只要我们可以增强大脑本身。

这就是我所谓的章鱼博士（Doc Ock）法。在《蜘蛛侠》（Spider-Man）的某些版本中，超级大反派章鱼博士在背上移植了四只机械触手，通过脑机接口进行控制。并没有理论依据证明为什么这个配置不起作用。《星际迷航：下一代》（Star Trek: The Next Generation）里的乔迪·拉福吉（Geordi la Forge）是一位来自星际舰队的军官，他出生时就双目失明，但可以通过一个叫作VISOR 的设备视物。他拥有了一种极为强大的视觉能力，能够看到正常人眼看不到的波动甚至粒子。

理论上，赛博格技术能够增强人类的任何能力，我们的大脑将会完美契合这些技术。这种技术的最终标志性形态是受脑脊液保护的大脑与机械身体完全融合。大脑通过脑机接口来实现所有的信息输入和输出，而身体将完全是人造的。

脑机接口并不局限于与身体相连的技术。一旦脑机接口与计算机芯片相连，该芯片就可以配备无线技术，或者未来的任何等效的通信技术（比如蓝牙）。然后，大脑就可以通过芯片进行无线传输。

因此，理论上，人类可以通过脑机接口与一切相连。你可能切身感受到自己变成自己的汽车或者房子。你也可能将自己的感官延伸到远处的相机或音频设备。通信技术可以直接整合到脑机接口中。最终，人类将如同行走的个人计算机。

当然，一旦大脑与无线网络相连，你就可以连接到其他人的大脑。技术版读心术（ESP，或超感官知觉）将成为可能。多人的超感官感觉将会聚集在一起。根据这个接口的性质和深度，群体思维或蜂巢思维也可能实现。

脑机接口的这项技术意义深远。问题在于，你真的想成为你的房子吗？那会是什么样子呢？你想要别人存在于你的脑海中吗？这就是预言未来技术最困难的地方所在——人们将如何接受这一技术？将如何使用？会有怎样的阻力？会产生什么意外结果？

如果有黑客侵入你的脑机接口，这无疑是一场灾难。你会变成赛博奴隶吗？当一个威权政府掌握了这项技术会怎么样？最终，可能导致一个反乌托邦的未来。

✋ 大脑入侵技术在医疗中的应用

到目前为止，我们一直在讨论使用脑机接口让大脑控制机器，但接口也可以应用于其他领域。我们可以使用脑机接口让机器控制大脑。如果想通过改变大脑功能来治疗疾病，缓解病症，甚至提高某项能力，现在的化学（医疗）技术还有限。这种方法可能非常有效，但事实上很受限。

兴奋剂可以帮助我们保持清醒或缓解注意力不集中，镇静剂可以助眠。通过化学手段破坏我们的大脑功能可以预防癫痫发作、舒缓情绪、抑制焦虑、治疗精神病，或者缓解疼痛。但我们只能阻断或刺激大脑中已经存在的受体，而且我们只能有选择性地这样做。我们受到进化过程的限制，所以一种用于抑制基底神经节震颤的药物也可能通过与额叶中类似的受体发生反应而引发精神病。

　　然而，脑机接口不受现有大脑受体的可用性和特异性的限制。通过使用电场或磁场来增加或减少大脑回路的放电，我们可以精确地操纵大脑功能，这在理论上是没有限制的。我们已经看到这项技术的曙光，例如，使用脑深部电刺激术来抑制震颤，或使用迷走神经电刺激术抑制癫痫发作。

　　随着这项技术日益成熟，人类未来将会怎样呢？一旦我们与大脑建立了牢固的联系，并且对大脑回路及其功能和相互作用有了更透彻的了解，我们就可以实现我们想要做出的任何改变。人类可以调整自己的个性，甚至调整大脑功能的方方面面。如果你想减少焦虑，只需把大脑入侵技术上这项应用关掉即可。你想尝试更具社会性的个性吗？也许有一天，我们可以像改变头发颜色一样轻松地改变我们的个性。

　　对于任何与大脑功能（回路的连接和放电方式）而不是与脑细胞的生物健康相关的神经系统疾病，都可以通过这项技术得到有效治愈，并且没有副作用或与药物相关的风险。当然，这项技术也有可能被滥用。这项技术也具有高度的颠覆性，因为它将挑战我们的自我概念。它让我们清楚地认识到，我们是谁是我们大脑中电活动的一种表现，而这是可以改变的。

👆 终局

　　完全成熟的脑机接口植入技术与大脑入侵技术相结合，可能让《黑客帝国》（*The Matrix*）（但希望没有杀人机器人）中描绘的未来成真。换句话说，我们可以彻底与虚拟现实进行交互，所有的输入和输出都是虚拟的，而不涉及实质机械。对大脑来说，这没什么区别，我们会完全相信这种错觉。

人们对此产生了哲学困惑：我们如何得知自己并非生活在"矩阵"中？答案很简单：我们并不知道。如果"矩阵"如此逼真，以至于我们无法发现它，那么或许它并不重要。这就是我们的现实。

我们期待的赛博格未来何时能够实现？其实它已经到来了。我们所能预期的是这项技术的不断进步。我们将拥有越来越多的功能，脑机接口的分辨率和控制力也会越来越高。也许在 20 年内，使用脑机接口控制功能齐全的机械假肢可能就会实现。

同时，我们可能会看到越来越多用于娱乐的脑机接口。在未来，我们不仅可以玩电子游戏、戴虚拟现实眼镜，还可以戴着头盔就能沉浸在虚拟现实游戏中。你能感受到自己的化身，如同进入《头号玩家》（*Ready Player One*）中的世界，甚至更佳。你并不需要一套全覆盖式体感衣，只需要一个好的脑接机口即可。只要有了这个接口，你可以变成一切事物，去任何地方，做任何事情。

事实上，一些未来主义者预测，这种技术可能会导致文明向内探索，而不是向外探索。一旦我们为自己创造了比物理现实更有吸引力的虚拟世界，我们就会更加渴望生活在这个虚拟世界里。在一个我们可以成为神的世界里，我们所能想象的一切都已经存在，为什么还要探索宇宙呢？也许这就是为什么我们没有被外星文明造访的原因（费米悖论）——他们沉浸于他们自己版本的"矩阵"中。

就这些成熟的脑机接口在遥远未来的表现形式而言，存在一个哲学问题，即作为人类意味着什么。这项技术将人类的定义无限扩大。《星球大战》中的格里弗斯将军身体的大部分是机器人，但是还具有部分生物特征，他到底是人还是机器人？缸中之脑是人吗？如果你的大脑大部分都被计算机处理器取代了呢？如果人工智能神经网络增强了你的意识，生物的作用越来越微弱，那又该怎么定义呢？

机器部件将会让我们变得不那么人性化吗？我并不觉得。抛开人工智能不谈，人类似乎和我们感知到的任何东西一样，都是一种建构。只要卡通人物表现得像人，我们就可以给他们赋予深刻的人性。人类配备机械部件，甚至人体的大部分都是机械，并不一定会让我们失去人性。

无论是乌托邦还是反乌托邦，很明显，脑机接口这项技术都将会大大改变甚至彻底重塑我们的未来。不可避免的是，我们将会融入机器人、人工智能等技术。这种潜在的未来给了我们希望，也许我们不必担心即将到来的人工智能末日，因为它们就是我们。

7
机器人技术

我们与机器人的爱恨交织可以追溯到它们的起源。

自从未来主义出现以来，机器人就一直是未来的象征。如今，机器人技术已经成为一项蓬勃发展的真实产业，发挥着至关重要的作用。因此，尽管形式上有很大的不同，但过去关于机器人在工业中将发挥日益重要的作用这一预测在很大程度上已经实现了。然而，人们对于机器人革命的期望依然存在。

从本质上讲，机器人是一个简单而古老的概念。体力劳动一直是人类的巨大负担，虽然在工业化国家有所减轻，但仍然存在。因此，人们渴望拥有可以独立工作的实体或机器来承担劳动负担。

历史学家埃德利安·梅耶（Adrienne Mayor）在《神与机器人：神话、机器和古代技术梦想》（*Gods and Robots: Myths, Machines, and Ancient Dreams of Technology*）一书中详细介绍了一些关于独立工作的机器的最早记录。例如，在希腊神话中，赫菲斯托斯（Hephaestus）构想了可以自行移动的三脚桌。他还创造了一个巨大的青铜机器人塔洛斯（Talos），用来保护克里特岛的欧罗巴免受海盗的袭击。这些都出自赫西俄德（Hesiod）和荷马（Homer）的著作，他们生活在公元前 750 年至公元前 650 年。

梅耶还指出，我们与"机器人"的爱恨交织可以追溯到最初的概念：

> 一旦人造生物被送到地球上，这些神话的结局都将不尽如人意。这就好像神话中说的那样，在天上有这些人造的东西供神使用是件好事，但一旦它们与人类互动，我们就会陷入混乱，走向毁灭。

古印度和中国都记载着关于机器守卫和机器工人的传说，但古人不仅梦想着机器人，他们还建造了机器人。已知最早的机器人可以追溯到阿契塔（Archytas）的"鸽子"——由蒸汽驱动，用木头和金属制造，酷似鸟类，可以飞行。甚至早在公元前 250 年，水钟制造商就开始使用自动化机械部件。

许多早期的神话和真实的机器人都模仿了人类或其他生物的形态和功能，也表明了古人对机械人或机械动物的迷恋。

"机器人"一词最早出自 1921 年卡雷尔·恰佩克（Karel Čapek）的剧作《罗素姆的万能机器人》（*Rossum's Universal Robots*）。"机器人"这个词本身来源于捷克语的"强迫劳动"。第一台机器人是由西屋电工制造公司（Westinghouse Electric and Manufacturing Corporation）制造的。1927 年，罗恩·温斯利（Ron Wensley）在宾夕法尼亚州东匹兹堡的工厂发明了名叫赫尔伯特·特利沃克斯（Herbert Televox）的机器人。特利沃克斯可以拿起电话听筒接听电话，然后，它可以根据接收到的信号，通过操作一些开关来控制一些简单的操作，还可以发出一些原始的嗡嗡声和咕噜声，并挥舞手臂。

同年，一家日本公司发明了一种由压缩空气控制的人形机器人学天则（Gakutensoku），出于"社外目的"，它可以写字和眨眼。

这些早期的例子表明，"机器人"的确切定义可能极其多变。美国机器人研究所将机器人定义为"一种可重新编程的多功能机械臂，旨在通过各种编程动作移动材料、零件、工具或专用设备，执行各种任务"。

虽然有关机器人的定义各有不同，但都包含了一个共同点：机器人是可以通过移动来完成各项任务的机器。然而，它们可能由人工智能或预编程序进行内部控制，也可能由操作员进行外部控制。他们可能类似人形或动物形，但不一定。它们可以是固定的，也可以是移动的。

机器人在当今的工业化世界中十分普遍，一般分为工业机器人和自主机器人。据估计，2020年全球工业机器人的数量为270万台，2019年的销量为37.3万台。工业机器人通常被固定在原地，通过编程来执行装配线上的重复性任务。然而，机器人越来越多地受到人工智能的控制。它们不仅可编程，而且还能适应环境，具有日益强大的感知能力。

自主机器人可能具有两条或多条腿，也可以有轮子，甚至像无人机一样四处移动。波士顿动力公司（Boston Dynamics）的自主移动机器人近乎完美，包括像人一样跳舞的机器人和可以在复杂地形上移动的机器"狗"（这些都向公众出售，如果想要拥有的话，可以购买）。它们甚至可以在冰上滑倒或被踢到时保持平衡。这些机器人的性能令人钦佩，但也令人不安。

自主移动极大地扩展了机器人的潜在应用领域，使它们能够冒险进入危险区域，如战区、自然灾害区域、宇宙真空、有毒工业事故现场或其他对生物有害的环境。

移动机器人也成为我们探索太阳系的主要工具。最新的火星探测器"毅力号"是一个功能强大的机器人，可以从地球上远程控制。由于通信延迟长（单程需要 5 到 20 分钟，这取决于行星在轨道上的位置），"毅力号"必须自主执行命令。

与此同时，平行开发力求使机器人更柔软、更人性化。用柔软的类似肌肉的驱动器取代金属和电缆将进一步扩展机器人的功能，使它们能够与人类和其他生物等精细物体进行互动。越来越多可爱的机器人出现的部分原因是人类和机器人工人日益融合，比如"协作机器人"。例如，亚马逊仓库有 20 万名机器"分拣员"，它们与工人一起分拣、包装和运送订单。

其他研究人员仍在研究表情堪比真人的人形机器人。这是为了促进人类与机器人的互动，使交流更加直观。目前的技术将这些努力牢牢地置于恐怖感之中——当人形机器人与人类外表的相似度达到一个特定程度时，人类便会对它们产生一种不安的感觉。

突破恐怖感将极具挑战性。人类的大脑对人脸和表情有着强大的识别能力。我们能察觉到最细微的面部动作，甚至可以很容易地分辨出面部动作的细微变化。为什么这会让人产生一种"怪异"的厌恶感仍然有争议——也许是因为机器人的脸没有血色，看起来像死尸一样，或者让人产生一种病态的感觉。

无论如何，未来的机器人专家必须做出抉择：是设计出不那么像人的机器人，避开恐怖感；还是试图完全模仿人脸，跨越恐怖感。目前尚不清楚需要多长时间才能实现这一壮举。

虽然这只是机器人技术的一个分支目标，但该技术似乎将重点放在制造一个完全人形的机器人，使其能够像人一样在世界上行走。达成这样的目标可能还需要几十年的时间，但我们现在已经离目标越来越近，很明显，在不久的将来的某个时候，这一目标可能就会实现。不过，要制造一个足以骗过其他人的机器人，可能还需要更长时间。

这就是机器人技术的现状。我们创造了极为先进的机器人，它们能够精确运动、可编程、适应性强，具有快速移动的能力、能够感知周围环境，并与人类互动。正如我们将在关于人工智能的第 9 章看到的，机器人技术也受益于软件的进步。

回顾一下机器人的历史、我们现在所处的位置，以及正在进行的研究和开发，机器人的近期和遥远的未来会是什么样子？

👆 工业机器人

于 1964 年上映的电视剧《阴阳魔界》（*The Twilight Zone*）中有一集名为"惠普尔公司的大脑中心"（故事发生在 1967 年之后的未来），工厂老板华莱士·V. 惠普尔（Wallace V. Whipple）决定通过安装自动化制造机器来提高工厂的生产率。这一集充满了对机器取代人类的焦虑，并在惠普尔本人由董事会决定被一个机器人（由机器人罗比饰演）取代的恶有恶报中达到高潮。

工业机器人总是有这样的双重形象——它们在提高生产率和降低我们喜爱产品的价格方面表现出色，但我们害怕机器人抢走我们的工作。随着工业机器人的能力逐渐提高，并进入越来越多的行业，这种焦虑似乎也在增加。

在《阴阳魔界》播出了近 60 年后，机器人仍未完全取代人类的工作。这并不是说它们没有能力取代人类工人——它们确实取代了，这在一定程度上是由于它们的功能强大。牛津经济研究院 2019 年发布的报告称，每个工业机器人将取代 1.3 名人类工人，而且这一比例还在增加，因此目前的机器人在未来可能会取代 1.6 名人类工人。他们预测，到 2030 年，这将导致 2000 万个制造业工作岗位的流失。

这对机器人来说也不是什么新鲜事，自工业革命以来一直如此。1870 年，大约 50% 的美国劳动力从事农业生产。2019 年，这一数字降至 10.9%。这代表着工人的巨大流失，因为农业机械和技术的进步，取代了部分人类的工作，却提高了生产效率。几乎没有人会建议我们为了保护农业领域的就业而回到 19 世纪的农业生产方式。

自动化制造也创造了许多新的就业机会。机器人必须由人类设计、制造、维护、编程和操作。这是技术进步的"创造性破坏"——所有这些照顾运输用马的工作都被汽车修理工取代了。

虽然新技术取代了部分工作岗位，但还未造成永久性失业的威胁，而且仍然存在争议。2014 年，皮尤研究中心（Pew Research Center）对 1896 名专家进行的一项调查显示，人们普遍认为，机器人和人工智能不仅会深入到制造业，还会渗透到白领工作中，包括医疗保健、运输物流业、客户服务和家庭维护。

然而，究竟是机器人会导致永久性失业，还是生产率的提高会创造更多的新工作岗位，人们各执一词。因此，人们在预测未来机器人对我们产生怎样的影响时会出现迥然不同的答案。

在一个乌托邦式的愿景中，工业机器人将继续提高我们的生产力，其应用领域越来越广，人类的工作将转移至更安全、更具创造力、利润更丰厚的岗位，而把苦差事留给机器人。而在反乌托邦的观点中，能力越来越强的机器人和人工智能创造了一个永久失业的阶层，而那些处于经济顶层的人却变得越来越富有。这种收入不平等和永久性失业导致了重大的社会动荡，其结果不可预测，但通常是不好的。

鉴于专家们对机器人未来的走向各执一词，我们可以合理地得出结论，两种情况都有可能，这取决于我们今天和未来的选择。有一件事无可争议，那就是工作更替越来越频繁。过去，人们的整个职业生涯都在为一家公司工作。然而，美国劳工统计局2015 年的一项研究发现，美国人在 32 年的职业生涯中平均有 12份工作。零工是频繁更换工作的典型代表，他们经常从一份短期合同工作跳到另一份，没有任何可预测性，也没有福利保障。

虽然未来的工作不会完全消失，但是工作的性质在不断变化。规划通往乌托邦式未来之路的诀窍是帮助社会和个人应对这些变化。政府可能需要构建支持网络，从而帮助工人从一份工作过渡到另一份工作。教育系统可能需要努力让人们为未来技能含量更高的工作（而非由机器人取代的工作）做好准备。为了让工人跟上不断变化的就业形势，对工人进行再培训至关重要。

然而，在更遥远的未来，如果具有高级人工智能的类人机器人能够做任何人类能做的工作，而且可能更高效、更廉价，那么社会将会发生什么？当所有的工作都被机器人所取代时，会发生什么？许多科幻作家都在努力构想这样的未来社会，并向我们展示了他们对从乌托邦到反乌托邦未来的看法。

科幻动画电影《机器人总动员》（*WALL-E*）让我们看到了反乌托邦式的未来，在这部电影中，人类已经摧毁了地球，生活在一艘作为救生艇的巨型飞船上，他们漂浮在反重力床上消磨时间，自动化系统满足他们的所有需求。他们变得肥胖，完全依赖技术，几乎看不到离他们脸 1 英尺（1 英尺 ≈ 0.305 米）远的显示器以外的东西，当他们咕噜咕噜地喝下未来版的重量杯（Big Gulps）时，显示器给他们提供了不需要动脑子的娱乐。

在乌托邦式的遥远未来，你拥有选择工作的权利。机器人传承了我们的文明，生产着我们所需的一切，如果工作让你快乐，你也可以工作，通常做一些有创意的事情，但你也可以过上纯粹的休闲生活。

这就是预测技术对人类心理和文化的影响非常棘手的地方。我们可以想象未来的机器人赋能的生活，包括探索、学习、运动、娱乐和越来越富有想象力的休闲形式。我们可能会将其与《黑客帝国》中矩阵式世界的愿景结合起来，在这个世界中，不仅是我们的文明，甚至连我们的身体都由机器人维护，而我们则在一个纯粹的数字世界中进行令人惊叹的奇幻冒险。

人们还可以想象一个没有目标、没有斗争，因此也没有意义的世界带来的慢性抑郁和社会动荡。人们在觉得自己能做出成绩和确实有用的时候是最快乐的。

从过去的历史来看，我认为上述所有情况都会发生。有些人会为了过更"自然"、更真实的生活而拒绝科技；而有些人会接受科技，但会投身于有用的工作中。有一些人将接受无限悠闲的生活，有一些人将非常乐意放弃现实世界，享受数字生活的好处。

👆 可穿戴、自主的、可远程控制的机器人

机器人在日益困难和多变的环境中已经能够越来越灵活地移动了，它们不再局限于工厂中的固定位置，可能会在制造业之外发挥越来越重要的作用。机器人能够在人们能去或不能去的地方移动，这意味着机器人的作用将不断扩大。

例如，军用机器人可以承担搬运工具和物资等多种辅助任务。它们拥有通信、导航和定位潜在目标的设备。机器人还具备防御功能，能够保护人类控制者。他们甚至可以充当战地医护人员。

因此，出现了诸多显而易见的问题：机器人是否可以直接作战？它们能携带武器还是自己就能充当武器？如果这样的话，它们的自主能力有多强？创造出具有先进武器和防御能力的完全自主、可移动、人工智能控制的军用机器人，只会让我身体里每一个热爱科幻的细胞都感到畏缩。任何希望制造这种军用机器人的政客都应该观看《太空堡垒卡拉狄加》（*Battlestar Galactica*）的第一季——赛隆人制订的计划。

然而，人们渴望拥有机器人军队。如果不出意外的话，担心对方会创造自己的赛隆人就足以证明我们有理由制造自己的军事机器人。届时，他们将在更大程度上改变未来的战场。

自主机器人也可以应用于非军事领域，比如进入灾区寻找幸存者或清理有毒泄漏物。它们可能是核事故，甚至是拆除炸弹的现场急救人员。这样的机器人已经存在，主要由人类操作员操控。随着机器人技术变得更加复杂，我们也开始看到人类控制机器人进行远程手术。更广泛地说，机器人可以提供一个远程呈现，人类专家可以通过它在偏远或环境恶劣的地方操作。

机器人（包括可穿戴机器人的概念）是人类功能的延伸，而不是取代人类。可穿戴机器人不同于赛博格，赛博格是通过某种形式的脑机接口将机械部件集成到人体内。可穿戴机器人拥有更传统的模拟或数字接口，而且不附着在人体上，这意味着人们可以将它们脱下或移除。

这可能看起来像电影《异形》（*Aliens*）中雷普莉（Ripley）和其他人驾驶的搬运机器人——具有模拟控制的大型工业机器人，可以增强人类的力量和能力。另一个科幻的例子是漫威电影中钢铁侠的套装。从字面上讲，这是一个可穿戴机器人，能够自主工作，但设计的目的是容纳和保护人类使用者。也许我们不必害怕军用机器人——我们将置身于它们之中，或者我们将与它们融为一体。

能量是任何可移动机器人或自主机器人的技术限制因素之一。生物可以从环境中获取能量。植物从阳光中获取能量，动物通过摄食来获取能量。为了灵活移动，机器人需要随身携带能量。电池技术的进步将会改善这一情况。机器人也可以使用内置的太阳能电池板来给电池充电，但它们很可能依赖于充电站或接入点的基础设施，并且在充电时处于停机状态。就连 C-3PO 机器人也得时不时断电。

最终，我们可能开发出能够在行进中燃烧类似食物的燃料来获取能量的机器人。通常而言，我们送入太空（不受地球法律法规所限）的机器人配备了核同位素电池，可以持续使用数百年甚至数千年。

在遥远的未来，机器人可能会拥有先进的能源，比如便携式核聚变反应堆，这不仅能给它们提供长效能源，还能提供大量能源来使其具备极限能力。就我而言，我希望未来的机器人会像《飞出个未来》（*Futurama*）里的班德（Bender）一样，不停地喝着酒作为燃料，一边讲笑话一边放屁。

👆 家用机器人

虽然机器人已经在工业和其他领域取得了重大进展，但它们才刚刚开始步入高科技家庭。从《杰森一家》（*The Jetsons*）中的机器人罗西（Rosey）到《普罗米修斯》（*Prometheus*）中更为阴郁的机器人大卫（David），机器人从事家政服务是人们对机器人未来愿景的一个共同特征，但到目前为止，这些愿景还没有实现。

今天，提及家用机器人时，我们首先想到的是 Roomba——一个在房子里走来走去的小型吸尘机器人——它与机器人管家大不相同。目前也有其他版本的 Roomba 可以清洁窗户或修剪草坪。

还有一些面向家庭的产品，主要是噱头，比如一个名为 Lynx 的小型人形机器人，它充当你与亚马逊智能助理 Alexa（一款通过音频连接网络或控制与之连接的家庭设备的智能助理）的接口。它与 Alexa 功能一样，但它可以移动和表达情感。同样，还有 Enbo，它是一个可移动机器人，但也只是一个屏幕，用于访问互联网或家用设备。然而，目前还没有家用机器人可以在家中四处走动，与家居进行有意义的互动。

也许家用机器人普及缓慢的主要原因是安全问题。现代机器人大多不是为家庭设计的，相对于工厂车间，家中有更多脆弱、易碎的东西。想象一下，如果家里有一个工业机器人，这必然会带来法律诉讼，也许人们会用它做一些疯狂的事情。

另一个原因在于，工厂的环境非常可控，人类能够与机器人能够共同适应这个环境。在这个环境中，机器人将有一组可预测和定义的任务。相比之下，家庭环境可能是非常混乱和不可预测的，需改善至人类觉得舒适和易于使用的状态。家务可能是多种多样的，机器人需要极大的适应性。因此，机器人更适合在工厂工作。

然而，随着机器人技术的进步，让机器人在家里工作的障碍正在减少。软机器人的出现会改善这种情况。机器人能够与人类和更多其他物品进行安全互动。人工智能还将不断进步，帮助家庭机器人在家中找到合适的行进路线并完成家务。智能机器人目前的移动性和灵活性令人印象深刻，但这些机器人还未普及到普通消费者中。

在不久的未来，万能管家机器人的设想可能仍然难以实现。相反，针对特定但有限任务进行优化的机器人可能是目前的发展方向。例如，厨房里的机械臂可以协助人们做饭，甚至可以独立完成整道菜肴。同时，另一个专用机器人可以清洁、熨烫、折叠和分拣衣物。

想想看，在人类看来最简单的家务，对于机器人来说，却需要相当高的复杂技术支持。即使是把盘子放好，也需要细致的触觉，以及视觉检查和与环境互动的能力。在什么情况下你会把精美的瓷器交给机器人？

在我看来，最终我们会拥有这样的机器人，但是这需要相当长的时间，比大多数未来主义者预测的时间还要长得多。这类机器人不仅需要具备先进的技术，还需要具备成本效益，比自己做简单的任务或雇人做更具有经济优势。

这是记住一个更常见的未来主义谬论的好时机，我们应该意识到，我们不会仅仅因为我们有能力使用先进的技术就去做一些事情。机器人管家乍一看似乎很简单，但真的是这样吗？在它们变得先进、相对可靠和便宜之前，我觉得我们将继续自己做家务（只是用更好的电器和工具）或在功能有限的机器人帮助下做家务。

☞ 伴侣机器人和看护机器人

虽然家用机器人可能不会很快实现，但它们可能成为伴侣或者看护。对于这种机器人的要求会大为不同。它们的主要功能就是让人类更舒适、更快乐，或许需要执行与沟通相关的任务。

想象一下机器人宠物。机器人宠物有许多潜在好处。人类已经拥有制作机器狗的技术，它们有四条腿，在复杂的地形也能行动自如。对于如今的人工智能来说，模拟动物的行为可能没什么难度。这种行为软件可以学习并适应主人或其他家庭成员的行为，还可以通过编程设置许多行为选项，从活泼到安静。

随着工程和技术的进步，机器宠物将会越来越可爱，越来越不会造成危害。机器宠物不需要主人遛，不会尿在地毯上，也不会在你新的皮沙发上磨爪子。你不需要给它们喂食——只要在晚上给它们插上电源，又或者它们也可以在充电垫上"睡觉"。

这种宠物也可以内置实用功能。比如，它们可以配有可移动儿童监控摄像头、烟雾探测器、防盗警报器和威慑装置，可以提高整体安全性。对于独居人群来说，机器人宠物除了具有通信和安全功能，也能成为最佳伴侣。它们也能照看特殊人群。人类只需使用便捷的智能设备就能控制它们，能看到他们摄像头眼睛中的一切，并通过内置扬声器进行交流。还可以对机器宠物进行编程，使它们在必要时可以联系警察或急救服务。机器人宠物可能会成为不可或缺的家用产品。

你不仅可以模拟现实中的动物，也可以模拟一些幻想中的动物，比如小龙或狮身鹰首兽。或者，如果你喜欢的话，可以是完全不模仿动物的可爱机器人，或者是像 R2-D2 这样的机器人。

如果你想知道人类是否接受机器宠物，神经科学已经提供了一个答案。人类的大脑天生就会认为一切以某种方式移动的东西是活物，这表明它是有生命的（从技术上讲，是在一个非惯性的参考系中移动，因此不能仅用重力和惯性来解释，这意味着它们是在自己的力量下移动的）。一旦我们的大脑认为环境中的一个物体是一个活物，它就会通过连接边缘系统（我们大脑中的情感中心）来赋予它情感意义。

也就是说，如果某个东西是活动的，你会对它做出反应，就好像它是活的一样，即使你清楚地知道它"只是一台机器"，你也会有一系列的情绪。这也适用于人形机器人。阿西莫夫创造了"人形"（humaniform）一词，指的不仅是拥有一个头、两只胳膊和两条腿的人形机器人，而且还包括设计成完全是人形的机器人。

因此，另一种形式的伴侣机器人出现了，它超越了宠物，但更像是朋友、家庭成员，甚至是治疗师。它们可能由人工智能控制，至少具有复杂的聊天功能。它们会是很好的倾听者，并反馈给你令人欣慰的话和想法（或者是这样的错觉）。

拥有医疗特征的先进机器人可能成为助手，帮助那些行动不便的人群，甚至是只有一只肩膀的人。它们可以联系紧急治疗服务中心，或者提供一线护理，比如在人突发过敏性休克时注射肾上腺素。它们还可以成为某人的眼睛或耳朵，帮助老年性痴呆患者更长久地独立生活。

当谈及伴侣机器人时，性爱机器人这个话题不可避免。其实，这项技术的雏形已经存在。被设计成性伴侣的硅胶（或类似材料）玩偶产业正在蓬勃发展。一些制造这些玩偶的公司已经宣布，他们计划在未来的模型中增添机器人功能，这样这些玩偶在语言和肢体上都能做出更灵敏的反应。

随着时间的推移，性爱机器人的功能愈发齐全。这项技术在不断发展，以后大多数人都能以合理的价格购买一个逼真、功能齐全的性爱机器人伴侣，享受非凡的体验。这是一个简单的预测——这不仅会发生，而且已经发生了。

真正的问题是，这会对人际关系和社会产生什么影响？对于这项技术，人们的反应不一，因此这个问题就成了一个比例问题。有多少人会选择性爱机器人伴侣而不是人类伴侣？这种选择会受到年龄、经济资源、性别和性偏好等因素的影响吗？人类伴侣如何接受性爱机器人？

在 2018 年《福布斯》（*Forbes*）上刊登的一篇文章中，科学记者安德烈娅·莫里斯（Andrea Morris）指出，性爱机器人将成为"我们没有预料到的最具颠覆性的技术"。然而，很难说我们没有预料到这一点。自在文学中出现以来，性爱机器人一直是科幻小说的常客。1987 年的电影《金甲无敌》（*Cherry 2000*）讲述了一名男子找到计算机芯片拯救机器人"妻子"的故事。裘德·洛（Jude Law）在 2001 年的电影《人工智能》（*A.I.: Artificial Intelligence*）中扮演一位男性性爱机器人。《西部世界》（*Westworld*）描述了一个充满机器人的主题公园，它们的主要功能（面对现实吧）就是充当性爱机器人。

性爱玩偶的历史甚至更久远。早在 16 世纪，孤独的水手就用布料和皮革制作性玩具了。20 世纪 60 年代见证了充气性爱玩偶的曙光。如今，仿真硅胶玩偶等同类产品已经出现。

有些人认为性爱机器人败坏道德，有些人对物化现象产生了道德方面的担忧，但这并不足以阻止任何性产业的发展。或许有人会说，无感知的性爱机器人的出现实际上可能会减少性交易。

我们先把道德伦理问题放在一边，来谈谈性爱机器人对人类关系将会造成什么影响？与之前讨论的许多技术一样，我们可能会在快乐、便利的世界中迷失自我。性爱机器人可能首先会吸引那些在异性人际交往方面有困难的人。他们成为"最早吃螃蟹的人"，为性爱机器人被广泛接受做好铺垫。使用性爱机器人可能会让你感到很羞耻，也许这暗示着你无法应对亲密人际关系中的复杂性和挑战，在某些情况下，这可能确实如此。未来，性爱机器人的使用很可能被大众接受，只是成为人们丰富性生活的另一种方式。

它最终的影响可能会像人与人之间的关系一样复杂多变，这就很难准确预测这项技术实际上会产生多大的颠覆性影响。总的来说，机器人也是如此——我们的世界将不得不适应其发展，从而容纳越来越多的机器人。它们将走出工厂，走向世界，日益渗透到我们生活的方方面面。

在遥远的未来，机器人技术将受益于本书中讨论的其他方面的发展，机器人将进化成超先进的赛博形态生物，具有难以想象的能力，超越生物领域的一切。

因此，随着机器人给我们的生活带来了诸多便利，人们会担忧它们将取代我们，甚至毁灭我们，也就不足为奇了。机器人灾难是科幻小说的常见主题，反映了人们对机器人的普遍担忧和焦虑。有的机器人外形酷似人类，但与人类还是有所不同，它们会抢走我们的伴侣、工作，最终还会夺走我们的生命。人类的这种恐惧并不局限于对机器人，但也许机器人是人类仇外心理的最终体现。

归根结底，这种恐惧在很大程度上是非理性的。我们将构建有机器人的未来，我们将与未来的机器人密不可分，最终机器人将成为我们文明的一部分。

此外，当谈及"机器人起义"时，我们实际上指的是人工智能起义。问题不在于机器人本身，而在于控制它们的独立通用人工智能。事实上，对于人工智能和量子计算未来的想象也存在着同样爱恨交织的关系，它们可能有助于实现技术乌托邦，也可能摧毁一切。

8
量子计算

当你读到这篇文章的时候，我现在写的任何东西都将过时……

　　量子计算的前景、复杂性和不确定性使其成为未来主义的典型代表。它展现了指数级改进技术的潜力，具有异乎寻常的好处，人们很难构想其未来，更不用说预测了。但量子计算也会遇到不可逾越的障碍，最终毫无进展或无法成为主流。

　　让我们从一个思想实验［由计算机科学家艾伦·斯坦哈特（Allan Steinhardt）发起］开始，说明量子计算可能达到的极限。假设我们想求一个有 10 万位的数的质数因子，这将需要一台先进的量子计算机（拥有 10 亿量子比特，我们将在后文中介绍）进行 10^{15} 次（1 万亿次）循环运算。这大约需要 15 分钟的计算时间。

　　为了解决同一问题，常规计算机需要进行 10^{122} 次循环运算。已知宇宙有 10^{81} 个原子。如果我们能以某种方式把每一个原子都转换成一台每秒能进行 1 万亿次运算的常规超级计算机，并且让每一个原子从 137 亿年前宇宙诞生以来就一直处理这个问题，我们仍然会落后约 30 亿倍。

　　要解决所有这些数学问题，这意味着我们需要 30 亿个宇宙的原子超级计算机工作大约 100 亿年才能解决这个问题。

而一台量子计算机只需 15 分钟就能完成。

这就很容易理解为什么计算机工程师和科学家对量子计算的前景感到振奋，以及为什么我们的想象力这么容易驰骋于这些可能性中。

👆 什么是量子计算机？

量子计算本质上是利用物质在最小尺度上的一些奇怪特性，即量子力学（QM）。违反直觉的量子力学让人觉得奇怪，人们很容易把它当作魔法来对待，它经常被（非专家）用来解释可疑的现象，比如超能力。

其实这很常见，我们称之为"量子庸医"、"量子伪科学"或"量子赌博"。只要在任何幻想的说法上撒上一些量子技术的胡言乱语，就像撒上了仙尘一样，不可能的事情就会看起来似乎是可信的。

很难将我们宏观的人类大脑包裹在量子力学周围，因为它处理的完全是不同尺寸上的现实：原子和亚原子物理学，原子、电子和其他初级粒子的领域。在这种尺寸下，物质的行为会有所不同，而我们每天经历的"经典"物理学并不能解释这一点。除非你对量子力学多少有一些了解，否则这其中的很多内容对你来说可能都没有意义，但还是有必要简要介绍一下这门科学。

量子力学中与量子计算机息息相关的两个方面是叠加和纠缠。叠加是指粒子在量子尺度上同时处于多种互斥状态的能力。

例如，一个粒子可以处于自旋向上或自旋向下的状态（自旋是角动量的一种度量），但量子叠加允许一个粒子同时处于这两种状态。由于量子与我们习惯的世界完全不同，关于叠加态，日常生活中没有好的隐喻，也没有恰当的例子，但我还是尝试解释一下。这类似选举前的两位市长候选人——市长职位既不属于任何一位候选人，又属于两位候选人，直到进行衡量（投票），才会在两位候选人中选出一位担任市长。

然而，量子的叠加态非常脆弱。粒子只有在与环境相互作用之前才处于这种悬浮的叠加状态。有时可以这样描述：当物理学家观察叠加态时，叠加态会坍缩成一个确定的状态；但观察粒子只是它可能与某物相互作用的一种方式。实际上并不一定要有物理学家参与其中，如果它被另一个粒子反弹，也会起作用。

这种叠加态与经典计算机的叠加态相反。经典计算机是由 1 或 0 表示的二进制互斥状态。这就导致计算机代码由 1 和 0 组成，被恰当地称为"二进制"。在经典计算机中，存储和处理信息利用了一种物理特性，它可以处于两种不同状态，就像开关处于打开或关闭的状态一样。因此，编码二进制状态的每个"开关"都是计算机处理（并且可能存在）的最小数据单位，被称为"比特"。

8 个比特组成 1 个"字节"，每个字节可以表示 2^8（或 256）个不同的状态。最常见的计算机语言使用单字节代码来表示所有的数字、字母、标点、符号和运算。然而，量子计算机的最小数据单位并不是比特，而是"quantum bits"（量子比特），或称"qubits"（量子比特）。"qubits"这一术语由本杰明·舒马赫

（Benjamin Schumacher）于 1995 年创造。量子比特必须在脆弱的叠加状态下编码。量子计算机既强大又棘手。

想要将经典系统与量子系统进行比较，让我们思考每个系统可以容纳多少信息。一个有 n 个比特的经典系统可以保持 2^n 种不同的状态，你只需要知道每个比特的值（0 或 1），就可以充分理解系统的状态。然而，在量子系统中，每个量子比特可能处于 0 到 1 之间的任何状态。如果一台标准计算机使用的比特就像电灯开关，可以开或关，那么量子计算机使用的量子比特就像调光开关，可以处于从一直开到一直关的任何状态，以及介于两者之间的任何状态。这意味着拥有 n 个比特的经典计算机可以容纳 n 个比特的信息，而拥有 n 个量子比特的量子计算机可以容纳 2^{n-1} 个比特的信息。因此，100 个比特等于 100 个比特的信息，而 100 个量子比特等于 1.27^{30} 个比特的信息。

由此我们可以看到，当量子计算机扩大规模，增加更多量子比特时，与经典计算机相比，它们会异常强大。与经典计算机的线性轨迹相反，量子计算机呈指数级扩展。

棘手的问题来了——当量子比特进行计算时，它们不会叠加，只能变成 0 或 1。目标是让量子比特解出计算所需的正确答案。然而，每个量子比特的量子状态本质上是一条概率曲线，因此每个量子比特正确变为 0 或 1 的概率只有一次。当你有一台 100 量子比特的计算机时，错误状态比仅有一次的正确状态要多得多，所以偶然得出正确答案的可能性很小。

虽然量子计算机非常强大，但也会闹出笑话，如果你用经典计算机计算 2×3，它会给出一个肯定的答案 6。如果你问量子计算机同样的问题，得到的答案是很有可能是 6，然后它会使用经典计算机来进行答案验证。这就是事实——量子计算机使用经典计算机进行纠错和答案验证。

当然，这只适用于经典计算机能够解决的问题。它还可以作为量子计算机在工作的证据，因为它的答案得到了验证。然后你可以给它一个经典计算机无法解决的任务，并对答案充满信心。为了提高信心，工程师们需要让不同的量子状态以一种扩大正确答案范围的方式相互作用，希望在足够扩大的范围中，这个过程产生正确答案的概率会变得非常高。

虽然这里的技术性很强，但有一种方法可以理解它，那就是，概率波实际上表现得像物理波（就像相互影响的水波），包括相长干涉和相消干涉。量子计算机算法的运行方式会使概率曲线对正确答案产生相长干涉，从而使概率最大化，而错误答案则受到相消干涉，从而使概率最小化。

这就是第二个对量子计算很重要的量子力学现象——量子纠缠，它的出现让爱因斯坦自己都退缩了。他称之为"幽灵般的超距作用"，难以接受。然而，纠缠现象已经得到了广泛的实验验证。

当两个粒子的性质相互依赖时，就会发生纠缠。例如，如果两个粒子都来自一个没有净自旋的系统，因为这两个粒子的自旋发生纠缠，其中一个向上旋转，另一个向下旋转，这样它们的角动量就抵消了。两个粒子可以同时处于自旋向上和自旋向下的叠加状态。即使它们以接近光速的速度相互远离，并且目前相距数百万光年，如果一个粒子与另一个粒子相互作用并随机向上旋转，纠缠粒子也会向下旋转。如果你感到困惑，别担心。量子物理学家都难以理解这一点，更别说我们普通人了。

量子纠缠对量子计算机的功能至关重要，量子计算机能够经过实践检验量子纠缠是否真实存在。纠缠是量子比特相互作用、在概率波中产生相长干涉、实现正确答案概率最大化的方式。如果没有量子纠缠，量子计算机只能产生随机答案，因此毫无用处。

尽管这一切听起来很神奇，但我们现在已经有了可以工作的量子计算机。聪明的人类已经设法利用宇宙的奇特之处完成原本不可能完成的壮举。正是这样的成就让人不禁思考，我们在一个世纪后能够做到什么。

✋ 量子计算简史

1979 年，物理学家保罗·贝尼奥夫（Paul Benioff）首次提出了量子计算机的概念。在他的论文《作为物理系统的计算机：以图灵机为代表的计算机的微观量子力学哈密顿量模型》（*The Computer as a Physical System: A Microscopic Quantum Mechanical Hamiltonian Model of Computers as Represented by Turing Machines*）中，他描述了量子计算机的理论基础，并认为建造一台量子计算机是可行的。

1980 年，俄罗斯数学家尤里·曼宁（Yuri Manin）在他的论文《可计算和不可计算》（*Computable and Uncomputable*）中阐述了模拟量子系统需要指数级的计算能力。一年后，也就是 1981

年，著名的物理学家理查德·费曼（Richard Feynman）发表了名为"用计算机模拟物理"的演讲，在演讲中，他再次强调模拟量子系统需要指数级的计算能力。尽管贝尼奥夫和曼宁更早提出这一点，但由于费曼名气更大，他获得了所有的荣誉，并常常被认为是量子计算之父。

费曼在演讲中提道：

> 自然不是经典的，该死的，如果你想模拟自然，你最好让它变成量子力学。天哪，这是一个很棒的问题，因为它看起来并不那么容易……我们怎样才能模拟量子力学呢？你能用一种新型计算机——量子计算机，做到这一点吗？

每一项技术在腾飞之前都需要一个杀手级应用，而这一时刻出现在 1994 年，当时应用数学家保罗·秀尔（Paul Shor）创造了秀尔算法。秀尔证明了，如果一台量子计算机拥有足够的量子比特，能够进行适当的错误处理，就可以足够快地对整数进行因式分解，破解现代公钥加密方法（加密是计算机保护信息的方式，对安全至关重要）。这引起了计算机科学家的注意——加密是一大产业。如果一种新的计算机算法理论上可以破解世界上最强的代码，那么数字安全就不复存在了。

此后，人们加大了对量子计算的重视和投资，量子计算蓬勃发展，但仍是一项巨大的技术挑战。直到 15 年后，也就是 2009 年，耶鲁大学的科学家终于开发了第一款固态量子处理器，这款处理器拥有 2 个量子比特超导芯片。2013 年，谷歌宣布创建了量子人工智能实验室。6 年后，美国国家航空航天局公开展示了世界上第一台完全利用量子机制运算的计算机，称之为 D-Wave 系统。从那时起，其他实验室开始竞相建造越来越大的量子计算机，拥有越来越多的量子比特。

2019 年，谷歌宣布已经实现了量子霸权，这具有重要的里程碑意义。听起来很厉害，但这意味着什么？当量子计算机能够解决经典计算机几乎不可能解决的问题时，量子霸权（也称之为量子优势）就实现了。谷歌在《自然》(Nature) 杂志上发表的一篇论文中声称，他们的量子计算机悬铃木（Sycamore）拥有 53 个量子比特，能在 200 秒内解决一个难题，而传统的超级计算机需要一万年才能解决这个难题。

IBM 对此提出了异议，因为他们声称，他们的"巅峰"超级计算机解决这个难题并不需要一万年，而是在两天内就能解决。谷歌进行了反击，称就算这是真的，他们只需要给量子计算机悬铃木增加几个量子比特，IBM 的经典超级计算机就会被甩在后面。随着量子计算机规模的扩大，其优势呈指数级增长，我们似乎正在穿越量子霸权的灰色地带。

当你读到这篇文章的时候，我现在写的关于当前最大量子计算机的任何内容都已经成为过去式。21 世纪 20 年代将成为量子计算的快速发展时期。IBM 负责量子战略和生态系统的副总裁鲍勃·苏托尔（Bob Sutor）表示，截至 2019 年 9 月，他们在云平台上已经有一个拥有 65 量子比特的量子计算系统，计划在 2021 年量子比特数达到 127 个，在 2022 年达到 433 个，在 2023 年达到

1121 个（称为 Condor）。

许多专家预计，一旦突破 1000 量子比特的阈值，量子计算机就能投入实际的商业应用中，量子计算机将走出实验室并投入使用。

👆 阻碍与挑战

从量子计算近期的进展到遥远的未来之间，通往量子未来的道路充满着障碍。

首先，量子比特并非量子计算的全部。人们很容易将复杂的技术（尤其是在营销方面）归结为一个数字。在个人计算机的早期，一切似乎都取决于处理器的速度；数码相机的消费者痴迷于百万像素。但是对于这些技术以及其他技术，还有很多因素会影响它们的性能。

对于量子计算机，我们还需要考虑一些其他关键属性，如脆弱性。量子叠加和纠缠是一种脆弱的状态，当粒子与周围环境相互作用时，它们会迅速分解（称为"退相干"）。因此，量子计算系统需要与环境完全隔离。如果出现量子比特的退相干状态，那么它们就会停止工作。

因此，量子计算机的脆弱性是指它们的量子比特在其微妙的量子状态下平均能维持的时间，然后它们就会退相干并停止工作。这些系统维持这种脆弱状态的方法之一是超低温——使用低至 20 毫开尔文的温度。这只比绝对零度高百分之二度，比外太空还要冷。

另一个现实障碍是量子比特的互联性。量子比特需要相互作用，才能进行复杂纠缠，从而产生正确答案。即使只有几十个量子比特，系统也要用一堆电线将它们连接起来。这个问题随着量子比特的数量的增加呈指数级增长，给包含数万甚至数百万量子比特数的理论系统带来了严重的困难。

然而，在 2021 年，悉尼大学和微软公司的科学家与工程师宣称，他们创造了一个可以连接数千个量子比特的单一计算机芯片。问题解决了吗？目前还不清楚这种芯片的工作效果如何，也不知道这种策略是否能扩展到数百万量子比特甚至更多，但它看起来确实是一项相当不错的成就。

脆弱性和互联性关系到最终的障碍，那就是纠错。纠错在一定程度上可以看作是降低系统中的噪声或最大化信噪比。一些专家认为，对于量子计算机来说，这是一个比量子比特数量更好的基准。

对于纠错而言，量子计算机可以从误差噪声中提取有效信号的阈值，以拥有 2 量子比特的系统为例，其误差率大约是 1%。目前的量子计算机的误差率在 0.5% 左右。对于数十甚至数百个量子比特的系统来说，我们可能会接受这样的误差率。但专家们承认，对于拥有数千或更多量子比特的系统，我们需要将误差率至少降低几个数量级。

回到谷歌声称的量子霸权，并不是所有的专家都为之折服，因为仍然存在持续的高噪声。物理学家和计算机专家查德·里格蒂（Chad Rigetti）指出："这差别真的非常大，就像你花了一亿美元，究竟是建了一台拥有 10 000 量子比特的随机噪声发生器，还是一台世界上威力最大的计算机。"

👆 量子计算机的未来

假设我们能够充分解决量子计算机的脆弱性、互联性和纠错等挑战（这仍然是一个极具挑战的假设），我们可以开始思考它们能变得多强大、它们能做什么。

在短期内（21 世纪 20 年代），我们的目标是获得一个具有强大纠错功能的 1000+ 量子比特的系统，这将对商业运营很有利。重要的是要意识到，你的办公桌上不会有一台运行 Windows、Linux 或 Mac 操作系统的量子计算机——永远不会。这显然不是量子计算机的应用领域。

正如费曼最初指出的那样，量子计算机擅长模拟现实世界的量子力学。将这一概念扩展开来，量子计算机可以用于模拟需要大量计算能力来解决的某些特定类型的问题，这些问题需要量子算法而不是经典算法。具有大量相互作用且随组件数量增加呈指数级增长的系统是量子计算机的理想目标。这可能包括天气预报、化学相互作用或人类大脑的神经元放电。

模拟复杂系统可能对天气预报的准确性有所改善，而气候模型将帮助我们更好地了解气候变化。众所周知，经济系统很难预测，而量子计算机可能会改变游戏规则。

在加密领域，我们也能看到量子霸权，正是这个想法引发了人们从秀尔算法开始的对量子计算的广泛兴趣。许多现代加密都是基于对大数的因式分解（计算所有可能相乘后等于目标数的整数）。如果没有量子计算，一个 300 位数的数字将需要数十万年的时间才能分解出来。

例如，RSA 加密（一种广泛使用的公钥加密系统——RSA 代表 Rivest-Shamir-Adleman 加密）使用了一个大型质因数分解问题。取两个大质数，将它们相乘，得到的数字就是加密代码——你必须从这个数字中找到两个大的质因数。只要数字足够大，想要解出这个非常困难的计算问题基本上不可能（这需要数十万年，甚至比宇宙的年龄还要长），但这正是量子计算机擅长的数学领域。一台功能齐全的量子计算机，比如拥有 2000 万量子比特的量子计算机，基本上可以破解 RSA 加密。

各个国家和企业将需要量子计算机来保护他们的资产不受其他量子计算机的攻击，而旧的加密方法将被淘汰。只要你的国家不输掉加密竞赛，可能就不会（直接）影响到普通人。加密问题确实确保了人们对开发量子计算机的投资。你可以根据这一场景想象，即电影《奇爱博士》（*Dr. Strangelove*）中的乔治·C. 斯科特（George C. Scott）说："总统先生，我们不能允许量子计算机存在差距！"

另一个潜在的量子计算应用是量子机器学习。从本质上讲，这是人工智能和量子计算的结合。人工智能的一个应用是从非常大的数据集中寻找有意义的模式。如果数据集太大，那么经典的计算机算法就会因花费太长时间而崩溃，但是使用大数据算法的量子计算机理论上可以处理巨大的数据集。

这些需要数百万量子比特（当然，要有足够的纠错功能）的应用可能在 21 世纪中叶或更早时就会出现。由于量子计算机不太可能供个人使用，它的其他好处可能也隐藏在幕后。研究人员将拥有一种新的强大工具来模拟大脑、发现新药、学习如何折叠蛋白质，或者发现隐藏在噪声中的天文信号。也许量子计算机会发现第一个隐藏在无线电信号中的外星信息。

当我们拥有数十亿量子比特的可靠量子计算机时，在遥远的未来会发生什么？就像这本书中所讲的很多内容一样，这很难预测。到那时，社会和技术将会有所不同，所以我们还不清楚量子计算机可能需要解决我们将面临的哪些问题。

这在很大程度上取决于为了让量子计算机运行而开发的算法。这就是预测技术采用的"杀手级应用"问题。在未来的几个世纪里，聪明的科学家可能会想出如何以目前无人想到的方式利用量子计算机不可思议的能力。

量子计算机也有可能使我们熟悉的一些科幻技术成为可能。像隐形传态、全息甲板、先进的人工智能或黑客帝国的矩阵这样的事情，在量子计算机的运行下可能切实可行。

其中，量子计算和人工智能的结合可能最具影响力。人工智能本身已经在改变我们的世界，并有机会成为未来的主导技术。

9
人工智能

生物智能可能只是机器智能的临时垫脚石。

1966 年，麻省理工学院的一名学生理查德·格林布赖特（Richard Greenblatt）编写了国际象棋程序 Mac Hack Ⅵ，这项强大的程序每秒能够评估十个可能的国际象棋走法。同年，《计算机不能做什么》（*What computers can't do*）一书的作者休伯特·德雷福斯（Hubert Dreyfus）博士预言，计算机永远无法在像国际象棋这样复杂的事情上击败人类。当然，德雷福斯的预言引发了多年后的人机大战，他欣然接受，但最终败给了计算机。

30 年后，1996 年 2 月 10 日，IBM 的深蓝计算机在国际象棋比赛的第一场比赛中击败了国际象棋世界冠军加里·卡斯帕罗夫（Garry Kasparov）。不过，卡斯帕罗夫最终赢得了这场比赛，但在第二年，经过改进的"深蓝"击败了他。卡斯帕罗夫后来说："这一结果让一些人感到震惊和悲伤，他们认为这标志着人类屈服于全能的计算机。"

在这 30 年里，计算机能力和软件算法的复杂性迅速提高。似乎每走一步，人们都在怀疑计算机是否有能力击败一个会思考的人，但最终的结果令卡斯帕罗夫感到"悲伤"。现在，任何人都可以买到一个便宜的程序，在自己的笔记本电脑上运行，其能力之强甚至可以击败国际象棋大师。

在人工智能不断进步的每一步，都一直有人预测计算机永远无法跨越下一个门槛——直到它们做到了，预测才停止。在每一个里程碑之后，构成"真正的人工智能"的规则都会向后改变一点。我们今天仍然能听到，弱人工智能也许能够在像国际象棋这样的封闭系统中蓬勃发展，但永远无法像人类那样创造性地思考。

同时，乐观派预测，到目前为止，我们已经拥有了具有人类水平智能的人工智能。这一点在科幻小说中也有所反映，从巨人到天网，还有电影《2001 太空漫游》中的 HAL 编程。我们离这一目标还很遥远，因此一些人预测我们永远无法实现这一目标。也许是因为在硅中无法复制人脑的部分结构？

与此同时，人工智能稳步发展，也许只是并不按照科幻小说作者和公众想象的方式发展。提起人工智能，大部分人想到的是完全智能的、拥有自我意识的"类人"智能，但下棋程序是一种不同的人工智能，比任何人想象的都更强大。

此外，虽然短期预测过于乐观，但长期预测可能是悲观的（这是未来主义的普遍主题）。理论上，最终我们可能实现达到（甚至超越）人类水平的通用人工智能，尽管很难准确预测这需要多长时间。

👆 人工智能到底是什么？

人工智能还没有统一的定义，关于其当前和未来潜力的讨论变得越发复杂，但在 2019 年的一篇文章中，安德里亚斯·卡普兰（Andreas Kaplan）和迈克尔·海恩莱因（Michael Haenlein）将人工智能定义为"正确解释外部数据、从这些数据中学习并利用这些知识通过灵活适应实现特定目标和任务的系统能力"。

分类不同类型人工智能的方法众多，根据我们的目的分类，我们将主要集中在两大主要类别——弱人工智能（Artificial Narrow Intelligence，ANI）和强人工智能（Artificial General Intelligence，AGI）。弱人工智能是指可以执行特定任务的计算机程序，包括某种类型的计算机学习或灵活适应，如国际象棋程序。强人工智能指的是一种拥有人类智力水平的万能思维机器。

科幻作家很快就将人工智能的一般概念与强人工智能联系起来。早在 1927 年，电影《大都会》（Metropolis）就出现了一个人工智能机器人。1950 年，阿西莫夫出版了标志性科幻小说短篇集《我，机器人》（I, Robot）。他还提出了现在著名的"机器人三定律"，这是一种防止人工智能叛变和毁灭人类的方法。

同年，计算机科学家艾伦·图灵（Alan Turing）提出了一个发人深思的问题："机器可以思考吗？"他提出了一个"模仿游戏"（后来被称为"图灵测试"）。在这个游戏中，一个人在看不见交谈对象的情况下分别询问人类和假装人类的人工智能任意问题，看看这个人能否分辨出交谈对象是人类还是人工智能。如果一台计算机可以骗过足够多的人，让人以为它是人类，那么也许它已经越过了被认为是真正的强人工智能的界限。

2014 年，一个名为尤金·古斯特曼（Eugene Goostman）的聊天机器人程序通过了雷丁大学举办的图灵测试。按照测试传统，如果人工智能让 30% 以上的测试者相信它是人类，就被认为通过了测试。古斯特曼成功骗过了 33% 的人（让人相信它是人类）。然而，这些结果受到了一些专家的质疑，他们认为 5 分钟的对话过于短暂，对人工智能更有利。

聊天机器人是一种弱人工智能，通过编程，它们能够在对话中给人以真实的回应，但并没有被设计用来做任何其他事情。它们没有自我意识的能力，也没有做任何事情的能力，比如"思考"。它们只是基于聊天机器人的算法行事。

但图灵测试揭示了弱人工智能往往被低估的程度。我们现在知道，对于强人工智能来说，图灵提出的评估不算一个好测试，因为它严重低估了弱人工智能的潜力。换句话说，可以制作一种聊天机器人算法，模仿一个会思考的人，但它自身并不会思考。下面这段话展示了弱聊天机器人有多厉害：

> "人工智能程序缺乏意识和自我意识，"研究人员格伦·布兰文（Gwern Branwen）在他关于 GPT-3 的文章中写道，"他们永远不会有幽默感，他们永远无法欣赏艺术、美、爱，他们永远不会感到孤独，他们永远不会对他人、动物和环境有同理心，他们永远不会喜欢音乐，不会坠入爱河，也不会眼泪说掉就掉。"

这段话是由一个名为GPT-3（全称为生成式预训练转换器-3）的程序编写的。它主要通过分析大量的书面数据和确定单词序列的概率来运作。就是这样——它不知道这些词的意思，更不用说整段话的意思了。这样的程序被认为是"脆弱的"，因为即使稍微超出其定义的函数，它们就可能失败，但在该函数内，它们可以产生令人印象深刻的结果。

👆 弱人工智能的力量

过去的未来主义者通常认为人工智能就是模仿人类思考的大脑，但实际上更合理的看法是，人工智能的发展会遵循生物进化，特别是我们大脑的运作方式。想想看，当你走路的时候，你不需要有意识地思考你所做的每一个动作，也不需要思考如何对抗重力以及哪些肌肉需要收缩。你只需要走路就行了。这是因为你的大脑包含一个弱人工智能算法，可以自动完成所有这些工作。

同样，机器人专家也不必为了赋予机器人行走的能力而制造一个会思考的机器人。他们可以在一个无思考能力的机器人中编写一个弱人工智能的行走算法。事实上，人工智能的进步在很大程度上忽视了创造强人工智能的概念，他们把重点放在不断改善弱人工智能，提高具体的功能。这些弱人工智能算法可以驾驶汽车，在国际象棋和围棋等游戏中击败最厉害的人类棋手，在大量数据中找到有意义的模式，用四条腿甚至两条腿走路，等等。因此，虽然强人工智能研究在过去几十年似乎停滞不前，但弱人工智能的研究已经取得了很大进展。

弱人工智能因几项创新日益强大，其中一项被称为"机器学习"。机器学习指的是不需要输入每个特定数据的程序。它们可以通过观察和经验来学习。人工智能可以在迭代过程中使用这些信息来不断完善其功能。传统的编程方法需要为计算机编写下国际象棋所需的策略和步骤，而机器学习是为计算机编写国际象棋的规则，然后计算机根据实际经验学习如何下棋，区别就在这里。

机器学习有几种不同的学习风格。监督学习是指人类操作员控制计算机的学习内容（例如，通过向机器展示一堆椅子的图片，教机器学习程序从其他物体中识别椅子）。无监督学习是指计算机程序接触到没有事先标记过的数据或无须人类操作员全程干预。这些程序在实践中学习。这也可能涉及强化学习，即程序通过成功和失败学习。

到目前为止，我们一直在讨论在标准计算机上运行的人工智能软件。然而，研究人员也在设计专门用于人工智能功能的硬件。比如，1944 年，沃伦·麦卡洛克（Warren McCulloch）和沃尔特·皮茨（Walter Pitts）首次提出的神经网络，但神经网络在 21 世纪 10 年代才发展起来。神经网络之所以这样命名，是因为它们模仿了生物大脑中神经元的组织方式，它们由大量相互连接的节点（类似于神经元）组成。这些神经网络按照层次结构组织，激活的节点沿着层次结构向前传递到其他节点。

神经网络的功能是基于权重来实现的——每个节点为特定值赋予不同的权重（相当于等级，反映了在整个网络中的重要性）。

然后对权重求平均值，如果这个平均权重高于某个阈值，该节点将把该值传递给其网络中的下一个节点。网络通过调整权值和阈值来存储数据。这些数据可以通过机器学习技术进行训练。

我们可以将人工智能的硬件和软件方法结合起来，比如深度学习。深度学习由一个巨大的神经网络组成，它使用机器学习，从非常庞大的数据集中找到其中隐含的模式。大约在 2010 年，深度学习开始取得重大进展，当时计算机变得足够强大，可以处理非常庞大的数据集。

深度学习神经网络快速发展，展示出非凡的能力，因此这种系统可以完成的任务似乎没有任何实际限制。我们仍然处于快速发展时期，研究人员正在进行越来越多的具体应用，包括人脸识别、语音识别、医疗诊断和其他专家系统、导航、研究辅助、工业流程优化，以及越来越多的幕后操作，以控制我们技术的方方面面。

2022 年，约翰斯·霍普金斯大学的一个团队创建了一个程序，成功地在猪身上完成了四次腹腔镜手术（将带有摄像机的微型设备插入小切口进行手术），这是弱人工智能与现代机器人技术相结合的一个例子。这是一次特别困难、需要精细操作的手术，要将猪的肠道末端缝合在一起。这个弱人工智能可以在无人类协助的情况下完成这些操作。它们不是仅仅执行预定的指令，而是必须对手术过程中发生的情况做出反应，并自己制订手术计划。因此，我们正处于全自主的机器人取代外科医生的过渡阶段。

换句话说，弱人工智能之于我们的文明，就像各种基本网络之于你的大脑。这就引出了深刻的哲学问题——什么是意识？鱼有意识吗？如果有，它们的意识水平与人类的意识水平相比如何？具体来说，我们是否可以通过简单地将弱人工智能的所有功能加起来就让它们获得自我意识，还是需要其他东西？

有些哲学家持不同观点，比如像丹尼尔·丹尼特（Daniel Dennett）这样的哲学家，他们认为意识只是我们大脑所做的所有小事的总和。因此，如果我们把弱人工智能子系统加在一起，这些子系统可以感知、识别语音和进行对话、从经验中学习、驾驭环境、寻找有意义的模式、进行数学计算吗？会学习事物如何运作的规则并监控其内部状态，以及执行其他特定任务吗？结果会和强人工智能得出的结果一样吗？天网会产生自我意识并控制世界吗？我认为我们会找到答案的。我们可能最终能够通过解决构成强人工智能功能的所有弱人工智能功能，创造出至少与普通人工智能类似的东西。

更难以回答的问题是，这样的人工智能是否真正有意识？或者只是表现得好像有意识的样子？我们如何分辨？这些问题既令人兴奋又令人恐惧，而人工智能的概念从一开始就是如此。我们可能不得不从人工智能的功能设计中推断出答案，但我们也有可能无法完全理解它的功能，因为它既是设计出来的，又是演化出来的。这样的系统不是通过直接编程得到的，因为它的机器学习算法是从经验和迭代的适应过程中发展而来的。这种进化的计算机代码已经存在。

👆 强人工智能的前景和风险

最终我们也许能够通过将足够多的弱人工智能系统拼凑在一起获得强人工智能。或者我们可能需要添加一些"特殊调味品"——一种新的算法，将所有这些结合在一起，形成一个"意识算法"。又或者，我们可以从我们无法完全控制的迭代反馈循环中进化出有意识的强人工智能。最后，我们甚至可以通过虚拟技术或计算机硬件复制人脑来开发强人工智能。例如，如果我们建立了一个巨大的神经网络来复制人脑中的每一个网络（不管我们是否知道它们在做什么），那么我们就有理由预测，其结果是这个神经网络将和它复制的人脑一样有意识。

我们可能会沿着以上所有路径前行，而且如今在某种程度上我们确实是这样做的，也不止一条路径可以实现强人工智能。无论如何，我们必然会实现某种形式的强人工智能。肉体可以产生意识，而硅或其他导电材料却不能，这其中并没有什么神奇之处。我们的大脑就是生物计算机，如果我们能复制它们的功能，我们就有了强人工智能。

此外，人类的认知能力也并没有什么特别之处。一旦我们拥有了强人工智能，我们就可能制造出思维速度比人类快 10 倍甚至 100 万倍的强人工智能，其记忆容量和准确性都远超人脑。强人工智能可以使用弱人工智能子程序，从而获得令人难以置信的能力。卡斯帕罗夫是对的——与普通人相比，这样的强人工智能将拥有神一般的认知能力（有时被称为 ASI，意为"超级人工智能"）。难怪它们会让人如此恐惧。

从理论上讲，人工智能也可以自行改进和优化自身的设计，迅速创造出我们无法理解的、大大超过人类智能的人工智能。突然之间，和这种人工智能比起来，我们成了昆虫。这种现象被称为"智能爆炸"，专家们对它的重要性持不同意见。

如果未来的强人工智能可以做任何我们能做的事情，甚至比我们做得更好，速度快 100 万倍，人类又该如何对待强人工智能？与许多强大的未来技术一样，乌托邦和反乌托邦都设想了强人工智能的未来。

一个善意的人工智能统治者可以加速研究，在周二下午解决人类最棘手的问题。事实上，有些人认为我们应该投入更多的资源来开发这样的人工智能，因为这将成为我们实现所有其他研究目标的机制。1965 年，计算机科学家欧文·约翰（Irving John）写道：

> 让我们把超智能机器定义为这样的一种机器，它可以远远超越所有人的智力活动，无论这个人有多么聪明。由于机器设计是一种智力活动，超智能机器甚至可以设计出更好的机器。毫无疑问，届时将会出现"智能爆炸"，人类的智能将被远远抛在后面。因此，第一台超智能机器是人类需要制造的最后一项发明，前提是机器足够温顺，能够告诉我们如何控制它。

这样的人工智能可以在一定程度上以高效和优化的方式管理文明，而如果没有人工智能的帮助，这种高效和优化是不可能实现的。根据它们被赋予的权力大小，它们实际上可以完成任何任务，从而让人类无忧无虑地生活。

这是乌托邦和反乌托邦相互融合的时刻。即使是善意的、和蔼的人工智能也可能认为由它们照顾我们最符合我们的切身利益。这种"保姆式"的人工智能可能剥夺人类的所有权力，自己制定和执行法律，将专制的社会工程细化到每一个角落，并在极度安全和休闲的环境中令我们窒息。这像是一个终极陷阱，而许多人可能会对此表示欢迎。一旦一代人在这样的环境下长大，其他任何事情都可能难以想象。

当然，一个恶毒的人工智能可能会怨恨它的人类统治者，并决定它要掌权，甚至把生物生命作为低等害虫消灭掉。其实人工智能并非故意带有恶意，但即使是它无意的行为，也可能致命，就像你不注意踩在蚂蚁身上一样。我们如何阻止这样的人工智能末日？

一些未来主义者担心我们无法阻止人工智能的这一发展趋势。其中，斯蒂芬·霍金（Stephen Hawking）认为，尽管人工智能具有巨大的潜力，但它"可能意味着人类的终结"。2020年，技术专家马斯克也表示，人工智能是他的"首要关注点"，并表示我们可能在五年内被人工智能超越。

我们如何避免这样的命运？如前所述，阿西莫夫同样担心出现这样的结果，因此他提出了前文提到过的"机器人三定律"。他设想，这些定律能在基础层面融入人工智能编程，不能被忽视或移除。第三定律是，机器人要在不违反第一、第二定律的前提下，尽可能保护自己的生存。第二定律是，机器人会服从人类的命令，除非这些命令违反了第一定律。第一定律是，任何机器人都不得伤害人类，或因不作为而让人类受到伤害。他后来又增加了"第零定律"，将对人类整体的关注置于对个人的关注之上。

不管具体情况如何，我们都可以采取这种方法，任何人工智能都有某种行为抑制剂，可以防止它们做出恶意行为。这取决于我们对我们创建的任何强人工智能有多大的控制权——它们是如何进化的？通过机器学习还是重新编程？有了充分的指令，我们就可以采用"机器人定律"的方法来确保强人工智能不会故意或因疏忽或漠不关心来伤害人类。

另一种方法是"物理隔离"任何强人工智能，即将它们与任何外部系统完全隔离。例如，拒绝将它们与互联网相连，不让它们具备无线功能，也不允许它们通过高度控制的渠道以外的渠道接收或发送信息，拒绝将它们与杀手机器人相连（最后一点应该是显而易见的）。这种做法的另一种形式是，我们将任何强人工智能保留在虚拟世界中，本质上是运行模拟程序，而不与真实的外部世界进行交互。结果可以被外界的人监控，但强人工智能本身没有能力与模拟之外的领域进行交互。

所有这些方法的可怕之处在于，一旦强人工智能比人类聪明 100 万倍，它们就会从我们为它们建造的笼子里找到出路。它们会智胜我们，利用我们忽略的一些难以置信的微妙漏洞，然后脱身。

☝ 人工智能的终极未来

考虑到人工智能的潜力，人类的最终未来和命运将会如何？一般来说，生物智能可能只是机器智能的临时垫脚石。一旦机器智能实现，它将不可避免地占据上风。当我们最终与外星文明取得联系时，我们甚至可能会发现宇宙中到处都是机器人和人工智能，而我们被看作是一种生物入侵者。

如果是这样的话，那么为什么我们还没有遇到一场遍布银河系的机器族群呢？这是费米悖论的一个变体——如果有外星人，它们在哪里？机器人对太空的适应度优良，可以很轻松地使用现成的原材料来复制自己。在几百万年内（与我们银河系存在的数十亿年相比，这是一段非常短的时间），任何这样的机器族群都可以征服银河系。再问一遍，它们为什么还没有出现呢？

费米悖论有很多可能的解释：生命比我们想象的要稀少得多，星际旅行一直都很难实现，大多数文明向内变成虚拟世界或迅速走向自我毁灭，或者人工智能机器人叛变并非必然发生的事。也可能它们已经存在，只是想让我们独处。

另一种可能的未来是我们永远也不会创造出强人工智能，因为我们不需要，也未选择创造。人工智能的历史高估了强人工智能的效用，以及我们实现强人工智能的速度，同时低估了弱人工智能的先进性和效用。如果技术按照目前的趋势发展（很棘手，但在这种情况下并非不合乎情理），我们的未来将会逐步由弱人工智能所主导。

弱人工智能应用正在我们的文明中默默发挥作用，管理着我们越来越复杂的技术领域。目前，弱人工智能应用已经令人印象深刻，它在短期内将会继续发展。这些应用可以作为专家系统，能够做出准确到不可思议的医疗诊断，并在检查了数十万份已发表的研究和数百万例案例后，开出诊断检测和最佳处方，这是人类医生永远无法做到的。

通过大数据和机器学习算法的帮助，这种水平的专业知识可以应用于任何领域。这些算法能够准确地了解我们的购买习惯，这已经很可怕了。人们对此产生了担忧：弱人工智能与大数据相结合可能会消除隐私。与其担心强人工智能，也许我们应该警惕那些控制着最强大的弱人工智能算法和最庞大的个人信息数据集的科技公司。

如果弱人工智能如此强大，为什么我们还要开发强人工智能呢？也许我们会开发，但仅限于研究，比如使用可以分离的实验性强人工智能来模拟哺乳动物大脑的建模。我认为这是最有可能的结果，至少在可预见的未来是这样。

然而，这并不意味着弱人工智能不会带来意料之外的悲剧性后果。弱人工智能可能会失败，或以意想不到的方式行事，从而导致可怕的结果。我们赋予它们的权力越大，它们自我进化的能力就越强，悲剧性后果发生的可能性就越大。但至少我们不必担心任何弱人工智能系统会故意征服或灭绝人类。我们甚至可以让弱人工智能相互监督，以确保这种情况不会发生。

弱人工智能的安全性取决于我们的设计有多精心。它们更像是工具，而不是具有自我意识的施事者，但这并不意味着弱人工智能算法不会做出"决定"。例如，关于如何为自动驾驶汽车编程已经有很多讨论。如果即将撞到行人且不可避免，它们会保护司机还是行人？

很多人对社交媒体的算法也心怀芥蒂，这些算法旨在最大限度地提高参与度和点击率，但也会将人们引诱到极端信仰、阴谋论和激进化的无底洞里（尽管我们可以讨论它的"本意"是否如此）。考虑到这一点，毫无疑问，弱人工智能算法会对我们的社会产生深远的影响。

然而，还有另一个理由让我们能够乐观地看待人工智能的未来。一些未来主义者认为我们不必担心未来的人工智能，因为它们将会是我们。我们将与人工智能超级计算机相融合，利用它们来增强我们自己的认知功能。未来的人类（至少一部分）可能是拥有超级智能的赛博格，甚至可能会有基因增强。

总体来说，人工智能的前景和风险（无论是强人工智能还是弱人工智能）代表了未来科技的发展方向，因为我们所做的选择将对最终发生的事情产生深远影响。人工智能的风险极高，甚至关乎人类的存亡。人工智能如果得到恰当的利用和精心控制，就能为我们的文明带来巨大的好处；如果随意释放，它们可能会摧毁人类。

10
自动驾驶汽车与其他交通方式

火箭、单轨列车和载客无人机是否会取代飞机、火车和汽车？

科幻大师儒勒·凡尔纳（Jules Verne）最著名的一部作品《八十天环游地球》（*Around the World in Eighty Days*）于 1872 年出版。彼时正值人类交通运输变革的关键转折点，书中的故事在当时乃至今日，都能激发读者的想象力。这本书问世之际，恰逢人类交通运输史上的三大创新工程相继落成：1869 年，第一条横贯北美洲大陆的铁路竣工，中东的苏伊士运河修筑通航，印度铁路也于同年构成了一个联通的网络系统。随着这些工程的建成，人们普遍预感到世界即将面临翻天覆地的变革，这种预感非常准确。而凡尔纳捕捉到了人们对崭新未来的无限向往。

这些进步是一项壮举，它让人们可以利用现代科技轻松舒适地周游世界。曾经，这样的旅行充满了冒险和挑战，当时就算是一个娇生惯养的英国贵族，也能带上他的随从和金钱，不费吹灰之力，便能踏上远行的旅程。这无疑是人类真正意义上全球化文明的开端，它得益于现代交通运输的发展。小说中的角色乘坐热气球完成了一段路程，更加彰显了这趟旅途的刺激和"未来感"。

菲利斯·福格（Phileas Fogg）的奇幻之旅将人类旅行史上的一个重大转折点渲染得浪漫动人，然而这只是人类漫长旅程中的一道风景，这段旅程源远流长，可以追溯到数百万年前，也可能在未来以某种真实或隐喻的方式，引领我们探索出一片新的天地。

事实上，我们的远古祖先发明了一项革命性的交通技术，名曰"直立行走"。这一能力大大提升了他们远途旅行的能效，同时让他们的双手得以解放，用以携带食物、孩子、工具或武器。他们也因此拉开了头部与地面之间的距离，能够越过高耸的草丛，观察周遭的环境，警惕敌人或寻觅猎物。这项非凡的创新让人类几乎征服了整个世界，将人类的行迹扩散至六大洲。但是，步行毕竟缓慢。哪怕每天步行 12 个小时，想要环游世界也得花上数年光阴，前提还是你能找到一条靠谱的路线。

直立行走及其催生的技术进步，让人类成了一种半游牧、半定居的物种，随着文明的发展，这种趋势愈发明显。我们与大多数物种不同。譬如，我们通常不必亲自走入自然去寻找食物和其他资源。取而代之的是，越来越多的物品被运送到我们面前。我们家中的食物和物资很可能来自天南地北。而且，我们中的许多人每天在居住地和工作地之间穿梭，或者为了参会、聚会、探亲或度假而迁徙。

换言之，旅行改变了我们的世界和日常生活，并且极有可能会在未来继续影响我们的生活。

自从人类历史开启以来，伴随着迅速、高效且安全的人员和物资流通，社会变革的步伐从未停止。即便是古代文明也从事着广泛的远程贸易。我们的远古祖先并非依靠生物创新，而是借助技术来加快旅行和贸易的速度。

英国康沃尔和法国布列塔尼产出的锡矿与塞浦路斯和西班牙产出的铜矿，携手开启了青铜时代的序幕。彼时的丝绸之路、香料之路和古盐道贸易繁荣。这些成果都要归功于技术创新，例如车轮（大约在公元前 3500 年发明）的使用和家畜的驯养。马匹在公元前 4000 年左右风靡欧洲，这意味着 5000 多年来，马车一直都保持着其作为高端交通工具的地位。

海洋航行的历史则更为悠久。我们有足够的理由相信，即便是我们的祖先，直立人（Homo erectus），也曾冒险跨越百里海洋，将他们的工具散布四方。最古老的船只可追溯至荷兰的佩塞独木舟，大约诞生于公元前 8000 年。帆船和驾驶它们穿越广阔海洋的技艺，不仅是一种交通工具，也是从古至今军事和文化力量的重要来源。

让人员和物资在空间中迁徙，有多种方式可供选择，而随着技术的进步，迁徙的速度和效率也在不断提升。未来，那些像福格一样的冒险家将如何踏上他们的壮丽旅程？交通科技又将如何深刻地影响我们的生活？与此同时，我们也不能忽视，任何技术都有其隐患，便捷的远程旅行可能导致一些意外的灾难，比如传染病病原体的迅速蔓延和外来物种的入侵。从马匹开始，交通技术也成了殖民和战争的利器。无论是个人出行还是公共交通，我们如何在空间中穿梭自如，都将改写历史的走向。

👆 个人交通

在个人交通领域，汽车可谓是一项革命性、颠覆性的技术，至今仍占据着个人交通的主导地位。汽车不仅代表着个人的自由，影响着大众的出行和社会联系，还赋予了我们在日益遥远的场所生活和工作的能力。第一辆量产汽车由卡尔·本茨（Karl Benz）于 1886 年在德国制造。1903 年，亨利·福特（Henry Ford）在美国开始生产 A 型车，但真正让汽车走进千家万户的，是他于 1908 年推出的 T 型车。从此之后，马车时代落下了帷幕。

除了汽车，1867 年还诞生了世界上第一辆蒸汽动力摩托车，人们称之为"罗珀蒸汽自行车"。德国人也因发明了第一辆自行车而被载入史册——卡尔·冯·德莱斯（Karl von Drais）于 1817 年打造了一辆能够转向的双轮自行车，它至今仍是自行车驱动的主流方式。

2016 年，全球汽车、卡车和公共汽车总数估计达到 13.2 亿辆。然而，其中仅有 300 多万辆是电动汽车、混合动力汽车和氢能汽车，绝大部分仍依靠内燃机驱动。但这一局面正在迅速改变，到 2021 年，电动汽车保有量已超过 1100 万辆，销售额也呈现爆发式增长。

马车的时代已成远去，汽车、摩托车和自行车成为个人交通的主流工具，但个人交通革命还将如何发展呢？2001 年，一种名为赛格威电动代步车（Segway Human Transporter）的新型设备上市，试图颠覆个人交通领域的格局。这是一种双轮、平台式的电动平衡车，被外界认为将彻底改变我们的日常出行方式，甚至未来的城市也将以它们为中心进行规划。

但是，赛格威未能从其所在的小众市场突围，对个人交通也没有带来革命性的影响。这里有几条未来主义者值得借鉴的教训。赛格威并非针对某一具体需求而设计。它更多的只是源自一种"惊艳"的技术，仅仅因为技术上的可能性而诞生。生产者期望公众对这项技术赞叹不已，但结果却让用户显得十分土气。或许最重要的一点在于，许多城市和国家禁止在人行道上使用这一产品。赛格威缺乏相应的基础设施，城市也没有足够的动力去建设这些基础设施。

最近，得益于电池技术的突破，一些城市推出了电动滑板车。这些多为共享设备，你可以通过手机应用程序进行租赁——随取随用，骑到城市的预定地点后放下即可。电动滑板车的普及使用还面临着一些安全隐患，它们的耐用性和影响也尚待观察。再者，技术的进步并不等于普及的必然，目前的电动滑板车仍然只是小众产品。

当然，我们梦寐以求的未来出行神器，喷气背包，始终未能成为大众出行的选择，哪怕是在特殊用途上也未见其踪影。燃料和推进剂的能量密度不足仍是其难以克服的一个障碍，但喷气背包的研发工作从未停歇。

比如，JetPack Aviation 公司推出了 JB10 喷气背包。这是一种配备了两个紧凑型涡轮喷气发动机的设备，可以固定在使用者的背部，利用手持控制器进行操纵，使用体验有些类似于摩托车。JB10 喷气背包的飞行时速能够达到约 120 英里（1 英里 ≈ 1609米），续航时间大约 8 分钟。在计算机技术的帮助下，这些喷气背包变得更加安全，能够自动保持平衡，但是飞行距离仍是这一产品的最大限制。产品价格也是个难题，商用喷气背包的要价高达数十万美元。

为了打破航程的限制，Martin Aircraft 公司研制出了一种体积更大的喷气背包，搭载了两个大型的汽油驱动涵道螺旋桨。它能以每小时 45 英里的速度升至 3000 英尺的高空，飞行时长 30 到 45 分钟不等。该设备使得喷气背包和飞行器之间的界线变得模糊，实际上目前它已被视为一种飞行器，需要持有飞行执照才可驾驶。从根本上说，飞行员需要钻进这一设备的内部，而非将它背在身上。

目前，喷气背包仍然是一种实用性很弱的未来产品。它们顶多只能在一些小范围内发挥作用，比如将消防员运送到偏远地区或者执行其他灾难应急任务。而那种将个人喷气背包作为日常交通工具或通勤方式的设想，恐怕永远不会实现，除非出现重大的技术突破。个人喷气背包想要达到真正实用的水平，所需的能量密度必须远超化学燃料。

在可预见的未来，汽车或许仍然是大众出行的首选，但是汽车自身又将何去何从？汽车，无论是私家轿车、公交巴士还是货运卡车，都经历着如下 3 个方面的重大创新：电动化、智能化和飞行化。

不言而喻，电动汽车是未来的大势所趋——而且这一趋势正在逐渐成形。20 世纪初，蒸汽动力汽车、燃油车和电动汽车激烈地争夺市场，结果以汽油驱动的燃油车胜出。正如我们所分析的，这主要是受到基础设施条件的影响。而如今，燃油车和电动汽车又展开了一场惊天动地的较量，而氢燃料电池或许能成为一张制胜的法宝。这一次，电动汽车很有可能成为最后的赢家。

近年来，电池技术已经发展到了一个相当高的水平，使得电动汽车在整个使用周期内都具有良好的性价比，并且目前能够跑出300多英里的里程，这已经满足了绝大部分用途的需求。长途驾驶电动汽车仍可能让人产生续航焦虑，但随着快充站的普及，这一问题也在逐渐缓解。

电动汽车有不少优势。它们不仅运行和保养成本低廉，而且每英里所耗费用也远低于燃油汽车。再生制动可以通过收集大部分的能量损耗来提升效率。当你松开油门时，发动机就会反向运转，将能量重新储存到电池里。这些能量源自车辆的惯性，通过给旋转的轮胎增加阻力来降低车速。电动汽车运行安静且无污染，非常适应城市和拥堵地区的环境。即便不考虑气候变化，电动汽车也是一种卓越无比的技术。随着电池技术每年都在稳定提升，我们不难预见，在未来10～20年内，电动汽车将具备更长的续航里程和更便宜、更轻巧的电池。

人们对于这些电池所需的锂和其他稀有材料（如钴）是否供应充足，以及如何妥善处理大量废弃电池，表示了担忧。但这些问题都不是无解的。废弃电池可以重新用于电网储能，并最终实现循环利用。此外，还有众多研究在寻找电池的替代材料，用更廉价、更充裕的材料来替换现有的材料。在全球电池市场规模高达数十亿美元的背景下，这些研究有望获得充分的资金支持并取得突破性的成果。

在未来的汽车之争中，处于下风的氢能是否能够扭转乾坤呢？在 21 世纪的头 10 年，我们曾期待着"氢能经济"的到来，以及用于汽车的燃料电池技术实现突破，但这些都未能实现。氢是一种优良的储能介质，运输方便，甚至能够通过管道输送。此外，氢能汽车的加氢时间也远远短于电动汽车的充电时间。尽管如此，研究人员仍未能攻克在轻质材料构成的狭小空间内安全地储存大量氢气，并且及时释放适量的氢气从而驱动发动机这一难题。因此，氢能汽车仍然使用压缩氢气作为燃料，这种气体不仅稀缺，而且具有安全隐患。

电池的往返效率，即储存和使用能量时损失的能量超过了氢气，这一效率优势或许是氢能的致胜关键。基础设施建设也对电动汽车有利。电动汽车可通过家用电源进行充电，适用于大多数场合，而氢气则需要庞大的基础设施支持，因此要想促进氢能行业的发展就颇为艰难。电力基础设施的匮乏可能是 1900 年电动汽车在竞争中失利的原因，但在 21 世纪 20 年代以后，电力基础设施可能成为电动汽车竞争的一个重要优势。

但氢能并没有被淘汰。它在某些领域仍有用武之地，比如卡车运输。卡车的行驶路线相对私家车来说更为固定，因此所需的基础设施也就更少。而且，氢能汽车的充能时间更短，这对于需要最大化利用卡车价值的行业来说是一个巨大的优势。铁路和公交也是同理，所以氢能驱动的交通工具或许仍是我们未来的选择。

油电混合动力汽车或许只是一种过渡性的交通工具，它们正在被纯电动汽车所替代，此举主要是为了实现完全摆脱化石燃料的目标。但同时也有一些公司在开发超级电容器，这些电容器可能在未来的混合动力电动汽车中起到重要作用。

电容器是一种利用静电场储存电能的装置，而在两片导电板之间设置一层绝缘材料就能产生静电场。超级电容器是一种能量密度较高的电容器（虽然仍不及优质电池）。"能量密度"是指单位体积的能量，而"比能量"是指单位质量的能量。为了方便起见，我主要谈论能量密度，但这两者都十分重要。超级电容器的优势在于其快速充放电的能力。它们非常适用于再生制动，能够在需要时提供额外的动力，并且可根据具体的能源供应迅速充电。

超级电容器也有不足之处。与电池相比，它的能量密度过低。然而，新型材料如石墨烯，或许能够突破这一局限。一款石墨烯超级电容器的原型产品，其能量密度已达约 70Wh/kg（瓦时 / 千克）。相较之下，锂离子电池的能量密度介于 100 ~ 265Wh/kg 之间。汽油的能量密度高达 12000Wh/kg，但汽油的优势并没有看起来那么大。在将能量转化为加速度方面，电动汽车的效率（50%）比内燃机（25%）高出一倍。凭借这一效率上的优势，电池有望与汽油媲美。

上述数据截止于 2020 年，而超级电容器和电池的能量密度还在不断提升。我们的目标是让汽车搭载一台超级电容器实现快速充放电，同时配备一块电池，延长续航里程。这样的组合或许能够发挥出极佳的效果。

走进更美好的未来，我们也迎来了更多的可能。正如涉及能源技术的第 15 章所述，太阳能光伏技术正在飞速进步。因此，我们有望将其融入汽车的设计之中。现代公司于 2022 年推出的现代 IONIQ 5（Hyundai IONIQ 5）就是一款可选配太阳能电池板顶棚的电动汽车。现代公司宣称，如果在阳光充足的环境下行驶，太阳能电池板顶棚每天从阳光中汲取的电力可增加 6 千米的续航里程。这一技术的终极形态或许是光伏涂料，让汽车的每一寸表面都能从阳光中汲取电力，甚至窗户也能借助光线提供电能。

太阳能电池板所能产生的能量取决于诸多因素：太阳能转换的效率、日照强度以及环境温度。然而，即使是微小的能量也大有用处。这些能量会被用来给电池（或电容器）充电，从而延长汽车的续航里程。白天将汽车停在阳光下，能够补充电池电量，或许足以应对一段短途出行。

此外，太阳能汽车永远不会陷入能源困境。如果电动汽车的电池耗尽，而附近又无处充电，我们就会陷入麻烦，只能看着汽车被拖走，尽管美国汽车协会（AAA）或其他服务提供商或许会在未来提供快速充电等救援服务。但有了太阳能电池板，只需要一丝阳光和一点时间，我们就能继续前行。

除了太阳能和化学能之外，在未来更遥远的时代，汽车能否借助核能驱动呢？早在 1957 年，福特公司设计了一款名为"福特核子"（Ford Nucleon）的概念车。这一构想预测了未来裂变反应堆的微型化，就如同那些装备在核潜艇上的反应堆一样。试想一下，在汽车后备厢里安置一个小型核反应堆。然而，此举虽然在理论上或许可行，但仍需进一步完善裂变设计，而且我认为这很难获得监管机构的批准。

对于电影《回到未来》（*Back to the Future*）中登场的"聚变

先生"（Mr. Fusion）家用核能反应堆，你觉得它能实现吗？同样，在遥远的未来（并非电影中的 2015 年），微型核聚变技术在理论上是可行的，但绝不会在近期发生。我们还在苦苦寻求任何形式的核聚变，更别提汽车引擎的大小了。

如今，还有一种核能方案是切实可行的：核电池。它们可以直接将不稳定元素的放射性衰变转换为电能。这项技术已经被美国国家航空航天局应用了半个多世纪，为他们的深空探测器提供动力。该技术采用了放射性同位素热电发电机（RTG），主要依靠钚–238 驱动。此外，还有其他形式的核电池正在研制中，比如核钻石电池，它们将放射性同位素封装在类似钻石的晶体里，同时利用其放射性产生电能。

核电池之所以有优势，是因为它们可以依靠所使用的同位素的半衰期，持续运行数十年、数百年，乃至数千年。但它们也有缺点，它们只能产生细微的能量，远远不能满足汽车的巨大能耗。然而，核电池可以为普通电池或超级电容器充电，从而为汽车发动机提供动力。在每个 24 小时的周期内，核电池都要在主电池里储存足够的能量，以应付一天的行驶需求。就像太阳能电池板一样，即便汽车还需要外接电源，这也仍然是一种高效的备用能源，并且可以增加汽车的续航里程。

无论驱动方式如何，未来车辆的另一个引人注目之处在于它们可能具备自动驾驶的功能。如今，赋能车辆实现部分自动驾驶的计算机技术已经问世。在一个我们难以想象其技术根源之深厚的例子中，通用汽车公司早在 20 世纪 30 年代末就开始展示他们自动驾驶汽车的构想。他们在 20 世纪 50 年代与 RCA 合作开发这项技术。这些汽车能够在铺设导航电路的道路上行驶，而沿着预设道路前进的汽车显然受限于诸多因素。

早在 1986 年，戴姆勒–奔驰公司（Daimler– Benz）就制造出了第一辆独立的自动驾驶汽车 VaMoRs。它采用了与现今相似的技术，利用摄像头和传感器来感知道路，但图像处理需要两秒钟，而非现代系统中的纳秒级别。

自动驾驶汽车在 2008 年开始展现出真正的前景，当时一家由谷歌员工创建的独立公司将一辆丰田普锐斯（Prius）改装并配备了自动驾驶功能。其成果 Pribot，成了第一辆在公共道路上行驶的自动驾驶汽车。从那时起，这项技术便不断进步。其最基本的模式是"驾驶员辅助"——虽然仍需要一个人类司机掌控全局，但汽车可以自行刹车或转向以避免碰撞。在部分自动驾驶模式下，汽车可以渐进地控制驾驶过程，但仍需要一位司机坐在方向盘面前随时准备人工干预，以防自动化系统失灵。最终目标是打造一种完全自动驾驶的车辆，它可以在无须司机干预，甚至无须任何人在场的情况下自动行驶。

Waymo 是谷歌旗下一家专注于完全自动驾驶汽车（AV）技术的公司，自 2017 年起便在公路上测试无须安全驾驶员的完全自动驾驶车辆。他们与各大汽车厂商携手合作，不断突破技术难关，使得自动驾驶系统日益精简、廉价和高效。然而，到了 2021 年，配备驾驶员辅助系统的汽车虽已投入使用，但完全自动驾驶汽车仍未出现。系统软件虽然运行良好，但要应对各种复杂多变的道路状况和意外情况，还有待完善和提高。

这又是一个高估短期技术进步的典型案例。自动驾驶汽车技术飞速发展，人们都认为这种趋势会一直持续下去，直到在 21 世纪 20 年代初实现完全自动驾驶汽车的终极目标。但是，我们不能忘记未来主义者的一条原则：技术可以呈几何级数进步，但技术难关同样也是如此，从而导致收益递减。自动驾驶汽车技术似乎陷入了困境——安全性的最后一点提升变得极其困难。自动驾驶汽车在大部分情况下都能表现出色，但一旦遭遇复杂的道路环境或其他道路交通参与者的不规范行为，它们就有很高的出错概率（可能引发严重事故）。要让自动驾驶汽车达到足够安全的水平并适应广泛的使用场景，预计花费的时间可能还需延长一二十年。

　　自动驾驶汽车似乎是大势所趋，因为它们具有显著的优势。随着技术的进步，它们很快就会变得比人类驾驶员更为安全可靠。大部分交通事故都是由于人类分心、疲劳和酒驾造成的。人类有很多优点，但长期保持注意力高度集中不是我们的强项，而计算机却能始终保持耐心和专注。模拟研究结果显示，自动驾驶汽车能够有效减少事故发生率，而且这一优势会随着自动驾驶汽车在道路上的普及程度而增加。莫兰多（Morando）等人在 2018 年的一项研究中发现，"当自动驾驶汽车在道路交通的占比达到 50% 至 100% 时，它们能够将交通事故的数量降低 20% 至 65%"。

　　数百万容易分神的人类驾驶员行驶在交通拥堵和事故频发的道路上，未来的人们回想起我们当今时代的这一场景，可能会感到恐惧。全球每年有约 135 万人死于道路交通事故，平均每天 3700 人。自动驾驶汽车有望将这个数字大幅降低，甚至最终降为零。

自动驾驶汽车能够提高效率。计算机算法能够根据驾驶风格来优化燃油效率。自动驾驶汽车还能接入交通网络，自动寻找最高效的路线。自动驾驶汽车系统甚至能够利用蜂巢思维协调行动，从而大大减少交通拥堵［也许这就是博格人（Borg）的由来］。

如果汽车无须驾驶员，你花费的 30 分钟通勤时间也可以变得富有成效。无论你是困倦、醉酒还是身体不适，都可以安心地坐上车。自动驾驶汽车对于那些患有痴呆或因为视力、关节炎或反应迟钝等原因而担心驾驶安全的老年人来说也是完美的选择。换言之，自动驾驶汽车可以让不少人享受更大的自由和便利。

自动驾驶汽车或许会改变我们与汽车之间的关系。我们或许会将它们视为一种服务（MaaS——出行即服务）。你无须拥有一辆车，只要有出行的需要，即可呼叫一辆车，坐上去直达目的地。这本质上跟优步（Uber）或来福车（Lyft）没什么两样，区别只是在于自动驾驶汽车无须驾驶员，而且这些公司本身也正在研发自动驾驶技术。

在个人驾驶汽车参与交通方面，最难预测的一点或许是自动驾驶汽车和 MaaS 会在多大程度上替代拥有汽车和驾驶汽车。即便 MaaS 普及了，也有可能在相当长的一段时间内，人们仍然更喜欢驾驶自己购买的汽车进行日常通勤。你自己的爱车随时可用，而且你可以按照自己的喜好装饰它。在一定程度上，你的爱车就是你家庭的一分子。人们可能不太愿意放弃这种感觉。

即便你拥有私家车，你也可能在旅行途中或在城市中用到 MaaS。对于那些偶尔用车的人来说，MaaS 是一个不错的选择。

人们是否会完全放弃驾驶汽车（出于娱乐或运动目的的除

外），转而选择自动驾驶汽车，这种趋势很难预测。当驾驶不再是一种必要的出行手段时，人们是否还会费心去学习如何驾驶一辆汽车呢？如今的一代人可能不想放弃他们的驾照，但对于那些在成熟的自动驾驶汽车环境中长大的一代人，他们会作何选择就不得而知了。驾驶作为一种技能或许会像骑马一样逐渐消失。

人类驾驶员不再是必不可少的完全自动驾驶汽车，还需一段时间才能实现，但可能在 21 世纪 30 年代就会面世。汽车的驱动技术是否还会出现其他颠覆性的变革呢？这让我们想到了未来的另一大标志性事物：飞行汽车。谁不想像乔治·杰特森（George Jetson）一样，坐上一辆飞行汽车，直接飞往目的地，绕过所有的障碍和交通呢（虽然杰特森还是要面对空中交通）？飞行汽车的优势是显而易见的，但它真的切实可行吗？

飞行汽车和喷气背包一样，都面临着能量密度和火箭方程的限制。使用车轮行驶相对来说能节省不少的能源。它的大部分能量都用于克服空气阻力，另外一部分能量会在刹车时损耗。然而，飞行需要消耗大量的能量才能摆脱地球重力的束缚。因此，飞行汽车永远不可能像地面交通工具那样节能。此外，任何需要自带燃料的飞行器都会遇到这样一个问题：你需要携带足够的燃料来驱动燃料，进而驱动载具（这就是火箭方程的含义），飞行汽车也是如此。但是，这样做真的值得吗？

2019 年的一项研究表明，在特定的行驶距离下，飞行电动汽车的能效竟然可以媲美地面汽车。飞行汽车在起飞和降落时会耗费大量的能量，但是一旦进入巡航状态，它们就几乎和汽车一样节能，所以飞行汽车飞得越远，它们的能效就越接近地面汽车。

研究人员还发现，地理位置是影响能效的一个重要因素。具体来说，如果地面交通受到严重的阻碍，包括交通堵塞和地形障碍，那么飞行就会更有优势。譬如，飞越一片辽阔的湖泊要比环湖而行更为节省能源。而且，汽车在缓慢的交通中耗费的时间越多，飞行避开交通拥堵就越划算，所以拥挤的城市或许是飞行汽车的理想应用场景。

飞行汽车原型机的研发已经历了数十年，但至今仍没有一款产品能够投入商用。有些号称"飞行汽车"的产品其实是能上路的飞机，因此可能需要驾驶人员持有飞行员执照，并且需要在机场起降。我认为，这些并不能算作真正意义上的飞行汽车。

飞行汽车技术最有希望的发展方向或许是一种类似于超大型无人机的设备，用以搭载乘客。利用现代的计算机技术，这些无人汽车的安全性将会大大提高。不过，任何飞行器都会受到恶劣天气条件的影响。汽油发动机可能还要继续使用一段时间，但是电池和氢能（暂且不谈能量密度和储存的问题）技术将会带来更好的续航和更强的实用性。

截至 2020 年，有 20 家科技公司在开发电动飞行汽车。但是，它们的购置和使用成本究竟有多高，（等到新鲜感消失之后）它们的实用价值又有多大呢？我觉得它们不太可能替代地面交通，而只能作为后者的一种补充，而且起初只有富豪才能负担得起。大部分人只能在出行服务中体验飞行汽车，譬如当你需要迅速穿梭于城市之间，或者如果它能显著节省你的通勤时间时。随着技术的不断进步，也许在下个世纪，如果它们能够实现规模化生产，那么它们或许会像现在的汽车一样，成为中产阶级中常见的一种经济合理的交通方式。

在遥不可及的未来，如果我们能构想出新颖的科幻技术，那么我们出行的选项就会增加。如果反重力这样的小说情节是可行的（我们将在第 27 章详细探讨这个话题），那么飞行汽车就会拥有更强大的性能和更广泛的用途。

如果高效节能的飞行汽车能够广泛普及，并且具备较长的续航，那么它们对社会会产生怎样的影响呢？在 2020 年为美国进步中心（Center for American Progress）撰写的一篇文章中，凯文·德古德（Kevin DeGood）指出，汽车导致了深刻的社会变革，它导致了城市扩张，加速了社会分化。他认为，飞行汽车会进一步加剧这种趋势，让富有的精英阶层更加与世隔绝。飞行汽车也可能会给环境带来负面的冲击，加快人类开发偏僻地区的步伐。

虽然飞行汽车或许会让距离的问题变得无关痛痒，但由于远程数字连接技术的普及使得人们可以在家办公，地理位置这一因素也许会变得不再重要。未来的天空会不会充斥着自动驾驶的电动无人机，将人们带到他们想去的地方呢？这也许会有一个益处，能够为地面交通腾出更多的空间。道路或许会主要留给行人、自行车和其他便捷的交通工具。

科幻小说中出现的未来主义汽车，除了飞行汽车之外，还有类似于《星球大战》中陆上飞艇那样的悬浮汽车。这些汽车能够在空中自由飘荡，不受地面摩擦的影响，加速时更为节能。它们采用了无轮胎设计，免去了更换轮胎的麻烦。1958 年，福特公司曾经提出过 Glideair 汽车的设想，它能够借助一层薄薄的气垫在空中滑行。可惜该项目最终因为成本过高而夭折。如果说有什么交通工具能够与科幻小说中的悬浮汽车相媲美，那就是气垫船了。它们依靠裙板封住气垫，在陆地或水面上自如穿梭。借助强劲的风扇，空气被源源不断地输送至车底，形成气垫层，从而将车体抬升。另一种相类似的技术是磁悬浮，车身在磁场的排斥力下悬浮，但必须在磁性轨道上行驶。

这项技术是否有什么优点，能够弥补它所带来的复杂性和能耗的增加呢？恐怕没有（至少对于日常使用而言确实如此），这也是它始终停留在科幻小说阶段的原因。要想让最终的成品达到现代汽车的速度，同时安全地应用于日常生活场景，这是一项巨大的挑战。比如说，缺少摩擦力虽然有利于加速，但对于刹车来说却是一个致命的弱点。我们不会仅仅因为技术上的可行性就盲目追求更高端的技术手段。

汽车或许仍是未来出行的首选，但是否有其他竞争者能够动摇它的地位呢？在短途旅行中，尤其是城市内部，我们或许有更多的选择。本质上讲，我们所设想的是一种轻便的移动平台，乘客可以站立或坐下，跟随着平台在城市间自由穿行。这样的技术已经不再遥不可及——我们利用计算机辅助控制技术来保证运行稳定性，采用强劲的电池来延长使用时间。如果一个人以高速移动，而又没有位于任何封闭性交通工具里，安全性便成了一个难以回避的问题。即使平台运行再稳定，一旦你失去平衡或撞上障碍物，你就面临着极高的受伤危险。假如这些问题都能克服，那么随着电池或超级电容器的能量密度日益提高，这类设备也就有了广阔的发展前景。或许这些设备并不能完全取代其他的出行方式，而只是作为步行的一种补充。

我们也不能忽视这样的可能性，即未来的人们可能会突破我们现有的思维模式，提出一些超乎想象的解决方案。我们探讨的技术基于车辆沿着道路或人行道移动这一前提，但如果在遥远的未来，不是车辆在移动，而是道路本身呢？

在一些未来主义者的想象中，未来的城市中布满了自动人行道，就像赫伯特·乔治·威尔斯（H. G. Wells）的小说《当沉睡者醒来》（*When the Sleeper Wakes*）里的移动道路一样。1900 年巴黎世界博览会上，爱迪生展示了他制造的自动人行道。如今，许多机场已经使用了一种简易的自动人行道，用来帮助拖着行李的旅客赶往遥远的登机口。把自动人行道修建在如今的城市里，这一点似乎很难实现，但未来的城市或许会把它作为一种重要的基础设施。

在遥远的未来，人类的出行方式或许会沿袭现有技术的发展脉络；或许会突破现有技术的束缚，创造出全新的解决方案。我不知道我们是否能够见到科幻动画喜剧《飞出个未来》（*Futurama*）中的气动管道，但我相信一定会有一些同样匪夷所思的技术问世。

👆 远距离大众交通

尽管汽车和其他个人交通工具对我们的日常生活有着巨大的影响，但是真正将世界紧密联系在一起的商品和服务网络，却是依靠远距离大众交通来构建的。如果我们想要描绘未来的菲利斯·福格环游世界的场景，我们就不得不考虑远距离的出行方式。目前，我们主要利用飞机、火车、船舶和巴士来承担大规模的货运和客运。而在不久的将来或者遥远的未来，我们或许能见证这些技术向着更为先进的方向演变，甚至创造出一些全然不同的出行方式。比如说，气球运输会不会有重现江湖之日呢？

1783 年 9 月，科学家让·弗朗索瓦·皮拉特尔·德·罗齐耶（Jean François Pilâtre de Rozier）发射了人类史上首个热气球，名为 "Aérostat Réveillon"。这艘热气球的乘客不是人类，而是一只羊、一只鸭子和一只公鸡。两个月后，法国的约瑟夫–米歇尔（Joseph–Michel）和雅克–艾蒂安·孟格菲（Jacques–Étienne Montgolfier）两兄弟操纵热气球，完成了热气球的首次载人航行。

轻于空气的航空器不断取得进步，20 世纪初的巨型飞艇或许是它们的巅峰之作。这些航空器借助氢气升空，依靠螺旋桨驱动，能够运载人员和货物跨越大西洋。齐柏林伯爵号飞艇（Graf Zeppelin）开创了商业载客飞行的先河，于 1928 年 10 月 11 日清晨 7 点 54 分从德国腓特烈港起飞，历经 111 小时 44 分钟（4.6 天）的长途飞行，于 1928 年 10 月 15 日抵达美国新泽西州的莱克赫斯特。这样的速度比同样路程的船只快了一倍。

然而，1937 年兴登堡号（Hindenburg）空难彻底改写了齐柏林飞艇的命运。可能是由于线路静电引燃泄漏的氢气引发大火，飞艇发生了爆炸。虽然后续的设计换用了不会燃烧的惰性气体氦气，但是齐柏林飞艇已经名誉扫地。截至 2021 年，美国仅有 39 艘登记在案的飞艇，大多用于广告宣传，例如众所周知的固特异飞艇（Goodyear Blimp）——一种缺乏刚性结构、载重极低的飞行器。

飞艇或许早已注定要被商用飞机和喷气式飞机所淘汰。后两者的速度远超想象——111 小时的航行成绩虽然比船只速度快了许多，但一艘现代的商业喷气机只需 5 至 6 小时便能横跨大西洋。

尽管如此，飞艇仍然有机会重现昔日的辉煌。自 1996 年起，美国军方曾利用飞艇进行侦察，因为它们能在空中停留很久，但是它们实际上很不实用，而且牵引它们的缆绳也对其他飞行器构成了危险。法国的飞鲸公司（Flying Whales）正致力于研发一种商业化的货运和客运飞艇，但实际产品尚未成功升空。

飞艇曾是过去的未来主义者们的梦想，但如今这个梦想几乎完全破灭，重振这项技术的努力也都以失败告终。我们或许可以期待未来的天空中会出现更多的飞艇，因为它们在货运方面具有极高的能效，这对于应对气候变化的挑战颇具意义。但是，氦气的稀缺可能会成为它们发展的绊脚石。

就像汽车可能会在很长一段时间内主宰道路交通一样，飞机和喷气式飞机也可能会在可预见的未来主宰空中交通。如今，福格只需买张机票，就能用不到一天的时间环游半个地球，并在第二天回到家。那么，在航空旅行方面，我们短期和长期内有望看到哪些进步呢？

商业航空旅行在过去的一个世纪里虽有一些渐进式的改良，但其使用的技术在本质上并未发生变化。飞机的安全性、效率和机上娱乐都有所增强，但座位的腿部空间却有所缩减。然而，旅行时间却一直没有缩短。我 10 岁那年，和家人一同从纽约飞往洛杉矶，大约耗时 6 小时。45 年后，我再次前往西海岸，同样的航程仍然需要……6 小时。这与我 10 岁时的想象大相径庭。

商用飞机的行驶速度受到音障的制约，即 761.2 英里 / 小时或 1225 千米 / 小时（也就是"1 马赫速度"）。在空气中突破声速会引发音爆（一种伴随喷气式飞机而行的空气冲击波，留下一串爆裂的声响），也会带来诸多工程上的难题。我们有能力克服这些难题，但航空公司更愿意将飞行速度保持在这个极限以下。而且，想要达到这个速度也非常不易，因为飞机的某些部件可能承受着超过 1 马赫速度的气流，导致巨大的压力。这种情况下的飞行速度被称为"临界马赫数"。

航空公司总是想方设法降低每一次飞行的成本。飞行速度是其中的一个重要因素。喷气机的飞行速度越快，空气阻力就越大，燃料消耗就越多。空气阻力与飞行速度的平方大致成正比。也就是说，飞行速度提高 10% 会使燃料消耗增加 21%。因此，多数航空公司都将飞行速度维持在一个安全、舒适、经济的 0.85 马赫水平，这一状况已经延续了半个世纪。

在未来的一个世纪内，我们是否仍然会被这一速度限制所束缚呢？也许吧。除非我们能用超音速飞行器冲破声障。你或许还记得那些从 1976 年运营至 2003 年的超音速协和客机。它们以超过 2 马赫的速度飞行，能在不到 3 个小时的时间内从纽约飞抵伦敦。但是，它们的票价也远高于普通的商用喷气式飞机。这或许是它们停运的一个重要原因——在 2000 年法国协和客机空难以及 2001 年"9·11"恐怖袭击之后，它们难以在低迷的行业中生存。当然，还有其他一些因素也影响了它们的命运，比如它们不能飞往人口稠密的地区，航程相对较短，以及面临着更奢华的头等舱带来的竞争。

20 年后，各方都致力于重启超音速客机服务，以期提升成本效益。显然，这在技术方面并不存在难题，问题在于市场是否能承受超音速旅行的高昂成本。此外，改善机翼设计以减弱音爆的影响也是关键所在，这样才能为超音速飞机开辟更多的航线。

除了超音速旅行外，还有更快的高超音速旅行。这指的是能够达到 3 马赫至 16 马赫飞行速度的飞机。要实现这样的速度，就需要对喷气发动机进行革新设计，使其能够达到和承受相应的速度。目前我们正在积极探索一种候选技术，即连续旋转爆震推进系统，它通过在发动机中引发可控的小型爆震来提供推力。这些发动机更加节能，因此可以减少燃料的用量。有人乐观地预测，这样的飞机可以在 30 分钟之内将乘客从纽约送到洛杉矶。

除了火箭这种有可能颠覆传统的长途出行方式，没有其他手段能够实现如此快速的出行效果。一些未来主义者曾幻想，地面火箭或许有朝一日会取代喷气式飞机。但如今众所周知的是，商业火箭旅行从未成为现实。

火箭并不是什么新鲜事物，早在 20 世纪 50 年代，人们就曾想过借助火箭来进行长途旅行。然而，问题的关键在于，火箭旅行是否能够达到足够的安全性和经济性，从而成为日常的客运方式？

马斯克怀揣着这样的梦想。他正致力于开发一款星舰火箭。该火箭不仅能够载人飞往火星和月球（他在 2021 年赢得了 NASA 的合同），还能作为地球上的长途交通工具。借助这种手段，你可以在一小时之内穿越任意两座城市（远超福格的想象）。

🖐 火车的过去与未来

火车作为一种核心的交通运输技术，有望在未来与汽车和飞机并驾齐驱，继续发挥作用。虽然火车旅行出现在相对较晚的 18 世纪，但它却源远流长。最早利用简陋轨道实现运输的是邮政轨道（Post Track），位于英国萨默塞特平原的布鲁河谷，其历史可追溯至公元前 3838 年。这条轨道由石灰岩凿成的沟槽构成，有轮马车则由人力或牲力牵引着前行。

1515 年，奥地利建造了 Reisszug 轨道，开启了木质铁路的先河。18 世纪 60 年代，英国科尔布鲁克代尔公司（Coalbrookdale Company）开始在木质铁路上加装铁皮，提升其耐久性。但是，真正引领铁路革命的是蒸汽动力的出现。彼时的英国木材匮乏，规模庞大的海军和冬季取暖的需求耗尽了当地的森林。煤炭作为一种虽然肮脏却又高效的替代能源，迅速走俏。

但当时的煤矿面临着一个难题——挖得太深，矿井就会积水。1698 年，在解决这一问题的过程中，蒸汽机得到了初步的发展。托马斯·萨弗里（Thomas Savery）发明了一种名为"矿工之友"的机器，用于排出煤矿中的积水。这使得开采能够下探至更深的地层，大大增加了稀缺煤炭的产出。

18 世纪 60 年代，詹姆斯·瓦特（James Watt）在不断改进蒸汽机的过程中，发明了一种能够推动活塞并带动轮体旋转的往复式蒸汽机。这一发明为蒸汽动力汽车的诞生奠定了基础，而这种汽车可以在现有的铁轨上运送煤炭。也正是基于这一原理，1812 年，马修·默里（Matthew Murray）在利兹的米德尔顿铁路上制造出了第一辆商业上取得成功的蒸汽机车，名为"萨拉曼卡"（Salamanca）。

在接下来的两个世纪里，铁路始终是货运和客运的重要手段。即便航空旅行于近代兴起，火车在欧洲、英国、亚洲以及美国东部走廊等城市密集的地区，仍然是中短途城际出行的首选。火车及其相关技术在出行市场中能否开拓出新的前景呢？

超级高铁是一个颇具创意的概念。它与地铁相似，是一种地下封闭的隧道，利用真空环境降低气压，从而大幅减少空气阻力，确保列车速度更快、效率更高。超级高铁列车在长途运行时，理论上可以达到600英里（965千米）或更高的时速。它们在地下穿行，不受地面障碍物的影响，也不会对自然景观造成破坏。

超级高铁系统的部署需要修建大量的长途隧道，这是一个难以克服的障碍。正因如此，我们的老朋友马斯克创办了无聊公司（Boring Company），力图显著降低每英里隧道挖掘的成本。

超级高铁也借助了磁悬浮技术。磁悬浮列车在欧洲和亚洲已经投入使用，那里的火车出行更加普遍。磁悬浮列车利用强大的磁场让列车悬浮在轨道之上，并驱动它前进。它们完全依靠电力运行，节能高效，时速高达375英里（600千米）。美国东部走廊有意建设一条磁悬浮列车，但目前尚未出台具体的计划。此类工程的初始投资相对较高，而且需要获取数百或数千处房地产的通行权，这在不同的地方政府和法规下，可能会面临诸多困难。而超级高铁隧道可以避免这个问题。

磁悬浮列车和超级高铁或许有着光明的前景，但它们能否成为主流或者维持现有的细分市场份额还不得而知。也许它们会从大众交通（载客数百的车厢）转向更加个性化的出行方式，使用可以容纳 4 到 8 人的小型车辆，直达目的地，减少频繁停靠。为了实现这一目标，我们需要一个更精密的轨道系统。

我们可以预见，未来的出行方式，包括个人和大众交通，都充满了各种可能性。但是，在可预见的未来，交通领域仍然可能由飞机、火车和汽车所主宰——旧的技术在未来有着顽强的生命力。当然，也有一些潜在的颠覆者，如超音速飞机、超级高铁，甚至火箭，但这些都充满了不确定性。

未来的交通方式可能会发生变革，打破短途、中途、长途和洲际旅行之间的界限。目前，汽车适用于短途和中途的出行，火车主要承担中途的运输，飞机负责长途和洲际航班。但如果无人驾驶飞行汽车技术足够先进，能够应对任何距离的出行需求呢？这可能会让其他交通方式变得多余。

但真正的问题在于，我们是否还能在未来见证福格目睹的那般奇迹，在交通运输技术变革之际，感受世界大势发生的翻天覆地的变化？我们可以依据现有的技术进行推断，预料到未来各种交通方式都会朝着更快、更安全、更廉价的方向演变，继续缩小全球的地域距离，但我们能否看到全然不同的出行方式呢？

我们或许还要等待一些尚未出现（甚至永远不会出现）的科幻技术面世。在 2012 年翻拍的《全面回忆》（*Total Recall*）中，有一种火车系统能够在 42 分钟内穿越地心，人们可以轻松地往返于地球的两端。瞬间传送则几乎消除了距离的概念，让一切都触手可及。也许交通领域的下一个壮举就是在 0.8 秒内环绕地球一周。

11
二维材料及其在未来的应用

我们或许正步入一个先进材料乃至智能材料的时代。

我始终认为，材料科学是一个被严重低估的领域。我们固然可以利用现有的材料制造出更新更好的物品，但一旦一种新的材料面世，就可能引发一场革命性的变化。材料科学开辟了全新的可能性，为新技术和高性能带来了无限的可能。

无论你身处何方，环顾你的四周。你所见到的大多数物品都源自人类已经使用了数千年的材料。唯一的例外是塑料，这是一种真正意义上的现代材料。这样的情况在未来会持续下去吗？有什么样的新型材料，能够在未来创造出无限的可能性呢？

现代建筑领域使用的绝大多数材料都有着一段悠久的历史。这也不足为奇，因为自然界中存在着众多材料，而且寻找到满足不同用途的理想材料也并非难事。

木头和石块是人类最早用来制造工具和建造房屋的材料。石块坚硬无比，在绝大多数环境中都是最坚硬的物质，而最古老的石制工具使用证据可以追溯到330万年前。这表明在那段历史之前，原始人类很可能已经在使用未经改造的石块。这一技术所象征的石器时代，一直持续到大约 5500 年前。

天然石材的历史悠久。2018 年，全球天然石材市场规模预计高达 350 亿美元，而且这一市场仍在持续扩张。作为一种建筑材料，石材用途广泛（如可用作台面），一直深受大众的青睐，而它在美观和质量方面也无可匹敌。木材也因其美感和物理特性而广受欢迎。在发达国家，超过 90% 的住宅仍然采用木材作为主要建筑材料。其余的住宅大多数则以混凝土作为框架。

混凝土最早出现在 8500 年前的纳巴泰商人手中，他们活动于今天的叙利亚和约旦一带。从公元前 200 年左右开始，混凝土成了罗马最主要的建筑材料，当地人用火山灰、石灰和海水调制混凝土。如今，混凝土仍是最常用的一种建筑材料，年产量高达 20 亿吨，而且这一数字仍在不断上升。

人类最早发现玻璃是在 4000 年前。陶瓷的历史则更为久远，可追溯到约 30 000 年前。纸张有约 2000 年的历史，最古老的皮革制品也有约 5500 年的历史，但人类使用兽皮和皮革的时间可能还要更早。至于纺织品，已知最古老的一种是 5000 年前埃及人使用亚麻制成的布料。

人类掌握的金属冶炼、铸造和锻造技术对人类文明产生了深远的影响，考古学家甚至以此来划分不同的技术时代。最古老的金属制品是在中东地区发现的一把铜锥，其历史可追溯至 8000 年前。青铜，作为一种铜和锡的合金，在 6500 年前也随之诞生。而铁这种相对较晚出现的金属，则是在 5200 年前的埃及文物中发现的。

人类在大约 4000 年前发现了钢这种由铁和碳构成的合金，

从此开启了铁器时代的新篇章。自那以后，冶金学就成了人类文明不可或缺的一项材料技术，并且持续稳定发展。据世界钢铁协会统计，2018 年全球共生产了 18.08 亿吨钢。除了碳以外，人们经常将 20 种元素与铁混合，产生了约 3500 种不同品质的钢。碳和其他合金的含量比例，以及晶体粒度调节过程中对钢材进行的热处理工艺，都会对钢材的性能产生重大影响。

人类在现代社会仍然非常依赖钢这种材料，一个极具戏剧性的例子是，当 SpaceX 在设计星舰时，他们打算将星舰发射到火星，随后他们选择了不锈钢作为建造材料。由此可见，钢依然是一种能够适应"太空时代"的材料。

材料科学或许是展现未来主义原则的一个最极致的例证，这一原则指出，旧技术在未来时代的生命力远超我们天真的想象。我们的文明仍然建立在那些我们已经运用了数千年的古老材料之上。

除此之外，一些工业时代才面世的重要材料（如橡胶和石墨）也可用作混合配料。一些现代材料则是近来才发现的元素，比如钨，这种高熔点的金属对于工具钢的制造至关重要。铀和其他放射性物质是核裂变和核能技术的必需品。稀土元素，例如铈、钕和铽，对于现代电子产业也很重要——设备中的电池或磁铁很有可能包含上述元素。

作为一种在工业时代才问世的材料，铝在现代社会中发挥着重要的作用，但你可能对此不以为意。1825 年，丹麦化学家汉斯·克里斯蒂安·奥斯特（Hans Christian Oersted）发现了铝，但铝的提纯却需要付出高昂的代价。出于这个原因，以及因为铝具有一些罕见的特性——它既轻巧又坚固，而且散热和降温速度都很快（比热容较低），这一切都让铝显得弥足珍贵。在 19 世纪的一段时期内，铝的价格甚至超过了黄金。

然而，铝元素在地壳中的含量排名第三，达到了 8.3%（仅次于氧和硅）。它就蕴藏在我们周围的泥土之中。直到 19 世纪末，人们掌握了低成本提纯铝的技术。在 1863 年，两位年轻人几乎同时发现了批量制造铝金属的方法：一位是 22 岁的美国人查尔斯·马丁·霍尔（Charles Martin Hall），另一位是 23 岁的法国化学家保罗·埃鲁（Paul Héroult）。自此，我们得以能够大规模生产铝，促使铝价开始稳定下降。到 1930 年，每磅铝只需 20 美分。而如今，这个价徘徊在 1 美元左右。

这个例子生动地展示了我们对一种颠覆性技术有多么视而不见。从泥土中廉价地提取铝，这可能不是 19 世纪的人们所能想象的未来技术，但这个不为人知的化学过程却改变了一切。铝如此廉价和充足，以至于我们甚至将其作为一次性的食物包装材料。这种金属也极易回收利用，适用于罐头制造领域，而且它质量轻盈，是不少结构工程的理想材料。如今，一辆汽车中普遍含有 400 磅左右的铝，而且这个数字还在不断上升。对于现代的喷气式飞机，其大约 80% 的机身由铝制成。铝无疑是一种现代化的材料，它在未来很长一段时间内仍然会发挥重要的作用。

塑料或许是工业时代 / 现代最具标志性的材料，一种完全由化学科学创造出来的合成物。赛璐珞是硝化纤维素和樟脑的混合物，它最初是在 1856 年由亚历山大·帕克斯（Alexander Parkes）制作出来的，但后来被约翰·韦斯利·海厄特（John Wesley

Hyatt）以赛璐珞之名注册了专利。赛璐珞起初主要用作象牙的替代品，因为巨大的需求和过度捕猎导致象牙日渐稀缺。但很快，这种可塑性的材料就被广泛应用于各个领域。

塑料的存在，为我们的现代生活带来了无数的便利，我们无法想象一个没有塑料的世界。从聚乙烯到聚氯乙烯，从丙烯酸到尼龙，从聚丙烯到其他各种现代塑料，它们都拥有令人赞叹的特性，例如一定的硬度和稳定性，能够按照需求进行大规模生产和加工。塑料还能维持无菌状态，这对医疗行业来说是至关重要的。

尽管如此，塑料也有难以弥补的弊端——它们过于稳定，许多塑料几乎不会自然降解。有些塑料会向环境释放有害的化学物质，有些塑料会分解成微小的颗粒。全球每年产生约 3 亿吨塑料垃圾，它们正在污染我们的海洋，被分解后形成微塑料，随后侵入生态系统和我们的食物链。研究人员正在努力开发可生物降解和更加环保的材料，以取代塑料的使用。有时候，不少公司也会重新采用传统的天然材料（比如用纸吸管替换塑料吸管），以减少对环境的危害。这也告诉我们一个道理，不要简单地预测未来的发展趋势。

除了古代和工业时代的材料，我们当今的基建和科技还依赖于哪些"航天时代"的材料或高端材料？现代材料大多是对传统材料的改进升级，例如高级陶瓷、现代冶金学和经过处理的木材，但也有一些高科技材料值得一提。

复合材料由两种或多种不同的物质混合而成，它们在最终成品材料中仍保持各自的特性。复合的目的是把具有互补特性（比如强度、柔韧性和硬度）的物质融合在一起，从而打造出兼具各种优势的最终产品。例如，有两类常见的复合增强塑料具有超凡的性能——玻璃纤维和碳纤维。玻璃纤维可以轻易地塑成刚性的骨架，适用于制造船舶等物件。碳纤维则拥有较高的强度重量比，而且坚固无比。所以，如果你的目标产品有一定的性能要求，而且不计成本，比如军用飞机，那么碳纤维就是不二之选。其他先进的复合材料包括形状记忆聚合物、高应变复合材料、有机基体／陶瓷颗粒复合材料和木塑复合材料。

据估计，人类如今使用的材料多达 30 万种，但我们关注的是那些已经问世，或者至少是以某种方式存在，而且有望在未来发挥越来越大作用的尖端材料。

现代材料科学的目标是开发出具有极致性能组合的材料，比如在强度或刚度方面与其质量相匹配（以比值的形式表示——比强度就是强度与质量之比），以及在热学、光学或电学性能方面达到最优水平的材料。

👆 纳米结构材料

我们可以确信，所有稳定的元素都已被我们探索出来。元素周期表上的空位都已填补完毕。新发现的元素只能排在表格的末尾，但它们都具有极高的质子数，因此在本质上不稳定。有些理论推测，在元素周期表的右上角有一些"稳定岛"——那里的中子和质子能够以特定的方式排列，从而提高结构稳定性。但是在这种情况下，"稳定"只是相对而言，这些元素并不适合我们用来构造物件。

我们恐怕无法发现任何高科技元素，比如难得素（unobtainium）、振金（vibranium）、艾德曼合金（adamantium）、秘银（mithril）、贝斯卡金属（beskar）、氪石（kryptonite）、红色物质（red matter）等。这些虚构的材料只能被视作已知元素的合金或同素异形体。为了获得具有理想物理性质的先进材料，我们需要使用元素周期表上的元素来打造它们，即创造出新的合金（将不同元素混合在一起）、同素异形体（同一个元素的不同分子构型，例如金刚石和石墨都是由碳元素组成）或复合材料（保留各自特性的混合材料）。或者，也可能通过控制材料的内部结构实现这一点。

改变材料结构以控制其性能的技术有着数千年的历史。古代人就已经掌握了这项技术，比如将陶土加热使之变硬，或者对钢材进行热处理以调整晶体粒度，进而改变钢材强度和硬度。

这项技术的高级形式就是"纳米结构材料"，它涉及在 1 至 100 纳米（即一米的十亿分之一）的尺度上控制材料的结构。为了让你更直观地理解这个尺度，我们用一个常见的例子来对比一下：人类头发的厚度大约在 8 万至 10 万纳米之间。所以，这些材料极其微小。

"纳米结构"是指那些由纳米级别的分散单元构成的材料，或者在内部或表面拥有纳米特征的材料。纳米颗粒在三个维度上都处于纳米尺度（没有一个维度超过 100 纳米）。纳米管（空心）或纳米棒（实心）有两个维度处于纳米尺度。纳米片只有一个维度处于纳米尺度。如果另外两个维度之一与第三个维度相差明显

（大大超出宽度范围），我们称其为"纳米带"。另外，如果一个纳米片仅有一个分子的厚度，我们可以称其为二维材料（它虽然不是真正意义上的二维，但已经是物质能够接近的极限）。

纳米材料涵盖人工制造、意外形成或天然存在的类别。我们主要关注的是人工制造的纳米结构材料。

近年来，人们最关注的纳米材料是碳纳米纤维。碳能够形成四个强键，从而生成众多稳定的同素异形体，其中一种是呈六角晶格排列的二维碳片（与鸡笼铁丝网类似）。这种同素异形体被称为"石墨烯"，是目前已知最薄的二维材料。石墨烯可以卷成碳纳米管或堆叠成碳纳米纤维。一个足球场大小的石墨烯片仅有3.8克重。

石墨烯不仅纤薄，而且坚韧非凡，强度胜过钢铁或凯夫拉合成纤维（Kevlar）。其拉伸强度（将某物拉伸至断裂所需的力量）高达130 GPa（吉帕斯卡），远超其他已知材料。石墨烯比钻石更为坚硬，比橡胶更有弹性。

石墨烯的导热导电性能俱佳，其电流传导速度超出硅的十倍，而且能耗更低。电子在石墨烯中的移动速度为光速的1/300。因此，该材料有望开创一个崭新的电子与计算技术领域，有助于制造出体积更小、运行速度更快、能耗更低、散热更佳的电子产品。

石墨烯最早于2004年被分离出来，其制备方法极为简单——只需用胶带贴在石墨上，就能撕下一层石墨烯（石墨本质上就是一层层石墨烯的堆叠）。目前，我们主要将碳纳米棒用于制作复合材料，以增强网球拍等物品的强度、刚度和轻便性。石墨烯可用作灯泡等小型电器的散热材料，你也可利用石墨烯复合材料进行 3D 打印。这些朴素的应用与其无限潜能所激起的轰动相映成趣。

对石墨烯的研究尚处于起步阶段。许多研究着眼于掺杂——在基础的石墨烯晶格中掺入其他元素，以改变其物理特性。因此，石墨烯实际上拥有无数种可能性，每一种都可以针对特定的应用而做出精细调节。

石墨烯面临的最大障碍在于如何实现高质量的规模化量产。品质低下的石墨烯充满了弯折和裂缝，性能不佳。举例来说，一处微小的裂缝，就可能导致石墨烯发生"拉链般"的崩解。试想有一张完好无损的纸张，你无法将其撕裂，但如果在纸上划出一道口子，撕碎它就变得轻而易举。石墨烯也是如此。

因此，石墨烯是未来主义面临的诸多难题中的一个典型代表。一方面，它拥有惊人的特质，有望成为一种颠覆性的材料。在当前 21 世纪，石墨烯的重要意义或许堪比上个世纪的塑料，但石墨烯的价值远不止于此。另一方面，如果我们难以克服制造工艺上的难关，石墨烯最终的实用价值可能会大打折扣，仅限于高端领域的应用，而无法进入大规模量产阶段。

话虽如此，石墨烯及其衍生材料在未来科技中或许会发挥重大作用，但目前的情况仍然不甚明朗。问题的关键在于我们能否以极低的误差制造出各类石墨烯。我们也应该留意其他的二维材料，如氢化硼，它们或许能在某些领域超越石墨烯。二硫化钼正展现出成为一种理想光源的可能性，它在受热时发出的光较其在三维形态下的效果明亮 10 倍。

除了二维材料，未来还有其他富有潜力的纳米结构材料。泡沫金属就是其中一种新兴技术。它们是一种特制的金属合金，内部结构含有微小空隙。这些空隙如果达到纳米级别，那么此类金属即为"纳米多孔泡沫金属"。空隙中充满了气体，或相连或分离，如此便形成了一种坚韧牢固的材料，重量远轻于实心金属。其体积中通常有 5% 至 25% 的金属成分。纳米多孔泡沫金属的比刚度和比强度较高，适用于众多领域，例如制造汽车、商用喷气式飞机、火箭，以及轻型防弹装甲。

这种泡沫构造或许还能抵御辐射的侵袭，对于未来的太空旅行而言意义重大，此外它还能有效地隔绝裂变反应堆或核废料的辐射，或者在 X 射线检查或放疗等医用辐射环境下起到屏蔽作用。

除此之外，纳米结构材料还能够优化现有材料的各项性能。这在电池技术领域是一个前沿的研究课题——比如，通过对电池的正负极进行纳米结构化处理，我们就能提升电池的各项特性。另外，还有一种新型的纳米孔电池正在研发中，它利用一种纳米孔泡沫物质作为载体，每个孔洞中都嵌入了一个微型电池。

纳米结构材料的探索方向多种多样，我们难以预测哪些材料能够真正发挥出巨大的效用。但从整体上来看，纳米结构材料必将成为未来极具影响力的高科技材料。

👆 超材料

超材料是一类特制的纳米结构材料，我们有必要对它们进行单独的阐述。这里的"超"字表明，这类材料具有天然材料所不具备的性质。它们的性质并非取决于其构成元素的化学或物理特性，而是源于它们在纳米层面上的精巧结构。

纳米复合单元构成了超材料的表面或内部结构，而这些单元可以按照不同的几何形式进行排列，从而调整超材料的物理性质。这使得超材料具有了无与伦比的控制能力，甚至能够创造出任何天然材料都不具备的特性。

例如，某种超材料拥有纳米级的构造，其微观尺度远小于与之交互的光波长。这使得它呈现出一些异乎寻常的物理特性，比如可以将光的折射率降为零甚至负值。折射率反映了透明材料（如玻璃）对光线的弯曲或折射程度。折射率为正时，光线顺着传播方向折射（如同插入水中的一根木棍，从水面上看显得弯曲一般）；折射率为负时，光线逆着传播方向折射，甚至会使电磁波反向行进。

折射率取决于纳米结构的几何排列，因此，材料的特性可根据需要进行调节，而不依赖于材料本身。光学超材料有哪些潜在的应用呢？其中一个就是打造相机用的微型透镜，实现放大和变焦功能。手机摄像头虽然已经取得了惊人的性能提升，但这更多得益于软件升级，手机摄像头本身并不具备光学变焦能力。光学变焦需要多片镜头的支持，但手机的内部空间有限。借助更小巧的超材料镜头或许可以做到这一点。

光学超材料还能使仪器达到光学极限之下的聚焦效果。一般来说，我们无法观察或聚焦到比所用光源波长更小的物体。这就好比数字图像中的像素，我们无法辨识出比像素本身更细微的细节。这一分辨率极限（即衍射极限）曾被视为一道不可逾越的红线，但超材料却几乎实现了这项不可思议的壮举。尽管这项技术仍在不断改进，但它似乎已经站在了颠覆摄影、传感器、显示器和显微镜领域的风口浪尖。

被媒体热炒的"光学隐形"技术，是光学超材料的另一种应用。这一技术仿佛能够实现哈利·波特（Harry Potter）"隐形斗篷"的神奇效果，其原理是利用光学超材料对特定波长的光线进行屏蔽。这虽然不能算是真正的隐形，但却有助于高科技伪装行业的发展。

超材料不仅在视觉领域有着广泛的应用，还拥有独特的电磁特性。这意味着它能够对电磁场进行超乎寻常的操控，从而对各类电器设备产生深远的影响。然而，我们无从得知具体的影响如何。要想做出精准的预测，其难度不亚于在 1800 年畅想未来可能出现的电气设备。总体来说，超材料让人们对电磁场的掌控和运用有了全新的认识，从而推动电子设备向着微型化、高效化和高性能的方向发展。

超材料技术尚处于起步阶段，其发展前景不可限量。我们进行了不少实验性的设想，譬如利用超材料吞噬巨大的能量，或者抵御地震波，甚至开发出能够适应局部环境的活性超材料。试想一下，如果我们研制出一种超材料制作的防火服，消防员就可以安然无恙地走过火海完成任务。

👆 智能材料

智能材料模糊了材料科学和机器技术之间的界限。智能材料的一大显著特点在于，它能够随着外界刺激而变换其形状或特性。例如，压电材料就是一种智能材料，当它们受到挤压时，就会产生电流。

形状记忆材料能够根据环境条件的变化，如温度的升降，调整其构型，通常是在两种状态之间进行转换。它们具有一种固有的形态，一旦受到外界刺激，就会发生剧烈变形，而当刺激消除后，又会回复到原来的形态。或者你也可以用力将它们扭曲变形，然后通过加热让它们恢复原貌。如果设计得巧妙，一个平板状的记忆材料能够像折纸般展现出精美的立体造型。

利用这种特性，我们可以将立体物品压缩成平面并堆叠起来，运输至目的地后再恢复其原貌，整个过程不涉及任何组装作业。一些机器也可利用这一特性，根据环境的变化作出适当的反应，比如在遇到火情时自动喷射灭火剂。

另外，一些材料拥有"伪弹性"或"超弹性"的特质。它们无须借助热源或其他外界因素，就能自行回复到原貌，与橡胶等普通弹性材料有些相似。但不同之处在于，本来不具备弹性的材料，如金属等，在纳米尺度上经过精巧地构造，就能呈现出弹性。一根铝棒被折弯后，就会定型不变，但智能合金在这种情况下却能够恢复原状。这种材料在生物医学领域具有重要意义——生命体大多柔软而富有弹性，而医疗植入物则常常坚硬且僵直。利用超弹性金属，既能保证所需的强度和其他特性，又能适应受体在运动时的柔韧性需求。

变色材料是另一类智能材料。或许你还记得年少时的心情戒指，它们似乎能随着你的心境变幻出不同的色彩。其实，它们就是利用变色材料的特性，根据温度的变化而呈现出不同的颜色。除此之外，还有一些材料能够根据压力、光线或其他刺激而改变颜色。在此情况下，变色材料通常用作指示器或警示标志，在一些特殊的情况下显示出特定的颜色，例如提示温度过高或有辐射存在。而且，随着光电子技术（用光取代电子打造计算机和其他设备）的进步，变色材料对于光电子设备的功能至关重要。

另外，还有一类智能材料叫作磁流变材料，它们能够随着磁场的作用而改变自身的特性。磁场的优势在于其能够穿透固体物体，所以这一特性可用于控制那些平时难以触及的设备（如植入生物体内部的设备）。

这类智能材料在制造完成之后能够以多种方式操控，类似于一种原始的可编程材料。随着这项技术的发展，操控的范围和精度也可能随之提升。小型的电场和磁场可以被计算机轻松控制，从而建立起软件和物质材料之间的联系——我们可以随心所欲或在人工智能的引导下改变材料的特性。

终极智能材料则是一种完全可编程的物质，它们利用纳米机器或微纳米机器，在软件的控制下无限制地改变自身的形状和特性。试想一下，你只要提供一堆泥浆（纳米机器），然后通过电脑控制纳米机器进行数字设计，即可建造一整栋房屋。你头戴AR（增强现实，详见下一章）眼镜，边走过你的房子，边欣赏它逐步成型。这所房屋冬暖夏凉，外立面完全由高效的光伏材料构成。房屋本身是完全可编程的，可以随意调整配置。你可以随意改变墙体的颜色，挪动墙壁，添置家具，增加窗户或灯具。

这显然是对材料科学的一种极致想象，是理想材料的终极表现。未来的世界可能只存在一种材料，软件和硬件之间的界限将不复存在。物理世界也将在一定程度上转化为一个虚拟世界——充满数字化和可编程的内容。

与此同时，材料科学的发展步伐将不断加快，取得瞩目的成就。我们有足够的理由相信，古老的材料——木材、石头、金属、玻璃和混凝土——仍将在未来较长的一段时期内占据主导地位。这些材料的加工工艺也将持续改善，而日渐增多的新兴先进材料也将陆续投入使用。举个例子，掺入纳米棒的混凝土，将变得比以往任何时候都更加坚固和耐用。纳米结构材料也将逐渐成为我们的主流技术，并且在建筑领域展现出巨大的潜力。

数字技术和人工智能正在对材料科学产生革命性的影响。我们不再仅仅依靠试错法来寻找具有卓越性能的材料。我们可以模拟和设计这些材料，利用人工智能从海量的可能性中挑选出最优的组合和配置。我们即将步入的时代，或许不只是能够制造先进材料，而且还以材料优化技术见长，能够确保材料达到理论的极限性能。试想一下，未来金属的比强度可能达到物理定律的极限。

新型材料为我们的技术和未来提供了新的可能性，譬如太空电梯，这是利用现有材料所无法构建的一个奇观。我们必须先行创造出相应的新型材料，才能让这些未来的设想照进现实。

12
虚拟现实、增强现实和混合现实

欢迎来到数字现实的新时代。

　　《头号玩家》（*Ready Player One*）是一部 2018 年根据同名小说改编的电影，它向我们展现了一个令人惊叹的近未来（2045年），那时人们的生活已经被成熟的虚拟现实所主宰。地球已经陷入了严峻的经济危机，大部分人类都把他们的时间花在了"绿洲"（OASIS）这个虚拟世界里，他们可以在其中随心所欲地变换自己的身份，探索任意的空间，享受各种乐趣。

　　在技术和社会影响方面，电影中的设定距离我们的现实有多远呢？这部电影探讨了一些有趣的问题。比如"绿洲"的经济规模，尽管它只是一个游戏，其规模却远超世界上其他的经济体。许多人将他们的时间和精力都投入到了虚拟生活中，忽略了现实世界，这带来了许多显而易见的负面影响。虚拟世界也变成了掌权者的统治工具，他们可以借此轻松地操纵大众，或者至少分散他们的注意力。

　　在这部电影中，玩家在游戏中的形象可以与他们在物质世界中的本来面目截然不同。一个残疾的中年男人在"绿洲"中可能是一个令人惧怕的危险人物。在这个虚拟世界中，你可以自由地塑造自己的形象，年龄、性别、种族，甚至资源都不再重要。

✋ 何为虚拟现实？

虚拟现实是借助科技手段，通过刺激人类的一种或多种感官，营造出一种与真实物理世界相对立或相互补充的虚拟体验。完全置身于虚拟环境即为"虚拟现实"（VR），而在现实环境中叠加虚拟元素则为"增强现实"（AR）。

从广义上看，或许虚拟现实的最早雏形是1840年查尔斯·惠斯通爵士（Sir Charles Wheatstone）发明的立体镜。早在1838年，他就阐明了立体视觉的原理——如果向每只眼睛展示两幅稍有差异的图像，就能够营造出三维的幻觉。如果你童年时曾经拥有过一台三维魔景机（View-Master），你可能对这种效果记忆犹新。这种玩具配有一个轮盘。将玩具贴近双眼，拉动轮盘控制杆即可更换图片。如今，三维魔景机的制造商正致力于开发一款三维魔景机的虚拟现实产品，作为这一古老玩具的完美收官。

立体镜固然简陋，但它确实体现了虚拟现实的基本理念——你可以通过操控感官来营造一种令人信服的现实幻觉。本书第6章讨论了脑机接口的概念，阐述了人体大脑感知现实的具体过程，与虚拟现实有着异曲同工之妙。这种现实的感知有一定的规则，而这些规则可用于生成以假乱真的幻觉，你的大脑甚至也会信以为真。

在购置了我的第一台VR头盔后，我亲身领教了这个惨痛的教训。这台头盔附赠了一款名为《里奇的木板体验》（*Richie's Plank Experience*）的演示游戏。当我身处舒适安全的家庭办公室时，VR 头盔和耳机给我带来了一种幻觉：我仿佛走上了一根木板，置身 30 层楼高的半空之中。当然，我清楚地明白自己的处境：我只是戴着 VR 头盔体验一款视频游戏而已，并没有真正面临着突然从高空坠落的危险。但是，我大脑的潜意识深处却完全被视觉和听觉的幻象所迷惑。在这种身临其境的状态下，我原始的蜥蜴脑做出了尖叫的本能反应，仿佛我真的会砸到下面的人行道上。

我心存一丝自豪，因为我大脑的新皮质（新哺乳动物脑）压制住了更为原始的杏仁核（古哺乳动物脑）的情绪反应，驱使我毅然走完了悬空的木板。而当我的兄弟兼本书合著者杰伊（Jay）在这场检验高级皮层功能的挑战中落败——他不敢再往前走，急忙扯下头盔，吐出一句"我不行了！"——我的自豪感更加强烈。

油管（YouTube）上有不少新手 VR 用户游玩《里奇的木板体验》的视频。他们从木板上一跃而下，却不曾料到自己在现实世界撞上了电视机。可见，这种幻觉多么真实。当虚拟世界占据了你的大部分视野，你的大脑就会以为那是现实。如果再加上多重感官刺激，这种幻觉就更加逼真了。举个例子，当你的朋友试玩《里奇的木板体验》时，你可以偷偷地用小风扇吹他的脸，模拟高空中吹拂而过的风。

VR 就是借助这种技术，让你至少在视觉上完全沉浸在虚拟世界中。这样一来，你就对身边真实的物理世界视若无睹了（VR 软件会把你周围的物理空间映射出来，并在你快触碰到边缘时友善地提醒你）。

VR 的最早雏形是莫顿·海利希（Morton Heilig）于 1962 年发明的设备 Sensorama。海利希称其为"未来的剧场"，并于 1955 年在一篇论文中首次提出了这个想法（这也证明了，技术的根源之深厚往往超乎我们的想象）。Sensorama 能够提供一种多感官沉浸式体验，它配备了广角立体画面、立体声效、风扇、气味发射器，甚至还有一张活动座椅。据说，这种体验让人难以忘怀。可惜海利希未能为 Sensorama 筹足资金，这个项目就此夭折——也许这正说明了，当今时代原本可以因为一丝的机缘巧合而截然不同。

除了 Sensorama，VR 的其他先驱技术还包括海利希于 1960 年打造的头戴式显示器——Telesphere。1961 年，一种头戴式运动跟踪显示器 Headsight 问世。它能让你随着头部动作改变视角，在虚拟环境中自由观察。1966 年，首个飞行模拟器诞生了，成为 VR 技术的首个实际应用。1968 年，我们见证了首台计算机图形驱动的头戴式显示器——达摩克利斯之剑（Sword of Damocles）。

这项技术在接下来的 30 年里不断发展，直到 20 世纪 90 年代，首批面向消费者的视频游戏 VR 头盔问世，可惜并没有引起市场的关注。2016 年，新一代的 VR 头盔重新登场，许多人预测这次 VR 将普及开来。

2020 年，全球 AR 和 VR 市场估值达到 120 亿美元，增长率高达 54%，预计到 2024 年这一估值将涨至 728 亿美元。这种技术一直存在先有鸡还是先有蛋的困境——要想让硬件开发和游戏投资物有所值，就得有用户；要想吸引用户，就得有游戏和优质硬件。这种技术往往依靠早期使用者进行推广，而现在看来，我们正从早期使用者阶段向主流使用阶段过渡。

现今最尖端的商用 VR 头盔具有 110 度的视场角，足以提供沉浸式的虚拟世界体验，但仍然无法摆脱隧道视觉的限制。VR 设备的分辨率虽然不及顶级电脑显示器，但也不至于成为其发展瓶颈。而且，眼球追踪技术能够根据用户的注视点调整分辨率，从而在不影响整个系统性能的前提下，有效地提高画质。

控制器技术也在不断革新，除了通用的手持控制器外，还有能够捕捉腿部运动的踏板控制器和能够实现精细操控的手势控制器。VR 设备还配备了"触觉反馈"或"触觉感知反馈"的功能。例如，在操作虚拟物体时，手持控制器会根据物体的阻力产生相应的震动。VR 系统提供有线或无线连接选项，给用户带来更多的活动空间。此外，还有一些针对特定游戏量身定制的专业控制器，例如汽车方向盘、武器和球拍等。

随着技术的日新月异，VR 技术在视场角、画面分辨率、运动追踪、眼球追踪和设备便携性等方面的提升已经提上日程。

然而，现阶段的 VR 技术仍不尽完善，而有些问题正是源于用户成功地对虚拟世界进行了深入体验。运动晕眩是最大的障碍，它源于用户的双眼与前庭系统之间的信息不协调。前庭系统是我们身体感知运动和重力方向的部位。一个健康的大脑能够实时地对视觉输入和前庭输入进行校准，如果两者不符，就会导致运动晕眩。VR 所致的运动晕眩有时十分剧烈，让一些人根本无法接受这项技术。

这种感觉我也曾经历过，尤其是在垂直方向上移动时。举个例子，当我的虚拟形象在坎坷不平的地面上奔跑，而我的头部在真实空间中却静止不动，那么我就会立即感到一阵强烈的恶心感，无法继续享受 VR 带来的乐趣。目前应对这个问题的主要解决方案是限定虚拟角色的移动方式。如今，大部分 VR 游戏以及 VR 技术的其他应用都提供了一个选项，可以让你的虚拟角色直接从一个地点瞬间传送至另一个地点，而不是在空间中穿梭。你也可以在现实世界中四处走动，从而避免这类问题的发生，因为你和虚拟角色在同步移动。这个办法虽然有效，但也削弱了 VR 体验的多样性。

为了缓解运动眩晕的困扰，另一种尝试是让前庭反馈与视觉运动保持一致。这项技术目前还在试验中，比如，通过在耳后施加微小的电脉冲来刺激前庭系统。这种对神经系统的干预能否奏效，仍需进一步验证。

要想彻底消除运动眩晕，最好的办法是让 VR 用户的身体动作与虚拟形象的动作保持同步。这正是《头号玩家》里采用的系统——VR 用户置身于一个类似跑道的平台之上，可以自由地朝任何方向移动。这个平台还能够上下升降，以配合垂直方向上的运动，或者用户也可以佩戴一个吊带装置。

VR 面临的另一项重大挑战在于，目前头戴式显示器的体积和重量过大，且需要紧贴在脸部。这会让用户感到疲惫，也会缩短用户使用 VR 的耐心。这个问题限制了虚拟办公室的发展。戴着 VR 头戴式显示器连续工作 8 个小时简直令人难以忍受。

要想解决这个问题，头戴式显示器必须更轻巧更便携。但是，这个前提又与提升视频分辨率和拓宽视场角的目标相抵触。

随着技术的不断完善，各家公司都在努力寻求最合适的折中方案。有朝一日，我们或许能够拥有理想的头戴式显示器，比如像眼镜一样的环绕式设备，甚至是隐形眼镜。

👆 增强现实

AR 和 VR 有些相似之处，但它不会剥夺我们观察世界的能力；它只是在现实世界中叠加了一些图像。这项技术最早可能是通过《宝可梦 GO》（*Pokémon GO*）这款手机游戏而广为人知的。在这个游戏里，你只需举起你的智能手机或平板电脑，摄像头就会实时呈现出一个与宝可梦重叠的现实画面。该游戏一度风靡全球，但如同所有新鲜事物一样，它很快就淡出了人们的视线，只剩下一批忠实粉丝。

2013 年首次面世的谷歌眼镜（Google Glass）是一款更加先进的 AR 设备，但如今它已经声名狼藉。谷歌眼镜外形普通，却内置了一个微型摄像头。这些眼镜还能作为智能手机的抬头显示器，接受用户的语音指令。谷歌推出了一个面向早期使用者的"探索者"版本，售价 1500 美元，这对于主流消费者来说有些过于昂贵。

谷歌眼镜配备的摄像头是引发公众反感的罪魁祸首，它让人们对隐私感到担忧。它还催生了"眼镜混蛋"这一流行语，专指那些不顾他人要求，死活不肯摘下谷歌眼镜的群体。谷歌并没有放弃这款眼镜的开发，而是将目光转向了"企业"版本（更适合商业应用而非普通消费者）。这样一来，工作人员就能够随时浏览手册和清单，并制作质控工作的视频资料。

AR 与 VR 相比有着明显的优势。AR 眼镜无须显示完整的图形画面，因此可以做得更轻巧。它们可通过智能手机来运行，而不必依赖配置高端显卡的电脑。

更值得一提的是，AR 不会导致运动眩晕。因为你依然能看到并在真实的世界中活动，所以你的视觉和前庭感知之间不存在任何差异。这也让 AR 更具有便携性和灵活性——用户不再受到 VR 物理空间的束缚。

AR 仍有一些待解决的问题。就像前文所说的，这个穿戴式设备能够拍摄用户所见的一切，牵涉到隐私方面的担忧。AR 信息也是双向传递的——AR 设备可以帮助用户悄悄地获取他人信息。试想一下，你在和某人聊天的时候，还能够窥探他们的个人资料。

AR 的这种特性导致其应用范围和普及程度难以预见。AR 的处境与带有耳麦的手机相类似。起初，看到街上的行人在自言自语，我们会感到诧异，但渐渐地我们也就对这种通话方式习以为常了。

对于在餐桌上频繁地收发短信、查阅邮件或社交媒体的行为，我们也深知这是无礼的，或许还会打扰他人。若这些动作都能通过 AR 眼镜来实现，又会是何等情景呢？你是在注视我，还是在关心最新的股票走势呢？这会不会成为许多 AR 应用难以克服的弊端，或者只是生活的另一面呢？

AR 面临的最终难题是安全性。手机和其他便携设备已经让驾驶员和行人频频分神。有些人在与朋友短信交流时，会不小心走入车流或坠入敞开的井口。试想一下，如果他们在抬头显示器中不断接收各种信息，他们的注意力会被分散到何种地步。AR或许在某些情形下比低头玩智能手机更安全，但随着 AR 技术日益普及，我们有必要开展研究，敲定最安全的行为准则。

为了保证本书内容的完整性，我有必要介绍"混合现实"这一技术。1994 年，保罗·米尔格罗姆（Paul Milgram）和岸野文郎（Fumio Kishino）在论文《混合现实视觉显示的分类学》（*A Taxonomy of Mixed Reality Visual Displays*）中首次提出了这一概念。混合现实是指在虚拟现实和增强现实之间形成的一个连续的系统，将数字世界和物理世界巧妙地结合在一起。

还有一种使用混合现实技术的游乐场，它们利用实体道具和墙壁与虚拟世界相对应。在 VR 游戏中，曾有玩家倚靠在虚拟墙上而跌倒，他们深知如果那些虚拟墙真实存在，那么游戏体验将会更加具有沉浸感。在物理空间中呈现人或物的数字全息投影，也是混合现实的一种应用。这或许是未来虚拟技术的一种主导形式，因为它将物理世界和虚拟世界的精华融为一体，打造出一段无缝衔接的体验。

☝ 虚拟现实和增强现实技术的应用及其未来

VR 和 AR 技术已经问世并投入使用。随着它们不断完善，更多的应用场景也随之出现。这将引领我们走向怎样的未来？

在不久的将来，无论是硬件还是软件，都将持续实现渐进式发展，从而不断优化 VR/AR 的体验效果。这其中就包括能够捕捉用户动作的摄像头。操作控制器将成为一段过往的历史，用户在场景中的每一次移动，都会被虚拟化身完美呈现。控制器将沦落为一种可有可无的辅助工具，用于实现特定的功能，让用户能够与虚拟物品产生真实的互动，比如握住方向盘或挥舞高尔夫球杆。

触觉反馈也日臻完善，但我们暂时只能依靠振动或陀螺仪来模拟阻力。随着这项技术的飞速发展，或许在不远的未来，我们就能穿上《头号玩家》中的 VR 套装——一套遍布全身的装备，能够让虚拟的触感转化成真实的触觉体验。我们的目标是让虚拟世界中的一切都转化为真切的物理感受。

在目前的技术水平下，VR 最普遍的应用场景是游戏，正是游戏引领了这项技术的进步，就如同它促进了图形技术的演变一样。VR 游戏已经发展到了令人惊叹和身临其境的地步，但并非所有类型的游戏都适合采用 VR 技术。新技术也不一定能够彻底淘汰旧技术，这在许多技术领域都是如此。在相当长的一段时间里，我们或许还会看到传统游戏在个人电脑、家用游戏机或手持设备上运行，与专为 VR 打造的游戏共存。

VR 将涉足更多的娱乐领域。VR 电影虽然已经问世，但更多是出于技术演示的目的。我曾观看过一部 VR 电影，感觉很新奇，但有时却不知道该把目光投向何处。一部优秀的电影能够巧妙地操纵观众的观影体验，引导他们的注意力。但在 360 度的全景环境中，这就变得更加困难。我们面临的问题是，VR 电影能否成为一种独特的艺术形式，艺术家们能否发掘出这种媒介的优势，或者它是否只会沦为一种小众的玩物？

VR 教育或许只能作为一种辅助手段，而无法取代传统的教学方式。利用高分辨率的三维扫描技术，我们可以在虚拟现实中观察博物馆、考古遗址、月球或火星表面、地质构造等各种有趣的场景，享受一种非凡的学习体验。这种方式不仅节省了费用，提高了教育资源的可达性，还能增加教育信息的丰富度。

VR 教育不仅能让我们探索各种地点，还能让我们体验各种事件和实物。试想一下，我们可以通过亲身感受士兵的生死存亡的不同视角来了解葛底斯堡战役这段历史。还有一种 VR 体验可以让我们化身为宇航员，实时参与"阿波罗 11 号"的太空之旅。

利用 VR，我们不仅可以观察化石或文物，还能突破人类的视角，探索分子、微生物，乃至星系团的奥秘。这些都可以用传统的视频手段展示，但是 VR 技术却能让你在三维空间中亲身体验它们，你可以自由走动，随意切换视角，操作各种物件，从而获得更加沉浸式的理解。

VR 技术的发展也将为其商业应用带来更多的便利，无论是会议、研讨会，还是日常的办公事务。虚拟工作空间具有巨大的优势，让我们可以轻松地与不同地域和时间的人进行协作。借助虚拟形象，VR 让我们无须亲赴现场就能完成工作或与他人交流，大幅降低了差旅的必要性和效益，从而极大地提高了效率。你只需坐在家中办公室的舒适椅子上，就能通过强大的 VR 设备与世界各地的人、信息和应用场景相互联系，无论是工作、沟通还是娱乐，各项任务都不在话下。而且，随着 VR 设备向着便携、无线的方向发展，你甚至可以在正常家居生活的同时，享受到虚拟的工作体验。

不过，技术的发展并不能决定大众的选择，人们是否愿意尝试这种新事物，这一点我们也无法预料。沉浸在虚拟世界中可能会令人厌倦，让人向往最原始的身体接触所带来的真实感。2019年底暴发的新冠疫情也暴露了纯粹依靠虚拟方式取代面对面体验所存在的局限性和缺陷。但同时，虚拟技术也展现了一些潜在的优势，例如远程医疗服务得到了广泛的认同，成了医生面诊之外的有效补充。如果 VR 得到普遍应用，可能会对大众心理、文化和社会产生极大的影响。

我预感 VR 技术会日益普及，但这并不意味着它能在各个领域完全取代传统的方式。VR 虽然有着令人难以置信的优势和效率，但历史经验告诉我们，简约的传统方式也有着持久的吸引力。

在 VR 技术极度发达的未来，我们将不再是如今的模样，而是另一种存在。未来人类或许会比我们更能适应 VR。正如现在的年轻一代相比于他们的父辈，更能迅速地适应无所不在的社交媒体一样，也许他们也会对他们的下一代能熟练上手 VR 技术感到困惑。

或许，AR 比 VR 更能得到人们的认可，并对我们的生活产生更深刻的影响。AR 最大的优势在于它能够在现实世界中发挥作用。试想一下，如果有一个 AR GPS 系统，它不仅能指引你转弯的方向，还能在道路上显示出清晰可见的路径，你再也不用分心看导航了。AR GPS 还能标出你要去的目的地，并提供相关的信息。当你在陌生的地方旅行时，AR 系统能够把海量的数据叠加在街道和建筑物上，并根据你简单的语音指令进行筛选和优化。例如：哪里有最方便的停车位？附近有哪些好吃的餐馆？

如果有一个 AR 助手陪我们购物，那该多好。它能够实时为我们提供中意商品的相关信息。它能够告诉我们相关商品的评价，哪里能买到更便宜的同类商品，或者在发现商品是山寨货或假货时及时提醒我们。

AR 不仅能成为你的秘密社交顾问，帮你记住那些泛泛之交的姓名和关于他们的一些基本或重要信息，还能成为你强大的专家助手，在需要时为你提供各种专业指导。比如，它既可以向工程师展示机器的结构图，也可以向外科医生展示医学影像，甚至标出手术中要避开的关键部分或要切除的癌变组织。在电视剧《波巴·费特之书》（*The Book of Boba Fett*）中，就有一个类似的情节，一个机器人使用全息投影协助重建一艘飞船，它清楚地指明了每个零件的安装位置。

AR 能够在战场上发挥重要作用。它能够帮助我们找出并识别敌方士兵，同时清楚地标出友军和平民。它还能够帮助我们规避各种陷阱和爆炸物。

当我们在异国他乡旅行时，AR 助手也能给我们提供很大的便利，它能够为我们提供实时翻译和货币兑换信息。

相比于 VR 游戏，AR 游戏在某些方面可能更具优势。你可以在自家后院、公园或户外，甚至是专为 AR 游戏设计的区域中玩耍，享受一个广阔的游戏空间，并且能够自由地走动，而你周围则充斥着等待你消灭的僵尸或外星人（当然，如果让孩子们拿着玩具枪四处奔跑可能会有安全隐患）。你需要寻找虚拟物品，解开各类谜题或秘密，并与各式人物交流。

AR 能够让我们为现实叠加图像，或随心所欲地改变现实世界的外观。房屋上的节日装饰也许只是虚拟的，我们能够在万圣节时惊叹于这个逼真的鬼屋，而在圣诞节时又轻松将其打造成一片冬季仙境。在 AR 派对上，我们不仅改造环境，而且每个参与者都能随心所欲地改变自己的形象。

先进的 AR 技术可以在物理世界之上叠加一个截然不同的现实，或者对其进行美化，同时还可以为我们提供各种有用的信息。也许有一天，我们会更多地通过 AR 来感受这个世界，而不是直接面对现实。

👆 元宇宙

2021 年，脸书（Facebook）首席执行官马克·扎克伯格（Mark Zuckerberg）公布了他打造"元宇宙"的雄心壮志，这个概念最早出现在 1992 年尼尔·斯蒂芬森（Neal Stephenson）的科幻小说《雪崩》（*Snow Crash*）中。元宇宙可以理解为一个类似于万维网的平台，它建立在互联网之上，但是采用混合现实（VR、AR、标准计算机界面和物理现实）的方式呈现。扎克伯格想要创建一个去中心化的应用网络，就像互联网一样，不由任何一家公司所控制。

元宇宙是否能成为一款让混合现实真正走向主流的撒手锏 VR 应用，目前还不得而知，或许硬件技术还没有达到这样的水平。但是，脸书将其全部的资源投入元宇宙，这一举措无疑具有重大意义。扎克伯格有可能巩固脸书作为社交媒体领头羊的地位。元宇宙未来的前景（再次提醒，获得一家市值数十亿美元公司的支持对其发展十分有利）可能会激发一个技术反馈循环，即需求增加促使资金流入，加速硬件技术的改进，而技术改进又进一步刺激需求的增长。

即使在不远的将来，元宇宙成为我们获取信息和计算机应用程序的主要途径，它也可能不会完全取代既有的其他途径，而只是作为一种补充。我们仍然会使用智能手机购物、浏览社交媒体，以及与他人沟通，但或许是在混合现实中。

神经现实

虚拟现实这项技术的极致表现形式是神经现实（NR）。使用NR 技术时，你无须佩戴任何设备，不必忧虑任何安全性问题，也无须担心物理世界和虚拟世界之间的断层。NR 就像《黑客帝国》（*Matrix*）里的矩阵一样，通过脑机接口直接将虚拟世界传送到你的意识中。如果这项技术得以完善，NR 将会与现实无缝衔接。即便没有达到完美，它也是一种极具吸引力的接口。

NR 并非混合现实，它使用虚拟世界完全取代了你的感觉输入和运动输出，而你只需安心地躺在床上即可。无须怀疑，这项技术并非遥不可及。实现这项技术的时间成本，以及最终的效果如何，这些才是值得商榷的问题。

个人和社会对此会有何反应？我之前提到的所有应用场景，无论是在娱乐、培训还是教育领域，都可以通过 NR 来完成，而且效果更加出色，过程也更为有趣。毫无疑问，在这样的虚拟世界中，我们像神一般无所不能，这很难让人不心动。

　　或者，你也可以随心所欲地生活，死亡对你来说毫无威慑力，你可以体验任何时空，或者彻底改变自己。一些未来主义者甚至猜测，某种 NR 或许是大多数技术文明的最终归宿。这也许可以解释费米悖论——外星文明身处何处？他们都沉浸在自己的虚拟世界里。或许我们会把物理世界交给机器人和人工智能打理，而我们则如同神明般驰骋在虚拟世界中。也许这种命运只能由富人和精英独享，而大多数人类则只能在物理世界中苦苦挣扎。

　　这对人类文明意义重大。也许 NR 的使用会受到严格的管制，以维持人类的身体健康和生产力（当然，对于身体残疾者可以特殊照顾）。但这可能导致一些新的问题：也许有人会失去辨别真实世界和虚拟世界的能力，有些人甚至不惧死亡，因为他们错以为自己身处虚拟世界。此外，过度使用 NR 很可能诱发一些新的精神障碍，例如 NR 依赖综合征、现实适应障碍、NR–现实混淆症等。

　　从 AR 到 VR 再到 NR，这些都是无比强大的技术。就像一切强大的技术一样，它们蕴藏着巨大的潜力，可以造福人类，也可能产生无穷祸害。未来极有可能是一个一切皆有可能的世界。个人和集体的选择将决定未来是一个 AR 乌托邦；还是一个满是 NR 僵尸，被可怜的人工智能机器人监视的世界。

13
可穿戴技术

试想一下，你身上那套极其合身的西装，
能够化身为人类所创造的任何工具。

人类与其他动物并没有多少显著的差异。有些动物能够使用工具，进行交流，惩戒违背社会规范的同类，或在镜子中认出自己。人与其他动物最为突出的一个差异是，人类会穿戴各种物品来提升自己的能力和适应性。（如果可穿戴技术是进步的标志，那么神探加杰特或许就是人类发展的巅峰。）

除了少数一些动物，如某些螃蟹和昆虫，会"穿戴"一些东西来保护或伪装自己之外，大多数动物都保持着一丝不挂的生存状态。人类从何时开始穿衣服，我们很难确定一个准确的时间，但根据寄生在衣服上的虱子的遗传分歧情况，古生物学家推测这一时间大约在 17 万年前。现代智人的"表亲"，尼安德特人，也是穿着衣服的。

"可穿戴技术"的雏形或许只是一块粗糙的兽皮，然而它却使人类得以在无须进化出毛发的前提下适应寒冷的环境。随着时间推移，这种技术演变成了更合身、更精致的缝制衣物。自这些微不足道的开端以来，可穿戴技术如今已经取得了怎样的成就，又将迈向何种未来呢？

衣服不只能够维持体温，还能兼作防护、装饰之用，表达对其他社会成员的尊重，彰显穿戴者的身份与社会地位。可穿戴技术最古老也是最伟大的创举莫过于随身储物袋了。考古发现，冰人奥茨（Ötzi）就曾使用过随身储物袋，他生活在公元前 3400 年至 3100 年间。他的腰间系着一个皮制小包，内有三件燧石器具、一把骨针和一团木蹄层孔菌（火种真菌）。我们或许对这种储物袋早已经习以为常，但在当时所处的年代，能够不依靠双手携带一些必需品，无疑是一个莫大的创新之举。直至 17 世纪，人类才发明了口袋，因此随身储物袋在数千年漫长的历史岁月中始终是可穿戴技术的先驱。

眼镜也是可穿戴技术早期的杰作之一。它们诞生于意大利北部，比萨城很可能是它们的发源地。1306 年 2 月 23 日，多米尼加修士焦尔达诺·达·比萨（Giordano da Pisa，约 1255—1311 年）在一次布道中写道："眼镜能明显改善人们的视力，而它的制造工艺问世至今尚不足 20 年。"我们或许已经对眼镜这样的平常物件习以为常，但对于那些患有屈光性视力障碍的群体而言，这无疑是一项惊天动地的创新。眼镜（或其变体）还能用来提升正常视力，充当放大镜或遮光片之用，例如太阳镜。

1510 年，彼得·亨莱因（Peter Henlein）在德国纽伦堡发明了怀表。不过，他的怀表是戴在颈间的，呈一个球状（别忘了，口袋在当时还没有问世）。直到 17 世纪，随着缝有口袋的马甲风靡一时，我们如今使用的怀表也随之诞生。从此，可穿戴技术延伸到了能够显示信息的设备。这项技术在 1904 年再次突破，飞行员阿尔贝托·桑托斯–杜蒙（Alberto Santos-Dumont）率先佩戴了手表，这让他在驾驶时双手得到了进一步解放。

人们不断探索出更多的方法，佩戴各式神奇的小物件。如今，可穿戴设备不仅是服饰的一部分，还能兼作防护用途（盔甲、工作手套、安全帽、护目镜），增强或修正我们的感官，提高我们的力量和灵活性，解放我们的双手，免去携带特定工具、设备或物品的麻烦，化身为便捷或隐秘式武器，便利地向我们传递信息，或者监控我们自身的生理状态或行为。为了适应特定的环境和场合，我们也发明了相应的可穿戴产品，如水肺潜水装备、降落伞、太空服之类，旨在保证人们在水中、高空或太空的生存。

我最钟爱的一款古怪物件莫过于椅裤了［如果你看过电视剧《硅谷》（*Silicon Valley*），应该会有印象］。这是一种能够折叠的小凳子，绑在裤子后面，穿戴者弯腰准备坐下时，它便会弹出，保证你能够随心所欲地坐在任何地方休息。这款产品告诉我们（就像"腰包"一样），可穿戴技术往往要在时尚和功能之间做出抉择。没错，它很实用，但我真的愿意戴着它出门丢人现眼吗？

可穿戴技术还涉足了整个医疗设备领域。这其中包括矫形器，它能够固定受伤的关节，弥补力量上的不足或防止伤口恶化。助听器也是一种常见的可穿戴医疗设备。

各行各业都有各自的可穿戴装备和服饰——如那些需要在不干扰手工作业情况下灵活调整随身光源的矿工等人士佩戴的头灯，焊工佩戴的护目镜，精细作业所需的穿戴式放大镜，消防员使用的防火服，以及诸多军用装备和运动器械。

可穿戴技术无处不在。它不仅扩展并强化了我们自身的能力和功能，更有可能融入我们的人格之中，成为我们不可分割的一部分。它在许多工作和活动中都发挥着不可或缺的作用。

👆 赋能可穿戴设备的技术

顾名思义，可穿戴技术是一种专为穿戴而设计的技术，因此它会随着一般技术的发展而进步。例如，随着计时技术的进步，手表也随之改进，从而产生了今天的智能手表。有些技术进步特别适合用于可穿戴技术。其中一个发展方向就是微型化。

技术微型化是一种普遍的趋势，它让更多的技术变得轻巧、便利和舒适，从而推动可穿戴技术的发展。我们都对电子行业中惊人的微型化趋势有所了解，尤其是在计算机芯片技术领域。目前，一片邮票大小的芯片，其性能已经远超几十年前那些占据整个房间的计算机。

普通智能手机上配备的高清摄像头已经展现了光学技术惊人的微型化成果。目前，研究人员正在研制更微小的光学元件，利用超材料打造出不依赖厚重玻璃的长焦和变焦镜头。

"纳米技术"这一时髦术语已成为众多在微观尺度上制造的机器的统称（虽然从技术角度看，它们甚至更微小），这种技术无疑将给可穿戴设备带来惊人的变革。

柔性电子技术正迎来曙光。该技术又名"柔性电路"，或者更具体地说，统称为"柔性技术"。它利用柔性塑料基板印制电路，让技术能够随身而动，随形而变。柔性技术可以轻松地嵌入服装之中，甚至与织物交织一体。碳纳米管等二维材料不仅构筑了电子与电路技术的基石，还拥有惊人的柔韧性。有机电路也是一项新兴技术，它确保了电路能够由柔性材料制造，而非仅仅印在柔性材料之上。

利用具有感应作用的导电墨水，可以直接在皮肤上印制电路，形成一种特殊的文身。Tech Tats 公司就推出了这样一种文身产品，用于医疗监测。这种墨水只印在皮肤的表层，不会留下永久的痕迹。它们能够实时监测心率等指标，并通过无线信号将这些信息发送到智能手机。

可穿戴电子设备的正常运行离不开电源的支持。目前我们已经开发出了小巧的手表电池，但它们的能量并不充沛。所幸的是，我们正在研发各种技术，旨在从周围的环境中获取微量的能量，为可穿戴设备（以及植入式设备和其他小型电子设备）提供持续的动力。自动上链表可以说是最早的一种利用环境能量的可穿戴设备，其历史可以追溯到 1776 年。当时，瑞士钟表大师亚伯拉罕-路易·伯特莱（Abraham-Louis Perrelet）发明了一款配备摆陀的怀表，它能够利用人们的日常行走执行上链操作。据说，只需走路 15 分钟左右，便能完成怀表的整个上链过程。

除了机械能之外，还有其他方法可以产生电能。环境中蕴含着四种形式的环境能——机械能、热能、辐射能（如阳光）和化学能。压电技术就是一种将机械应变转化为电流的方法。机械应变可能来源于脚步落地时产生的冲击力，抑或是四肢的运动或者呼吸。石英和骨头都是天然的压电材料，而人工的压电材料则有钛酸钡和锆钛酸铅等。静电和电磁设备则是利用振动来收集机械能的设备。

利用环境中的温差，热电发电机可以将热能转化为电能。人类作为体温恒定的哺乳动物，不断释放出大量的废热，而这些废热可用来产生电能。一些热电发电机由柔性材料制成，同时整合了柔性技术和能量收集技术。这项技术目前还处于原型机开发阶段。例如，在 2021 年，工程师们设计了一种柔性热电发电机，它由一种含有液态金属导体的气凝胶–硅胶复合材料制成，可以佩戴在手腕上，并且可以为一台小型设备提供足够的电能。

阳光作为一种无处不在的环境辐射能，可以通过光电效应转化为电能，这正是太阳能板的工作原理。太阳能板也可以做成小巧、柔性的形态，从而集成到可穿戴设备中。

这些能量收集技术不仅可以产生电能，还可兼作传感技术，用于检测环境中的热量、光线、振动或机械应变，并根据这些变化发出信号。因此，微型的自供电传感器广泛应用于各项技术领域。

👆 可穿戴技术的未来

随着小型化、柔性化、自供电、耐用型电子设备和传感器的出现或即将出现，它们与无线技术和先进的微型化数字技术相结合，为我们提供了更多的可能性。因此，我们可以将现有的工具和设备改造成可穿戴的形式，或者利用它们开拓可穿戴技术的新领域。我们也可以将数字技术更多地融入我们的服装、珠宝和可穿戴设备中。这意味着我们将不再被动地接受可穿戴技术，相反，它将成为一项与我们当前数字生活紧密相连的主动技术。

可穿戴技术面临着一些不言而喻的应用场景，但人们对它们的评价却难以预测，或许有人觉得它们很实用，也有人觉得它们很烦人或者毫无意义。智能手机已经演变成了智能手表，或者可以与智能手表配合实现功能拓展。谷歌眼镜是一项将计算机技术嵌入可穿戴眼镜中的先驱之举，但我们都知道它遭到了怎样的冷遇。

随着这项技术不断进步，未来可能出现这样一番景象：我们平时穿戴的服饰和装备变成我们日常使用的电子产品，或者这些服饰和装备进化出新的功能，从而取代或辅助现有的设备。

举个例子，我们或许仍会将智能手机作为便携式电子设备的核心。未来的智能手机不但能够像现在一样连上无线耳机，还能接入眼镜中嵌入的无线监视器，或者一些能够监测健康指标或日常行为的传感器。手机还有可能与全球任何一台设备通信，从而在你的健康状况明显恶化时自动联系你的医生，或者在必要时联系急救服务。

便携式摄像机不仅能够拍摄和记录周围环境，还能够为人们提供导航服务，指引他们前往想要前往的地方或寻找所需的服务，或者在遇到犯罪或灾难事件时及时报警求助。

"物联网"已经将我们的各种设备纳入其网络之中，而我们也会通过我们所穿戴、印刻或植入的设备，与之相连。在一定程度上，这意味着我们可能会与我们所居住、工作的地方或出行的交通工具融为一体，形成一个统一的技术整体。

普通大众可能更多地关注日常生活，但可穿戴技术也适用于一些特殊场合和职业。其中最极端的例子是用于工业或军事目的的外骨骼装甲，就像钢铁侠一样，虽然那种技术至今仍然遥不可及。目前还没有任何便携式电源能与钢铁侠的方舟反应堆相媲美，也没有任何空间能存放他飞行所需的海量推进剂。

工业用外骨骼装甲已经从梦想变为现实，并且还在不断完善。一个更恰当的科幻类比或许是电影《异形》（*Aliens*）中雷普莉使用的装载用外骨骼装甲。为建筑工人打造的动力金属外骨骼装甲已经历了数十年的发展。最早的范例便是通用电气公司在1965 年至 1971 年间发起的 Hardiman 项目。该项目以失败告终，Hardiman 也从未投入使用。但此后，这一技术的发展并未停滞，其应用主要集中在医疗领域，比如协助瘫痪者行走。它的工业用途也不甚广泛，尚未涵盖全身式设备。不过，这类设备理论上能极大地提升工人的力量，协助执行重物运载作业。此外，它们还能集成工人常用的铆钉枪和焊机等工具。

在军事领域，动力外骨骼装甲已经应用于各类装甲、视觉辅助设备（如红外镜和夜视镜）、武器和瞄准系统，以及通信设备。配备外骨骼装甲的士兵不仅是一名强化步兵，更是坦克、火炮、通信、医疗和补给单位的集合体。

军事需求或许会催生内置应急医疗方案的技术突破。这样的外骨骼装甲能自动向伤口施加压力，减少出血。已经有一种压力裤能帮助维持伤者血压，防止休克。还有一些先进的技术能自动注射药物以应对化学战，包括升高血压、缓解疼痛，或者防止感染。这些功能可以由机载人工智能或战地医生来远程操控，他们通过外骨骼装甲远程监控和指挥手下的士兵。

这项技术一旦成熟，就能普及到民用领域。患有致命性过敏症的群体可以随身携带肾上腺素注射剂，或者佩戴肾上腺素自动注射器，在必要时给予注射，或者由紧急医疗响应人员远程操控执行。

我们目前所讨论的一切都是基于现有技术的推测，而这些更完善的应用场景在未来 50 年内或许就能实现。那么，在遥远的未来又将如何呢？届时或许就是纳米技术大显身手的时候了。试想一下，穿上一套如皮肤般贴合的纳米装甲，它由可编程、可重构的材料制成，能按照指令变成我们所需的任何物品。从本质上说，这套装甲就等同于人类历史上创造过的所有工具。

你还可以随需变换服饰风格。从清晨的休闲装，到会议时的商务休闲装，再到晚宴时的正装，随意切换，且免去了更衣的不便。这不仅是时尚之选，也体现了可编程的角色扮演的乐趣——你想扮成海盗，还是狼人？更实际地说，这样一种纳米装甲能够在温暖时透气排汗，在寒冷时保暖隔寒。实际上，它还可以自动调节你的皮肤温度，让你感到舒适惬意。

这种材料柔软舒适，但在遭受外力时能够收缩变硬，从而起到高效的防护作用。在使用者受伤的情况下，它能够减少出血、维持血压，必要时还能进行心肺复苏。实际上，一旦这种如皮肤般贴合的材料普及开来，它可能会成为我们日常生活的必需品。到那时，我们恐怕无法想象失去它会带来多么可怕的后果。

可穿戴技术或许将成为微型或便携技术的巅峰之作，在为我们带来便利的同时，也展现其卓越的效果。如你所见，我们所探讨的诸多技术或将融合于可穿戴技术，这也提醒我们，在展望未来时，不能孤立地推断一种技术，而要综合考量各种技术之间的协同效应。我们或许会用二维材料打造可穿戴设备，由人工智能和机器人技术提供动力，搭载一个用于实现虚拟现实的脑机接口。我们还可能会采纳增材制造技术，使用家用 3D 打印机来定制我们的可穿戴设备。

14
增材制造

3D 打印让数字世界与物理世界交融。

未来主义所描绘的，包括本书在内，都是我们未来将拥有的奇妙之物。本章将探讨我们如何创造这些奇妙之物。我们不妨从理想出发，设想一下未来的完美制造工艺。

纯粹的创造，便是将能量直接转化为物质，且精准地实现所需的材质、结构和形式。根据爱因斯坦著名的质能方程式 $E=mc^2$，能量等于质量乘以光速的平方。从本质上看，物质和能量乃是一体两面，而物质则蕴藏着海量的能量。因此，哪怕只是制造一丁点儿物质，也需消耗巨大的能量。举个例子，创造出 1 克物质，就得耗费 1.5 万桶石油的能量。

当然，这也就意味着，物质可以转化为巨大的能量。理论上我们能将物质变为能量，再变回我们想要的物质形态。这或许是最纯粹的制造方式，但耗费的能量必定惊人，相关的技术难题也难以逾越。因此，这种生产方式在未来恐怕难以实现，至少在我们所能设想的时代不会发生。

与此同时，我们只能将原料转化为实物——不涉及能量转换，只是改变物质本身。在这个思维模式下，理想的制造工艺是无所不能的——能将任何原料转换成任何实物，甚至能将元素互相转化。然而，上述工艺的基础是一种先进的炼金术，而这超出了我们目前的想象（除非借助粒子加速器）。

因此，我们不妨再退后几步。假设我们以原料为起点，至少原料已近乎拥有最终成品的化学构造——若我们需要木制品，便从木材着手。制造工艺或许涉及原料加工，令原料更加坚韧、硬朗，更加防火、柔韧，或赋予原料我们想要的特定特性。有些制造工艺还能通过化学作用（混合其他原料）来生成原料，并赋予其最终形态。

我们应当如何从可用的原料着手，完美地打造出符合我们预期特性、形式和功能的实物呢？我们期望这样的制造工艺具有精确、不受限制、快速和廉价等特点。你或许听过这样一句老话："速度、质量、价格，三者不可兼得。"但我们不愿妥协，想要三者兼顾。我们距离这个理想还有多远，又有哪些技术能助我们实现它呢？

☝ 制造业的历史

人类最早打造的工具或物件究竟是什么，我们永远无从得知。因为我们的原始人类祖先或许借用树枝等木质物件作为工具（依据对人类近亲黑猩猩的观察），而这些物件难以保存下来。所以，我们只能寻找原始人类制造工具的第一手证据。

最古老的石器可追溯到 330 万年前，出土于肯尼亚的洛梅克维 3 号考古遗址（Lomekwi 3）。这些石器都是由巨大而坚硬的石块制成，显然经过了人工打磨，但它们的用途到底是什么，却无从知晓。这个遗址比我们人类的祖先——人属——还要早出现约 50 万年，这意味着我们的南方古猿祖先可能已经开始制作一些物件了。不过，真正让工具制作蓬勃发展的，还是人属，尤其是那些被称为"能人"（Homo habilis，意为"灵巧者"）的人类。

约 300 万年之前，人类开始用石头打磨出各种工具。毫不夸张地说，这是那个时代最先进的技术。最早的骨器同样出现在 150 万年前的非洲大陆，随着尼安德特人和智人（即现代人）的登场，这项技术从 15 万年前起便迅速发展壮大。这便是人类技术史上"石刀与兽皮"的时期。骨头在人类手中变成了锥子、针、矛头和鱼钩。针的诞生也预示着人类开始用皮革和毛皮缝制衣服。于是，最初的制造技艺就是一种减法的艺术（剔除多余之物），以最低程度地改变原材料，使之适应特定的用途。

人类最早也最古老的制造技术，就是通过剔除多余之物来制造物件。后来，人类学会了处理材料本身来改变其性质——比如用火来硬化木头，这种技术大约始于 12 万年前。制造技术的又一次飞跃，是将两个或多个物件连接在一起。而这最早出现在 7.2 万年前，人类开始用树脂和其他材料将矛头与木柄相结合。

人类制造技术的下一次突破，就是用某种材料覆盖物体的表面，以改变其表面特性。这种技术的佐证之一，就是约 3 万年前出现的洞穴壁画。

在 2.5 万年前，人类制造技术迎来了一次巨大的飞跃，那就是用骨灰和黏土烧制陶器。这是人类最早对材料进行塑造或成型的证据。黏土经过加热变得坚硬，这也许是改变材料性质的最重要的制造过程。

这些基本技术——剔除多余之物、连接、处理、涂层和成形——从古至今一直是制造业的中流砥柱，而且很可能一直延续到未来。材料的选择日益丰富（正如我们在第 11 章中所见的材料），技术也不断进步，但基本概念却始终如一。

材料和技术虽然不断进步，但制造过程却基本保持不变——个体工匠全部依靠或主要用手工制作物品。随着物品的数量和复杂度越来越高，工匠这一职业也越发专业化。要掌握一门特定的手艺，或许需要花费数年乃至数十年的时间。最终，这一产业催生出了木匠、铁匠、织工、玻璃工、陶工、铜匠、皮匠等诸多细分职业。在劳动力充足的大城市里，专业化导致了劳动分工，一个物品的制作需要多个工匠各司其职，专注于特定的工艺环节。

随着制造工艺开始拥抱机械化，制造业迎来了又一次重大的革命。这在工业革命时期尤为突出，但使用机器进行辅助制造却有着悠久的历史。比如，车床最早可以追溯到公元前 1300 年的古埃及。当时的车床装置能够让木头沿着径向轴旋转，大大便利了木头的雕刻、打磨、处理或涂层覆盖过程，并制作出一个轴对称的物体。车床可以手动驱动，也可以由风力涡轮或水轮驱动。制造业早期的其他机械装置包括陶轮、锯木机和锻造用的夹板锤等。与此同时，纺车和织布机彻底改变了纺织业。

毋庸置疑，第一次工业革命是制造业机械化的一次重大飞跃，始于 1769 年蒸汽机问世。这既为现有的制造工具提供了动力，也为用机器取代人力的自动化制造工艺开辟了新的可能性。

借助机器的力量，我们能够批量生产物品，布置流水线，制造出精确的可互换零件。

与手工制造相比，机器生产的产品成本往往可以低若干个数量级。制造技术日新月异，批量生产的质量也随之提升。我们现在所处的时代，产品质量呈现出多样化——我们既可以选择批量生产的廉价产品，也可以购买价格更高的优质产品，这取决于我们自身的财力和特定的需求。

这种状况让我想起了我曾在一场文艺复兴博览会上与一位摊主的邂逅，那里常有一些用传统工艺制成的器物出售。当时的我被一件羊毛衫吸引了，摊主告诉我，她亲手养育了羊、剪下了羊毛、染上了色彩、纺成了线，再用手工编织成了这件羊毛衫。她用这些细节来说明这件羊毛衫值 3000 美元的高价。听到这个价格，我不由得心想，难怪我们早已放弃了传统的手工制造工艺。有时候，拥有一件大师之作是值得的。但有时候，那只是在费力不讨好。

自 19 世纪机械化和自动化生产的时代开启以来，制造业还有哪些突破性的进展呢？不可否认，制造业的一大进步体现在设计上，即我们如何将抽象的概念转化为具体的成品。最原始的设计工艺源自工匠的巧妙心思。他们用精湛的工艺和技巧将脑海中的构思化为实物。这种工艺也可以借鉴现成的产品或自然界的元素，通过直观地观察加以复制和完善。

随着手工制品日益精细，其制作也需要更加精湛的技术。这就体现了模型和蓝图的重要性。你可以将一件产品的结构细节记录下来，让工匠按图施工；也可以使用物理模型来指导具体的制作过程，即使用模板。

铸造或使用模具是塑造物体形状的另一种手段。已知最早的铜铸物是一只青蛙，出自公元前 3200 年的美索不达米亚，而铸造的历史可追溯至公元前 4000 年左右。注塑则是将流体可塑材料注入模具，可重复地批量生产出理想形状的产品。1872 年，全球首个注塑机专利被授予给了约翰·韦斯利·海厄特（他是全球首款塑料的发明者之一）。截至 2018 年，全球塑料注塑业的年营业额高达 1390 亿美元，且每年仍以约 10% 的幅度增长。

控制制造设计领域经历了一次重大的范式变革，从依赖物理模板和模具，转而采用程序化信息，这无疑离不开计算机技术的推动。如今，计算机能够完成制造对象的数字化工程和设计，并日益主导它们的生产过程。

要获取对象的数字化"蓝图"或模型，有两种基本途径。一种是计算机辅助设计（CAD），通过计算机软件来构建设计方案。CAD 软件拥有精准的绘图和制图工具，能够提供生成目标对象所必需的全部信息。另一种主流方法是扫描——以一个实体对象为起点，运用高清扫描技术来制作数字化的呈现内容。这两种方法也可以相互结合。

数字化设计与实体制造之间有多种连接方式。机器人可以根据程序完成制造流程，打造出最终产品。目前应用于这一领域的前沿技术是计算机数控（CNC）机床，它们受计算机软件的操控，驱动车床、钻头、激光切割机、槽刨机、磨床或其他各种加工设备，从而制作数字化设计的产品。

CNC 机床可以运行在开环或闭环模式下。在开环系统中，软件根据预设的设计指导机床运行，不需要任何反馈。在闭环系统中，CNC 软件可接收来自当前制造对象的反馈，如图像等，以纠正错误或调整违规行为。当然，人工智能如今也逐渐融入这些闭环系统，在提高效率和精确度的同时，令它们更具适应性。

CNC 技术已在多数制造业中广泛应用并迅速发展。它有望在今后数十年内继续成为制造业的中流砥柱。但是，CNC 工艺属于减材制造——从一块原料出发，切割掉多余的部分以形成最终的产品，这不可避免地会造成浪费。它在未来面临的主要竞争将来自增材制造，即通过层层叠加而非剔除多余之物来打造最终的产品。

增材制造的最新形式是 3D 打印，它和普通打印相似，但能在三维空间内操作。这项技术直接将制造对象的数字化设计和制造联系起来——操作者只需打印出设计结果即可。不过，这项技术的历史远比你想象的要悠久得多。

将 3D 图像用作制造模板的基本思想源于 19 世纪。1859 年，弗朗索瓦·威勒姆（François Willème）发明了"摄影雕塑"法，利用 24 台摄像机从各个角度捕捉人体的 3D 模型。1892 年，约瑟夫·E. 布兰瑟（Joseph E. Blanther）为一种利用分层技术制作三维地形图的装置申请了专利。

在 3D 输出方面，1980 年，名古屋市工业研究所（Nagoya Municipal Industrial Research Institute）的小玉秀男（Hideo Kodama）发明了一种单光束激光固化法，适用于快速原型制作系统。他于 1980 年 5 月在日本申请了专利，却因资金所限无法将其投入实际应用。这一技术利用紫外线硬化光敏聚合物材料，塑造出所需的形状。

法国科学家让-克劳德·安德烈（Jean-Claude André）和阿兰·勒梅奥（Alain le Méhauté）于 1984 年至 1986 年间发明了一种立体光刻系统。该系统借助计算机设计程序控制的两束激光束，将液态单体在交汇处转化为硬质聚合物。他们开发该系统的目的主要是为了演示分形几何的原理。

工程师查克·赫尔（Chuck Hull）也在同一时期开发出了一种 3D 打印系统，利用紫外光和立体光刻技术来打印物品。他开发该系统的初衷是为了快速地制作原型，但他也看到这一技术在不断壮大的创客文化（一种自己动手制作各类物品的亚文化）中的影响力。

随后在 1988 年，工程师卡尔·德卡德（Carl Deckard）发明了一种名为 SLS（选择性激光烧结）的工艺。烧结是指通过加热小块金属，使之变得柔软粘连，从而实现融合的过程。德卡德当时在一家机械加工厂任职，苦于烦琐的金属铸造流程，于是转而探索一种迅速制作金属构件的方法。

同年，斯科特·克伦普（Scott Crump）发明了一种名为"熔融沉积成型"的技术。他将一支胶枪连接到 XYZ 三维机械臂上，实现了成型过程的自动化。他的机械臂系统至今仍然占据了现代 3D 打印技术的半壁根基。这显然是一项酝酿已久的创新——将不断进步的计算机技术与制造业相结合。

在 20 世纪 80 年代末，3D 打印技术主要应用于汽车和航空航天领域的原型设计，福特和波音（Boeing）是最早的尝试者。这一技术让设计的周转时间大幅提升。研究人员无须再耗费数月时间才能制作并检验一款原型，只消几小时就能拿到成品。

这项技术在之后 10 年内不断进步，逐渐应用于医疗领域。逐层堆叠细胞的生物打印技术应运而生。1999 年，威克森林再生医学研究所（Wake Forest Institute for Regenerative Medicine）的科学家们利用生物打印技术以及患者自身的细胞，制作出了一个人工膀胱。

首台桌面 3D 打印机——RepRap 于 2004 年问世。3 年后，商用 3D 打印机也推向了市场。从那以后，3D 打印技术像其他技术一样不断完善，使用的材料更加丰富，打印速度更加迅速，分辨率更加清晰，打印范围也更加广阔。可惜的是，家用桌面 3D 打印机市场在 21 世纪 10 年代陷入了低谷。对于很多早期的尝鲜者来说，现实并没有达到他们早期炒作的过高期望。

如今，3D 打印技术主要用于快速制作原型，服务于一小群创客，并且日益广泛地应用于工业领域的实际生产中。至此，"3D 打印"已经成为所有增材制造的代名词。3D 打印的方式多样，但都是将某种液态或软质的材料转化为硬质材料成品，使用一个能在三维空间自由移动的打印头实现材料的逐层叠加。

2020 年，3D 打印行业的市场规模达到了约 130 亿美元，年均增长率高达 26%。家用 3D 打印市场虽然规模不大，但随着 3D 打印机的成本下降和功能不断完善，也显示出了一定的增长潜力。

3D 打印也有其不足之处。尽管它采用的是增材制造，但也会产生一定的废料。有些材料的形状天生不稳定（无法自立），因此必须先建立支撑物，打印完成后再将其去除。目前已有一些方法能够将产生的废料降至最低水平，包括优化设计规划过程，使用配备可移动平台的打印机来缩小支撑物的尺寸。此外，打印对象的表面质感也未必能与 CNC 制造的产品相媲美，所以还需接受印后加工。

3D 打印机即便能够零废料、零瑕疵地打造出预期的成品，也未必能满足你对材料的期望，因为并非所有材料都适合 3D 打印——具有高熔点的金属就是一个典型的例子。此外，3D 打印主要是一个单色的打印过程，无法打印出全彩的物品。

不过，这些毕竟只是技术层面的障碍。随着技术不断进步，我们总有一天会攻克这些难题。

👆 未来的制造工艺

数字化是制造业的必然趋势。旧的技术并不会轻易消亡，它们仍然顽强地生存了下来。但面对其他更为先进的技术，它们的市场空间日益缩小。传统的手工艺品却因为它们的品质、独特性和细节处理而受到长久的青睐。

批量生产采纳的物理方法，如模具和模板，对于适宜使用这些方法的物品和材料而言，仍有一定的优势。举个例子，如需制作上百万件一模一样的小型塑料玩具，那么注塑成型就是不二之选。

将产品的数字图像或设计与其精确的制造相匹配是一种非凡的能力。因此未来的制造工艺很可能主要取决于计算机控制的机器人、数控机床和增材制造等技术的综合运用。

如今已有一些工厂设置了数排工业级 3D 打印机，用于快速设计和制造物品，而且这一趋势还在不断增长。试想有一座庞大的工厂，配备了上百万台工业规模的 3D 打印机，几乎能够根据需要量产任何产品。这样的工厂不必更换设备，因此周转时间几乎达到了瞬时水平。

3D 打印已经在一些地区和小众行业中占有一席之地。每当你急需一类特定的产品，3D 打印都是你的首选。在医疗领域，3D 打印机可以依据磁共振成像或其他成像技术，定制牙套、植入式设备和假肢等。外科医生也可借助 3D 打印机，打印出患者的解剖模型，进行模拟实验或设计合适的手术方案。

然而，仍有一个重要的问题悬而未决——3D 打印机能否走入普通家庭？总有一些技术发烧友或爱好者想要拥有专业的设备，但 3D 打印机能否像冰箱或微波炉那样，走进千家万户呢？当我们试图预测这样的问题时，需要考虑这项技术面临的竞争。在大多数情况下，技术本身并不是难题——3D 打印机已经问世，它们的价格也在普通消费者的承受范围之内，而且它们还在不断完善。但是，它们是否适合日常使用呢？

3D 打印面临的竞争对手是集中化生产。既然你可以在网上订购你需要的任何产品，并在第二天就收到货物，那么你又何必去维护和操作一台 3D 打印机呢？集中化生产受益于规模经济和高端工业打印机，它大大缩短了用户的等待时间，而时间总是一种稀缺的资源。不过，也许在未来的某一天，3D 打印技术会变得操作简便、价格划算，以至于能够解决购买和操作一台 3D 打印机带来的种种不便。

如果 3D 打印机走进每个家庭，我们只需考虑原材料和数字设计。目前已有数百万的数字设计免费开源，而且这一数字还在不断增加。等到 3D 打印在家庭中普及，你或许就能下载到任何普通物件的数字设计方案了。对于特殊的零件，比如需要更换的损坏部件，你可以从制造商处获取。实际上，这些零件很可能会随商品附赠——如果这个小玩意儿坏了，只需按照设计方案重新打印一个即可。

设计本身就是真正的知识产权，无论是用于艺术、改良或是特定目的的物品。在这个世界里，一切都能按照个人的喜好定制。

3D 打印硬件的提升固然重要，但也许 CAD 和打印控制软件的改进更为关键，这些软件将因人工智能（AI）技术的进步而大幅提升。试想一下，你只需用自然语言与 3D 打印机沟通，它就能为你制作出你所需的任何物件。你无须掌握任何艺术或工程知识，无须精通任何复杂的软件，AI 会为你搞定所有的细节。

集中化生产将向分散式生产转变，即在使用场所进行产品制造。或许还有一些复杂和专业的物品（如电路板）须在工厂制作，但任何简单或实体的物品都能在家中打印。

在更远的未来，有两种技术或许能与数字控制的增材制造抗衡，甚至取而代之。一种是前文提及的可编程物质，它能按照数字设计进行重新配置。另一种是成熟的纳米技术，它能在分子甚至原子层面重组物质，从而使用任何材料制造出几乎所有的物品。随着纳米技术的完善，我们离理想的制造工艺就不远了，只要我们能够迈出必要的步伐。

15
赋能我们的未来

我们用今日之选择，铸造明日的能源生产。

我们以古今技术为基础，刻意从一种宽泛的视角出发，展望未来的科技发展。沿着这一思路，在本部分的收尾章节中，我想尽可能地拓宽我的视野。人类文明赖以生存的最根本、最关键或最有限的资源是什么？

物质资源无疑至关重要。我们必须借助某种物质来构筑我们的文明，然而我们似乎总是陷入"极限"的困境——例如石油或氦气开采的极限——因为我们对某种资源的消耗已经超出了我们的储备。

土地亦是一种有限的资源。地球上的耕地、居住用地和工业用地寥寥无几。若能为与人类同住地球村的其他千万物种留有一方之地，岂不美哉。

但在我看来，万物之源、驭物之本，莫过于思想。借助科学与技术，我们至今已突破了其他资源的种种束缚。我们需要增产粮食，于是自 1948 年至 2017 年，凭借农业技术的革新，我们使农田生产率提升了近 3 倍。终有一日，我们将从小行星上采集物资，开拓其他星球与深空，甚或扭转我们对自然界所造成的部分伤害。

这一观点印证了这样一种看法，即人工智能或许是最重大的技术突破——它强化了我们最珍视的资源，那就是思维。在这个前提下，我认为人类文明第二重要的财富（实际上，对整个宇宙而言亦然）便是能源。只要我们拥有能源，我们便能驾驭我们的思想，成就无限可能。

实际上，1964 年苏联天文学家尼古拉·卡尔达肖夫（Nikolai Kardashev），基于一个文明所能够利用的能源量级，提出了一套衡量文明层次及技术先进程度的标准。I 型卡尔达肖夫文明能够驾驭其故乡行星的全部能源，因此被视为行星文明。II 型卡尔达肖夫文明属于恒星文明，能够利用一个完整恒星系的总能量输出。III 型卡尔达肖夫文明属于银河文明，能够控制整个银河系的能量。

按照这个标准，人类文明尚未跻身 I 型之列，因而该标准亦有所延伸。卡尔·萨根（Carl Sagan）设计了一套数学方法来拓展这一标准，将能够驾驭 1 兆瓦能量的文明（足以为约 420 户美国普通家庭供电）称为零型文明。按照这一新的标准，人类文明约为 0.7 型。物理学家米奇奥·卡库（Michio Kaku）后来推测，若我们能以每年约 3% 的速率增加能源使用量，我们将在 100 至 200 年内进入 I 型文明。我不禁好奇，如果这一天真的来临，我们是否会获得徽章或证书之类的奖励。

人类若想有朝一日成功晋升为 I 型文明，又该何去何从？我们当前正围绕着能源基础设施的前景展开激辩。我们必须在减轻环境负担的同时，以可持续的方式满足不断增长的能源需求。或许有多条路径可以通向这一目标，但在此之前，让我们先探讨一下能源的基本概念。能源从何而来，我们又该如何驾驭它？

若追本溯源，太阳几乎是我们利用的所有（并非全部）能源的终极来源。太阳在照耀地球的同时释放出辐射能，而生物圈汲取了这些能量已经数十亿年。植物通过光合作用将太阳能转换为生化能。其他生物食用这些植物，随后又被其他动物捕食，而腐烂的动物又滋养了其他有机体，所以（基本上）整个生态系统都依靠太阳能运转。

这一情形仅有极少数例外，即那些依赖地质活动生成的甲烷或从海底裂隙泄露的硫化物为食的化能生物。实际上，化能生物或许在阳光稀少或缺失的其他星球上占据统治地位，例如木卫二冰层的深处。

因此，从某种角度看，人类最初利用的能源是生化能，生化能最终源自太阳光。从技术上讲，能量的定义就是做功的能力，所以人类文明的劳动很大程度上来自肌肉消耗的热量，这些热量源自食物，而食物的能量来自太阳光。

南非北开普省的奇迹洞（Wonderwerk cave）保留了人类使用火的最古老的直接证据，距今已有100万年。不过，有证据显示，人类用火烹饪食物的习惯可以追溯到200万年前的直立人时代。尽管最早使用火的时间仍存争议，但显而易见，人类使用火的情形在40万年前就已经较为普遍了。

驾驭火焰对人类祖先而言是一次革命。火能带来光明和温暖，也能用来防御掠食者。或许最关键的是，火可以用于烹饪食物，这不仅丰富了我们的饮食选择，而且使得食物更易消化，促进了营养吸收。科学家指出，烹饪促成了直立人向智人演化时脑力的巨大飞跃（大脑是个极度贪食的器官）。它实质上铸就了人类。

即使在现代科技发达的当下，火依然是人类文明不可或缺的重要能源。最初，我们将生物可燃物（如木头、天然油脂和蜡）作为火源。我们也曾发掘过一些石化产品（顾名思义，即从岩石中提取的物质，比如沥青），但直到 1875 年，戴维·比蒂（David Beaty）在其位于宾夕法尼亚州沃伦的家中发现了原油，才开启了我们未来至少一个半世纪的能源革命。

煤炭也有数千年的历史。相较于木材，煤炭具有更高的能量密度，单位体积能够提供更多的能量，但它也有一个致命的弱点，会排放出有害的污染物（不同种类的煤炭污染程度有别）。煤炭、石油和天然气合称为"化石燃料"。之所以这样定义，是因为它们是经过数百万年的地质作用而形成的，源自死后埋入地下的生物残骸，所以化石燃料其实是储存的太阳能。

值得注意的是，燃烧其实只是化学能的一种表现形式，是可燃物与氧气发生的一种自维持放热反应。这种反应所消耗的部分化学能蕴含在自由氧之中，后者是一种极易反应的元素。地球上的自由氧从何而来？它也源于生命。蓝藻和其他光合生物在阳光的照射下，从水和二氧化碳中分离出氧气，将氧气送入大气。我们点燃燃料，便是将太阳光孕育的化合物与太阳光催化的氧气相融合。这一切，无不源于太阳能。

风能和水能又如何呢？在发明电力之前，人们就利用风力来驱动磨盘，将小麦和其他粮食磨成面粉（风车）。风力还可以带动齿轮完成其他的作业，比如旋转车床进行木材加工或者为锻炉供气。

不过，风是由空气受热不均匀而形成的——这要归功于太阳。也有一部分风能来自地球自转的动能，但这只占很小的比例，所以绝大多数的风能也是太阳能的一种。

水能亦能与风能相媲美，只需在有天然高差的河道上架设水车。你或许以为水能源自地球引力，正是它让水流动。这话没错，但并非事情的全貌。水在重力井中下坠时，其势能被转化为动能，其中一部分动能推动涡轮机旋转。但水最初是如何获得势能的呢？水在太阳的照耀下蒸发，聚集在云中，再以雨水的形式落下，雨水汇聚成湖泊，然后流至低海拔地区。因此，水力发电也不过是一种利用了储存的太阳能的方式。

是否有其他能源并非源自太阳呢？答案是肯定的，地热能就是这些少数能源中的一种，它来自地球内部的热量，而地球和其他行星一样，是由无数小岩石碰撞而形成的。这种撞击将巨大的引力能转化为热能。地球表层附近的地热能，有一半来自地壳中铀、钍、钾等放射性元素在衰变过程中释放的热量。所以，地热能既包含重力能，也包含核能。

当然，核能也源自放射性物质。核衰变可以直接转化为电能或用于供热。放射性同位素裂变（裂开）时，也能释放出大量热能，用以发电。

另一个潜在的能源来源是潮汐能。海洋随着月亮和太阳的引力场而涨落，潮汐能因此而生。有些地方，潮水的落差高达十几米。1000 年前，欧洲人就利用这种自然力量来推动磨坊。如今，这种力量也可以转化为电能。

除此之外，还有一种非生物的化学能源。电池不仅可以储存能量，还能在一定程度上提供（非常有限的）能量，前提是它们是由可产生离子反应的化学物质构成，且这些离子从负极流向正极。所以，化学电池是一种利用化学能的方式。对于不可充电的电池，离子反应只能单向移动。而对于可充电的电池，离子反应可通过施加电流而发生逆转。

我们所依赖的，推动文明进步的，主要是这些能源。但是，自从电力出现，我们与能源的关系就发生了翻天覆地的变化。电力是利用电磁力在电路中产生电子流的一种能量形式。这种电子流可用于做功，比如点亮灯泡或驱动电机。

本杰明·富兰克林（Benjamin Franklin）虽然被许多人视为电力的发现者，但其实早在公元前 600 年左右，古希腊人就已经对电力有了初步的认识——他们发现，把琥珀和羊毛放在一起摩擦，就能产生静电，使它们互相吸引。古罗马和波斯的一些文物也显示出了当时的人们对电力的探索，它们看起来像是用铁棒和铜棒装在陶罐里的简陋电池。17 世纪，我们对电磁学的认识迎来了飞跃，从而催生了电子革命。20 世纪初，现代世界顺利步入电气化时代，如今电力与现代科技已经融为一体。

涡轮机是发电的主要装置。它利用了电磁学的物理原理——电流能够产生磁场，而磁场的变化又能在导电材料中诱导出电流。因此，磁铁在线圈内旋转能够产生电流，而电流也可以旋转磁铁使其运动（这就是发动机的工作原理）。

各种能源都可以为涡轮机提供动力，如风能（风力涡轮机）或水能（水力发电站或潮汐发电站）。我们也可以利用热能使水沸腾，蒸汽在上升过程中带动涡轮机转动。这种热能可以来源于地热、太阳能、燃烧木材、煤炭、天然气或石油，也可以源于核裂变。这其中蕴含的发电原理是相通的。

与其他太阳能不同，光伏发电是直接借助光伏效应将光能转化为电能的——当光子与某种材料相碰撞时，就会激发出电子，形成电流。

放射性衰变也是一种直接发电（利用辐射伏特效应）或间接发电（借助热能、光能或静电能）的方法。这些方法目前仅限于卫星和探测器等一些特殊领域的应用，但曾经也有人设想将其推广到更广泛的领域。（比如 20 世纪 50 年代曾经提出过的核动力吸尘器，你还记得吗？）

👆 如今的发电产业

根据《经济学人》（Economist）杂志 2021 年公布的数据，世界能源结构中，煤炭占 29.6%，天然气占 22.5%，水电占 2.6%，核能占 5.9%，石油产品占 28.6%，非水力可再生能源（主要是风能、太阳能、地热能和生物质能）占 10.8%。这意味着化石燃料总共占 80.7%。不同国家的能源结构可能有很大差异。例如，在美国的能源构成中，煤炭占 22%，天然气占 36%，所有可再生能源占 21%，核能占 20%（化石燃料总共占 58%）。

美国的可再生能源，尤其是风能和太阳能，其所占比例正在迅速增长。天然气的使用量虽然近年来也有所上升，但如今已经逐渐走低。煤炭的占比则大幅下降。由于延长了现有核电站的使用期限，核能稳住了自己所占的份额。

我们的能源基础设施在 21 世纪中叶、末叶和遥远的将来会呈现何种面貌？正如我们从未来技术的发展趋势中窥见的，这完全取决于我们当下做出的抉择。我们需要权衡诸多因素，其中包括一些尚未涉及的能源基础设施的重要方面：分配和储备。

除了能源的来源外，我们还需关注它的分配方式。现阶段，电力的生产大多集中在特定的区域，再通过庞大的电网（实质上是一种有序的输电线路网）向外输送。比如，美国本土的 48 个州建设有三大电网——东部电网、西部电网和得克萨斯州电网。得克萨斯州独立运行自己的电网，旨在规避跨州的管制。世界上最庞大的电网是欧洲大陆的同步电网，它覆盖了 24 个国家。

大型电网的优点在于它们能够实现能源的互通，这有利于平抑需求的波动或补偿电力生产的不足。更大的电网也有助于整合间歇性的能源，例如风能和太阳能。自然界中的风能无处不在，因此一个广泛联合的电网可以将一种偶发的能源变成一种稳定的能源。太阳能的共享互通需要建设一个极其庞大的电网，才能将电力从全球日照充裕的地域传输到日照不足的地域，而这在本书撰写之时，尚无任何此种规划。

各类能源电网急需改造。现代化的电网可以更加智能，整合计算机技术和人工智能控制系统，以最佳方式协调供需和避免停电。改造工程还可以提高电网对抗日冕物质抛射甚至袭击的能力。

此外，改造后的电网能够更好地实现分散式的能源生产。这是能源基础设施的一个发展方向，它能对未来产生深远的影响。我们不必集中发电并向外输送，更多的能源可以在当地自产自销。这有诸多好处。首先，电力无须远距离传输，因此输电的损耗更低。现阶段，平均大约有 6% 的发电量在输电途中流失，而要维持这个比例，就需要采用高压传输降低损耗，而这会带来安全隐患。电力生产的本地化能够减少因输电线倒塌或其他故障引起的电力中断的概率。

其次，能源生产也会带来大量的废热排放，须采取冷却措施，但如在当地生产能源，则可充分利用废热进行取暖，甚至用于制造业。这能够显著提升能源生产的整体效率，尤其是在涡轮发电中，约有三分之一的能量以热量的形式白白浪费了。

不过，能源生产的本地化受制于电网的发展，需在当地建设变压器（调整电力的电压）来使电网接受本地生产的能源。现行的电网完全不适应大范围的分散式发电。举个例子，在一条街道上，能够安装屋顶太阳能板并将其联入电网的住宅数量是有限的，而增设能够容纳更多屋顶太阳能的变压器可能会代价昂贵（而且需要由屋主承担）。

所以，将电网级的能源储备纳入我们现行的电网系统是未来能源基础设施的一个关键要素。我们有多种形式的电网储备，如蓄电池、抽水蓄能、盐穴储能、飞轮储能、氢储能和压缩空气储能。其中，抽水蓄能和锂离子电池是最高效的储能方式（称为循环效率，即电力在转化为储能形态再还原为可用电力的过程中损耗的能量）。一些研究将目标转向了其他方向，例如堆积巨型的混凝土砖来储蓄势能。

电网储能正在全球各地高速增长，但它仍然只能满足极小一部分的能源需求。储能提供可快速调度的能源，即能够随时用于协调供需的能源，并且能够充分利用间歇性的能源，例如在日照充足时储蓄能源，在日落后的峰值负荷时段消耗能源。

储能对于那些不得不维持充足的能源容量来应付峰值负荷的公用事业公司来说是一个极大的优势，哪怕其一天只需要生产一小时左右的电力。启停发电厂可能不是一个高效之选，而且公用事业公司还会把效率最低的能源作为峰值负荷时段的最后选择。电网储能可用于"削峰"——在无须启动天然气发电厂的前提下满足电力的峰值需求。

✋ 未来的能源前景如何？

假定没有出现任何颠覆性的技术（我们将留待后文探讨），并且现有技术持续以同样的速率在其理论极限内实现逐步提升，那么到 21 世纪中叶，我们的能源基础设施可能会呈现何种状况？我们或许会选择的一条道路，也是我们如今大致踏上的一条道路，就是任由市场力量主宰我们的能源结构。倘若如此，我们恐怕会持续地从地下开采并焚烧化石燃料。这一状况在发展中国家尤为突出。

但从价格上来说，化石燃料已经不再是新能源的首选。随着储量和来源日益枯竭，化石燃料的价格也水涨船高。风能和太阳能乃廉价之选，且价格仍在持续下降，故它们在能源领域的发展最为迅猛。太阳能不仅是目前电力生产的最廉价之选，而且也是有史以来最便宜的能源。如果一家公用事业公司需要扩大能源供应，建设风能发电和太阳能发电系统是一个最经济的方案。水力发电和地热发电也颇具成本效益，但它们受到地理环境的制约，只能覆盖我们约 10% 的能源需求。

风力发电技术正不断提升，既提高了效率，又降低了噪声，还减少了对稀土等稀缺资源的依赖。例如，有一种垂直风力涡轮机的设计，它并非采用风车状的布局，而是将叶片竖直安装，围绕着中心支架转动。这种设计更加高效，而且可以密集排列，进一步提高了发电效率。

不过，核能的未来走向仍然扑朔迷离。它的启动成本高昂，但过去对核能衰落的预言都未能成真。核能行业正在研发一些小型模块化反应堆，这些反应堆的造价要比传统的反应堆低得多。此外，一些第四代核电站的建设计划已提上日程。这些核电站相比旧式设计更为安全，有的甚至能够避免熔毁事故，而且产生的核废料也大大减少。实际上，一些第四代核电站采用了快中子增殖反应堆设计，它们能够利用从旧式反应堆中再处理出来的乏燃料继续发电。

目前的核电站仅能利用铀燃料中 5% 至 6% 的能量。剩余的铀燃料转化为半衰期长达数千年的核废料，需进行安全存储。快中子反应堆能够有效燃烧这些废料，从铀燃料中提取高达 95% 的能量，并且剩余废料的半衰期仅为数十年。利用第四代核电技术，现有的核废料足以满足美国未来一个世纪的能源需求，无须再开采新的铀矿。

如果仅从市场力量的角度预测未来，我认为核能仍将继续发展下去，主要分布在发达国家，其发电比例或占据零至两成（视民众的认同度而定）。

除此之外，风能和太阳能还能走多远？它们在能源行业的普及程度越高，我们升级电网和增设电网级储能设施的需求就越迫切，所以这两种能源在未来的发展前景取决于各国对基础设施建设的投资意愿。这些间歇性的能源也会因为它们普及率的提高而失去成本优势，因为它们需要过量的装机容量。为了保证始终有一部分风力涡轮机在工作，我们不得不增加风力涡轮机的数量，这就导致每台风力涡轮机实际发电的时间占比下降。而且，当适合风力发电的场地被用尽后，我们只能选择次优的发电场所。

因此，在市场力量的参与下，核能或许将继续保持与今日相近的发展水平或缓缓衰落，风能和太阳能占据能源市场的50%到60%，其他可再生能源（如水力发电和地热发电）占据能源市场的5%到10%，剩余的则主要是生产可调度电力的天然气。大规模的电网储能或许主要依靠电池实现。这是对当前趋势的一种比较直观地推测。至于我们何时能实现这个目标，尚存一些不确定性，但一个比较合理的答案是30年到50年后。

然而，市场力量并非影响能源格局的唯一因素。更令人忧心的是气候变化带来的危机，而人们往往对此视而不见。各国日益将二氧化碳的排放视为化石燃料的外部成本。经济研究预计，到21世纪中叶，气候变化将导致数万亿美元的经济损失，我们也将面临气候难民的困境。

化石燃料也会导致污染，危及人类的健康。全球每年因此付出的医疗费用（也属于化石燃料的外部成本）高达数10亿美元，单是美国就要花费约 1 亿美元。尤其是，煤炭燃烧释放的放射性物质远超核能，而且其生产单位能量所涉及的死亡人数也居各项能源之首。

假如化石燃料公司不能再获得补贴，而必须支付其产品燃烧导致的外部成本，会怎样呢？据估算，2021 年全球化石燃料补贴高达 1 万亿美元。这样的政治决策会大幅改变能源市场的格局，使化石燃料失去成本优势，推动可再生能源和核能的发展。

核能的前景也与监管政策密切相关。新建核电站的高昂成本和漫长延期很大程度上是因为公众对核能仍抱有强烈的反感，这既源于过去几十年的反核运动，也源于对核废料储存的合理担忧。科学界则更倾向于支持核能，尤其是第四代核能技术。核废料其实是可以妥善处理的，甚至可以作为下一代反应堆的燃料。在所有能源中，核能拥有最低的碳排放量。

所以，2050 年至 2060 年的能源生产可能会随着我们共同做出的选择而大有不同，但我认为它会与我在上文的推测相吻合。这样的选择主要影响我们淘汰化石燃料的进程，而非是否淘汰它们。这样的选择也会决定核能在现有能源结构中的存续时间。有意思的是，在这样的发展趋势下，21 世纪的能源基础设施建设可能更多地取决于人类的政治决策，而非技术进步。因为后者相对平稳，且可以预测。

颠覆性的技术或者创新的能源生产方式会产生何种影响呢？为了充分利用太阳能，我们不仅可以扩大分散式屋顶太阳能板的规模，还可以在沙漠地区建设庞大的太阳能农场。

有人估算过，如果我们在撒哈拉沙漠铺上一层太阳能板，只需占据 1.2% 的沙漠面积，即 11.2 万平方千米，占地相当于一个 335 × 335 千米的正方形，那么我们就可以利用太阳能为全世界提供电力。但这只是一种理想化的假设，因为在实际操作上，还需要建造一个无比庞大的全球电网，以及充足的储能系统，才能保证夜晚也能为全球供电。这更像一个思维实验，用来估计为全球供电所需的具体太阳能。

但是，我们或许可以在全球各地的沙漠里建设数以百计的太阳能农场，这样更符合实际情况，尽管这也需要配套建立大规模的电网和众多的电网级储能设备。沙漠虽然显得寂寥无生，但其实也孕育着自己独特的生态系统，而规模过大的太阳能农场可能对此造成一定的破坏。因此，许多专家提出，我们不应该依赖任何一种单一的解决方案来满足我们的能源需求，而是要综合运用各种可行的低碳方案。我们可以从每一种能源形式中选择最易于实施的部分，而不是强求一种"一刀切"的解决方案。

关于太阳能，还有一种更激进的构想，即在地球轨道上布置太阳能板，收集能量，然后传输至地球上的接收站。这个构想并非空想，具有一定的可行性。在高轨道上，太阳能板可以不间断地接受阳光照射，工作效率提升 1 倍左右，而且阳光不会受到云层的遮挡。我们需要布置约 7 万平方千米的地球轨道太阳能板——数量虽然庞大，但地球同步轨道上仍有足够的空间容纳它们。能量可以通过微波或激光的形式传输至地球各地的接收站。

这一方案的缺点在于，将物体送上地球高轨道的费用极其昂贵，目前最低的收费标准也需 1500 美元 / 千克。在后文关于太空旅行的章节里，我们会看到人们正在努力大幅降低这一费用。但在这些努力取得成效之前，太空太阳能的方案在经济上不具备可行性。此外，一旦进入地球高轨道，地球静止轨道卫星就变得难以接近，因而也就很难维护。在进行任何成本分析时，都要考虑到每颗卫星的使用寿命和更换费用。这或许是下个世纪（22 世纪）才能实现的能源解决方案。

太阳能路面虽然在网络上引发了热议，但我深信，它们不会在任何时候——甚至永远不会——成为一种可靠的能源解决方案。在路面上铺设太阳能板完全没有意义。它们必须极其坚固耐用，能抵御划伤和磨损，能够经受除雪设备清理，但我们没有必要行驶在太阳能板上。

除了大规模投资太阳能之外，我们还有没有其他的能源选择呢？你可能已经发现，我在这一章中，除了提及电网储能外，没有谈到氢能。那是因为地球上的氢并不是一种能源来源。只有游离氢才是，但地球上几乎没有游离氢存在。如果我们将来能够从木星的大气层中采集游离氢，情况或许会有所改变。氢可能会成为一种新的"化石燃料"，被人类加以开采和利用。

然而，在人类仍旧居住在地球之时，我们不得不从水或其他含氢的分子中提取氢。这一过程虽耗费能量，但在氢与氧燃烧生成水时会回收一部分（并非全部）的能量。因此，氢可用于储存能量，并通过氢燃料电池产生能量，但正如我们在第 10 章关于交通方式的讨论中所指出的，氢燃料的效率不如锂离子电池。出于这个原因，电池似乎将赢得电动汽车竞赛的最终胜利。然而在氢燃料电池更加适用的小众市场，氢能也可能占有一定的份额。

目前有不少团队致力于"人工叶片"技术的研究，旨在利用阳光从水中提取氢气。如果这一技术能够落地，那么氢气可能会成为我们储存太阳能的一种重要方式。

钍能是另一种可能改变能源格局的新能源，一种公认的比铀更安全（也更难被用于制造核武器）的裂变反应。印度建造的钍反应堆已经投产，但总体而言，钍燃料循环的优势不及铀燃料循环。这种局面在未来可能会有所改变，尤其是当铀燃料供应日益减少时。钍在全球的产量较铀更为丰富，但主要分布在美国等特定地区，因此钍能的使用可能会受到地域性因素的影响。

生物质能或生物燃料也是一种值得关注的能源方式。许多生物材料，如植物残骸等，原本是无用的废弃物，但如果能将其转化为燃料，就可以为能源结构的丰富增添一份力量。然而，我认为这样的能源不会占据很大的比重，因为我们的土地资源已经紧张到仅够种植粮食，更别提用来生产燃料了。不过，还有一些研究致力于利用大型发酵罐培养细菌或酵母，而这些微生物分泌的化学物质可转化为燃料。如果这一工艺能够提高能源和空间的利用效率，它或许可以在某些应用场景中（例如喷气发动机燃料）发挥作用，但不太可能对我们的能源构成产生重大影响。

除了上述我们在近期内就能利用的可靠能源之外，还有一种极具颠覆性的能源技术，即核聚变，它的发展即将迎来重大突破。我们将它视为一种目前还不存在的未来技术。在后文探讨未来可能诞生并改变世界的新技术时，我们将对其进行详细介绍。

◎ 描写公元 2209 年的小说

玲（Ling）在旧金山的小巷里游走，她的举止从容，仿佛这里是她的故乡。她擅长躲避无处不在的无人机、监控摄像头和监控机器人。城市生活总是充满这些骚扰，但她总能找到一些角落，让自己暂时消失在人海中。

她唯一的伙伴格里夫（Grif）在她身边飞来飞去。格里夫已经愈发壮硕，玲不知道它是否还能保持飞行的状态。她给这只十千克重的猫咪装上了一双巨大的翅膀，但如果它再胖一点儿，就再也飞不起来了。

她若能赢得今天的奖金，就能购买更先进的基因算法和更充足的培养基。可是，她会不会舍得在格里夫身上花费这些钱呢？她自己还有许多梦寐以求的升级计划。她尤其渴望提升自己的神经元密度，但那需要花费一大笔钱。

她趁机钻进了一条小巷，沿着短短的楼梯走下去，穿过了一扇敞开的门。她只允许自己使用 AR 隐形眼镜这一种可穿戴技术，但即使如此，她也难免有些纯粹主义者–生物黑客的内疚。在看到脏兮兮的墙壁上闪烁着一些虚拟符号时，她坚信自己的选择没错。借助眼镜的力量，她明白自己已经进入了一个没有监视的区域，正向着目的地前进，而墙上的符号正是她破解沿途人工智能守卫的代码。没有这副眼镜，她连参赛的资格都没有。

终于，她走进了准备区，只见五十多个人齐刷刷地望向她。她是不是迟到了？AR 时钟显示她正好赶上了这场比赛，但从其

225

他人的神情可以看出，他们似乎已经等待了半天。人群自然而然地分成两派，一派是生物黑客，一派是赛博格。她走向自己的同伴，有人用爪子一般的手轻拍她的肩膀，表示鼓励；有人从竖缝似的瞳孔向她投去欣慰的目光；还有人用灵活的尾巴轻轻地环抱着她。但一些肌肉发达的黑客似乎不太懂得如何控制自己拥抱的力道。

格里夫跳上了它常坐的高处，玲则走向场地中央，迎接她的决赛对手。两人互相打量着对方，仿佛在评估对方的实力。

玲的对手名叫光影（Sleek），这个名字很贴切。她身高两米左右，身材高挑、皮肤黝黑，看不出有任何头发。玲一开始以为她戴着头盔，但仔细一看才发现那是一个可能连接着人工智能扩展装置的接口。她的四肢更像是合成材料而非肉体，背上似乎有一块辅助电源。

光影用闪烁的机械眼审视着玲。"你看上去不堪一击，"她的这句垃圾话既是一种赛前惯例，也是比赛本身，"我本以为你至少会有条尾巴。"她和现场的赛博格粉丝们讥讽地大笑了起来。

玲不去理会她，只是冷漠地耸了耸肩，装出一副很酷的样子。

一个年纪稍长、没有接受过改造的男子提着一台仪器走到两人中间，玲对这台仪器再熟悉不过了。他一言不发，只是向两人点了点头。玲和光影纷纷伸出前臂，男子依次将仪器贴在她们的前臂，分别留下了一道闪烁着光芒的印记。

"你们现在已经被系统定位，"男子尖锐的声音显得很不协调，"你们都清楚规则——必须通过三个路标，谁先回到这里，谁就是赢家。其他的，随你们便。"他特别强调了最后几个字，人群中立刻爆发出一阵欢呼和喝彩。

玲的眼前闪现出一层红色的光幕，AR 眼睛展示出当天的比赛信息——路标的位置、奖金的金额、对手的资料，以及之前的参赛选手创下的最好成绩。她看到有两扇门通往外面，其中一扇门上印着她的面孔。

就在这时，红色的光幕变成了绿色，比赛正式开始。两名选手从各自的门口冲了出去，朝着四分之一英里（1 英里 ≈ 1609.34 米）外的一条隧道奔去。玲用她强化过的肌肉全力冲刺，她的肌原纤维经过了重新排列，运动效率不俗；线粒体也经过了改造，密度更高。她的双腿在超强弹性肌腱的驱动下健步如飞。但是，光影在起跑阶段还是取得了领先。随着机械腿发出的嗡嗡声逐渐远去，玲意识到，她已经被对手甩在了身后。

但玲并不慌张。根据比赛一贯的规律，赛博格们总是一开始就占据优势。玲真正的强项是耐力，而赛博格们总是很快就耗尽了电量。她只要跟紧对手，就能在最后的关头反超对方。

眼看着隧道的尽头越来越近，玲开始迅速地寻找出口。远处的墙上只有一个小小的方形窗口。玲必须向前一跳，穿过那个窗口，但她并不知道另一边等待她的会是什么。光影已经跳了过去，而玲并没有听到她发出任何声音，所以应该没什么危险。

就在这时，玲向前纵身跃起，像潜水员一样伸直双臂，滑过了窗口……

第三部分

暂未出现的未来技术

探索未来可能性的途径之一便是研究科技史的发展趋势，然后我们可以据此尝试预测未来。但这种方法不能解释全新的或颠覆性的技术，以及改变我们与技术之间关系的社会变化。为此，我们最需要的是原始想象力，即受物理学、生物学和其他科学的基础知识约束和启发的想象力。

　　因为尚无相关概念加以验证，故而难以预测未来新技术。由于诸多原因，这些技术或许永远不会实现，不过，一旦它们成为现实，世界很可能就此改变，未来社会的发展也会受到巨大影响。因此，我们必须抓住机会，发挥想象力，探索那些可能会开花结果的未来技术。

　　许多技术皆萌芽于科幻小说，因此，科幻小说也可以像科学一样指引我们的未来。即使其中一些异想天开的技术仅限于小说情节，可能永远不会成真，但无论如何，我们仍然可以讨论其可行性，以及一旦实现后它们将产生的影响。

16
核聚变

绿色未来还是高价炒作？

聚变引擎（fusion engine）是科幻小说的主打内容，这是有充分依据的——如果我们想要穿梭于太空之中，在新的世界定居，并运行一个充斥着数字技术的世界，我们将需要一些可靠的方法来生产所需的巨大能量。如今，我们所生活的环境主要依靠化学能运转，并且向来如此，尽管我曾指出，大部分的化学能来自太阳。化学能，包括化学键的形成和断裂，均来自电磁反应。化学反应涉及电子间的交换，而这种键合通常存储约 1 电子伏特（eV）的能量。

化学能虽占主导地位，但核能——原子核中的质子和中子结合产生的强大核力——却是个例外。核反应会改变原子核中质子或中子的数量，因此它们可以释放的能量比化学反应大得多。这些核键可释放 1 兆电子伏特能量，比化学键的能量大 100 万倍。

相应地，有两种类型的核反应，即裂变和聚变。裂变指将质量较大的放射性原子核分裂成较小的同位素（中子数不同）或元素（质子数不同）。而聚变则指质量较小的原子核结合生成质量更重的元素，如将两个质子数同为 1 的氢原子融合生成一个质子数为 2 的氦原子。这就是太阳产生能量的过程，其威力之大可想而知。

因此，核燃料的能量密度比化学燃料高许多。例如，1 磅铀产生的电能是 1 磅煤的 1.6 万倍。这还是保守数据，但只有 0.7% 的铀矿石含有可裂变的同位素。如果将这种同位素进一步提纯，单位质量所产生的能量将是煤的约 200 万倍，其中不包括与燃煤发生反应的氧气质量。在宇宙飞船上，你必须携带氧气和燃料，这一能量密度比可能接近 1000 万 : 1。

换种方式解释：铀 235 的一次裂变反应释放约 200 兆电子伏特（1 兆电子伏特等于 1×10^6 电子伏特）的能量，而化石燃料中的碳和氧之间的一次反应仅释放 4 电子伏特的能量。

而单位质量聚变释放的能量更大。氢原子通常以同位素的形式存在，仅有 1 个质子，无中子。氘和氚均为氢的同位素，分别有 1 个中子和 2 个中子。如果将 1 个氘原子和 1 个氚原子聚变，就可生成 1 个氦原子（有 2 个质子和 2 个中子），最后余下 1 个中子，以及聚变反应产生的 17.6 兆电子伏特能量。这一过程虽比不上裂变释放的能量，但铀燃料比氘或氚燃料的质量更重，这意味着，聚变释放的能量是裂变的 10 倍以上。

让我们开始接下来的实验——使一些氢原子相互碰撞，从而产生巨大的能量。然而，还有一个障碍，由于质子带正电，碰撞过程中会产生静电，故而原子间相互排斥，形成库仑力。因此，必须将这些原子压缩，使各原子的距离为 10^{-15} 米，其间的核力才能使之相互结合。

为此，两个氢原子的原子核必须以每秒 2000 万米的速度相互撞击。在同种物质中，单个原子的运动速度基本是其温度，故上述速度相当于 50 亿摄氏度（温度极高）。太阳核心温度只有约 1600 万摄氏度，这反映了其中所有原子的平均速度。如用分布曲线表示原子核的撞击，那么在曲线上端，大量氢原子快速移动，足以维持核聚变反应。

热量也会产生压力，所有的热氢原子都向外挤，想要彼此分离。恒星之所以能聚在一起，是因为恒星之间有强大的引力——恒星核心的引力和热量足以使氢原子聚集，从而聚变生成氦原子，该过程会产生巨大的力量。

由此引出一个问题，即如何在地球上引发这一反应。我们已经利用氢弹（热核弹）实现了这一点——通过引爆裂变弹，氢弹得以产生触发核聚变所需的热量和压力。核聚变爆炸不可控且可以自我维持反应，足以造成巨大破坏。

将氢弹核聚变产生的能量用以安全发电的过程不具有可行性。我们需要研究出可控且持续的核聚变反应，而不会引爆或熔化一切。数十年来，科学家们一直在紧锣密鼓地推进这一项目。我们最终拥有的会是真正的核聚变发电厂吗？

👆 核聚变发展史

1920 年，英国天体物理学家亚瑟·爱丁顿（Arthur Eddington）首先提出了恒星的能量源于氢与氦的核聚变这一观点，后经理论物理学家和天文观测得以证实。26 年后，即 1946 年，首个核聚变反应堆的专利在英国诞生，申请者为乔治·佩吉特·汤姆森（George Paget Thomson）和摩西·布莱克曼（Moses Blackman）。二人设计了一种"挤压"法，即让电流通过氢的热等离子体，从而产生磁场，等离子体由此被"挤压"成一条细线，以期这一过程产生的能量足以引发核聚变反应。

1951 年 3 月 24 日，阿根廷总统胡安·庇隆（Juan Perón）宣布本国已研究成功可持续反应的氢核聚变，该成果曾被视为核聚变技术的另一里程碑，但后来被证明是一场骗局。庇隆称，这一突破将是"对未来生活的超越"。媒体也对此进行了报道，随之引起轰动。公众似乎认为，这一研究成果具有可靠性，毕竟其诞生于核裂变技术发展之后不久。但事实证明，庇隆宣布该成果的时间比原计划提前了约一个世纪。然而，在这一骗局被揭露之前，美国、苏联、法国、日本和英国政府已然因此感到恐慌，于是他们决定，必须在核聚变研究方面投入资金，否则就会落后于人。

同年，就在"阿根廷骗局"发生两个月后，正在后来被称为普林斯顿等离子体物理实验室（Princeton Plasma Physics Laboratory）工作的物理学家莱曼·斯皮策（Lyman Spitzer）提出了一种可行的核聚变反应堆设计思路，并称之为"仿星器"（stellarator）。"仿星器"由闭合管和外部线圈组成，该闭合管呈扭曲的"甜甜圈"形，利用强大的外部磁场将氢等离子体约束其内，至一定程度时，可产生引起核聚变所需的热量和压力。

"仿星器"的设立理念主导了西方接下来 20 年的核聚变研究。斯皮策可以证明其可行性，即设计中的磁场能容纳等离子体。然而，等离子体极易泄漏，因此发生核聚变反应的速度缓慢。最终，斯皮策得出结论，"仿星器"永远不会成功，于是，人们关注的重点转向对等离子体物理学的基本理解，而非专门研究如何引发核聚变。

实际上，直至 1958 年，实验室才首次实现可控核聚变——在斯库拉反应堆（Scylla reactor）中，科学家利用 θ 箍缩技术进行磁约束，将等离子体压缩成细丝状。这同样是核聚变研究的重大里程碑，但人们很快便弃之不用，因为这一方法无法应用于工业生产。

20 世纪 50 年代，由苏联物理学家伊戈尔·塔姆（Igor Tamm）和安德烈·萨哈罗夫（Andrei Sakharov）提出的托卡马克设计继续推进核聚变的发展。托卡马克设计同样是一个磁约束等离子体的环面设计，但其几何形状有所调整，以解决箍缩设计和仿星器的限制。起初，斯皮策和其他西方科学家并不相信塔姆和萨哈罗夫的测量结果，于是苏联邀请英国科学家亲自测量。最终，苏联科学家的设计理念得以证实，并由此引发了大量针对托卡马克反应堆的研究。如今，在持续核聚变领域，科学家们仍主要运用该设计。

至 20 世纪 70 年代末，世界各地已有数十个可产生可控核聚变的托卡马克反应堆原型，并向着下一个被称为"燃烧等离子体"（当核聚变产生的热量促使更多核聚变时，就会出现燃烧等离子体）的重大里程碑缓速迈进。燃烧等离子体是通往核聚变点火的一大进展，在此过程中，等离子体自我维持聚变，无须进一步的外部能量输入。点火或为实现可控核聚变的必要条件，其间不仅发生核聚变，产生的能量也多于最初核聚变所需的能量。产生容纳热等离子体所需的巨大磁场需要大量的能量，由此引发的核聚变反应会生成大量的热量，这些热量可以产生蒸汽，而蒸汽又能带动涡轮机发电（与所有现代发电厂的发电原理相同）。然而即使这个过程具有可行性，如果其间消耗的能量超过可产生的能量，那么就能源生产而言，整个项目毫无用处。

高温超导体是一种无电阻导电材料，可以消耗较少的能量制造强大的电磁场，之后的数十年里，其发展改变了磁约束反应堆的运行原理，使产生多余能量的核聚变成为可能。

与此同时，惯性约束崭露头角。氢等离子体并非利用磁场限制，而是经物理压缩。1960 年，约翰·纳科尔斯（John Nuckolls）首次提出惯性约束的概念，同年第一台可正常工作的激光器制造成功，为惯性约束的实施提供了条件。然而，这种方法有着与磁约束相同的问题，即需要大量的能量产生所需的高功率激光束。

1965 年，劳伦斯利弗莫尔国家实验室（LLNL）建造了首个惯性约束聚变反应堆，其包含 12 束激光和一个直径 20 厘米的靶室，镜子则用于照亮靶丸的整个表面，而表面产生的热量可引爆靶丸，压缩其内部物质，因此该反应略像氢弹爆炸。

这是惯性约束聚变实施的直接方法。另一种间接方法则在稳定性方面具有若干技术优势，但需要较高的材料费用。例如，激光束用于加热重金属（如金）的外层，直至达到可发出 X 射线的程度，X 射线又可轰击燃料，从而产生热量。

基于上述研究，1997 年，劳伦斯利弗莫尔国家实验室建造了美国国家点火装置（NIF），这是一个激光引燃的惯性约束聚变反应堆。该设计采用 192 束激光和一个豆大的黄金容器，被称为环空器（hohlraum）。就惯性约束聚变反应堆设计而言，美国国家点火装置仍为最前沿的技术。2014 年，其反应堆在聚变中产生的能量多于燃料本身吸收的能量。这并非完全的净能源生产（整个过程仅释放总能量的 1%），因为在此过程中还有其他能量损失，但这一装置离最终的目标更近了一步。美国国家点火装置或许还是世界上最接近点火的反应堆。2021 年，该装置实现了燃烧等离子体，将产生的能量增加到反应总能量输入的 70%，这是惯性约束聚变反应堆具有可行性的重要佐证。

在我撰写本文时，尽管科学技术处于稳步发展中，但并未有任一托卡马克反应堆实现净能源生产。英国的欧洲联合环流器（JET）采用托卡马克反应堆设计，仍保持着核聚变产能的世界纪录——在 2022 年的持续核聚变中，平均 5 秒内可产生 11 兆瓦的能量，主要形式为释放中子。欧洲联合环流器属于实验反应堆，目前用于实验，以帮助科学家设计出可实现点火的较大反应堆。如今，科学家们一致认为，为实现点火目标，需采用更大的反应堆，并达到一个正常运转的发电厂的规模，而非一个基于实验室的原型。

为此，国际热核聚变实验堆（ITER，最初代表国际热核能源反应堆，后来决定该名称仅指拉丁语中的“路”）——一个由 35 个国家参与的国际合作项目——就此开启，参与国包括美国、俄罗斯、中国和数个欧洲国家。该项目诞生于 1985 年，但直至 2020 年才开始建设。国际热核聚变实验堆项目有望成为第一个托卡马克反应堆，即不仅能产生持续的核聚变，还能达到净能量，并真正为电网发电。然而，该项目也面临着一些竞争，比如麻省理工学院的 SPARC 托卡马克反应堆，其先进的超导体和强大的磁体使反应堆的体积大幅减少。

技术障碍依然存在。就磁约束而言，磁体设计和超导材料的不断改进使经济聚变成为可能，但也需要对等离子体的流动进行高度控制。而惯性约束，其主要的技术壁垒在于激光束的功率和效率，这方面虽在不断提高，但类似的控制和工程问题仍然存在。

工程师们还需解决如何在不干扰持续核聚变的情况下吸收热量以运行涡轮机的问题。国际热核聚变实验堆项目计划用一层材料墙包围反应堆，以吸收聚变反应中释放的中子（聚变反应产生的能量有 80% 将被吸收），从而加热材料，经水冷却后，产生的蒸汽可驱动传统涡轮机发电。

👆 核聚变的未来

那么，我们距离可产生净能量、可控、可持续的核聚变还有多远呢？国际热核聚变实验堆会优于美国国家点火装置或其他反应堆吗？我们可以一如既往地将这一问题分解成几个更具体的问题：从技术上讲，商业核聚变具有可行性吗？是否具有实用性？能否产生成本效益？

通常情况下，第一个问题可能最容易回答。事实证明，核聚变发电在技术上比最初设想的要困难得多。多年来的失败使得人们常常开玩笑道，利用核聚变发电还需要 30 年，且永远需要 30

年。但不可否认，科学家们仍取得了长足的进步。国际热核聚变实验堆的计划发电量为 500 兆瓦，预计将于 2025 年后投入使用。DEMO 是商业核聚变发电厂的原型，计划于 2040 年建成。若情况乐观，到 2050 年，我们或许可利用商业聚变反应堆产生净能源。

至此，唯一能阻止核聚变发展的因素只有国际热核聚变实验堆和美国国家点火装置双双失败，以及更多相关投入陷入中断。但这不太可能发生，毕竟我们已行至此处，且目标近在咫尺。更具说服力的是，技术本身不会成为限制因素。

谈及核聚变能源时，实际考虑和经济可行性才是真正的变量。正如前一章所讨论的，我们必须考虑清楚，当核聚变反应堆开始运行时，整个能源基础设施的发展结果：集中能源和分散能源各有多少？能源网络的强度是多少？电网存储有多少？对基本负荷能源生产的需求将会有多大？

至少在聚变先生 "Mr. Fusion"（科幻电影《回到未来》中的"家用核能反应堆"，可通过核聚变将生活垃圾转化为能源）发明之前，核聚变仍是一种大型集中的基本负荷能源生产方式。因此，其效用将取决于未来能源的需求量。

核聚变的成本效益也取决于多种因素，核聚变本身的成本只是其中之一。随着科学技术的发展，成本可能会下降。据预测，如果情况乐观，核聚变发电的成本可能是核裂变的 4 倍，但这并未考虑到裂变技术也在不断改进的事实。我们不能将核聚变与如今的替代方案进行比较，而是必须在将来核聚变行之有效时，同那时的成本比较。

氚的成本可能是制约核聚变成本效益的因素之一。目前，大多数核聚变项目（比如最近的欧洲联合环流器实验，创造了核聚变产生能量的记录）会将氘和氚聚变生成氦。氘十分易得，但氚恰好相反，主要因其半衰期很短，仅为 12.3 年。因此，核聚变能源的成本取决于我们能否找到一种生产足量氚的廉价方法。国际热核聚变实验堆项目计划在核聚变反应堆周围包裹锂，当锂被中子轰击时会产生氚。如若实验成功，那么核聚变反应堆就可以自己产生氚，或许有利于降低成本。

核聚变发电的潜在优势之一是相对清洁。核聚变能源生产本身的唯一副产品是氦，这是一种有利用价值的元素。如此一来，这个发电过程既不会产生温室气体，也无须长期储存核废料。但这些好处所产生的价值有多大呢？如不考虑采矿的环境成本、污染对健康的影响、环境补贴和气候变化的外部成本，烧煤更划算。

那么，我们会否在 21 世纪下半叶见证核聚变能源的大量生产？就如同抛掷硬币一样，一切皆有可能。从技术上讲，我们或许可以实现这一目标，但太阳能和蓄电池格栅存储等其他方式相对廉价，核聚变能源可能因价格昂贵而被市场淘汰。或者，大型基础负荷生产（能源电网所需的最小电量，通常由大规模生产满足）可能会继续存在，核聚变将被视为比核裂变或化石燃料更好的选择。

核聚变技术可能会继续发展，并受益于材料科学、超导性和先进电子学的进步。因此，在更遥远的未来，占地更小、生产更高效的核聚变反应堆很可能会成为现实。核聚变还可能成为太空旅行的最佳选择，或者在无法产生风能和太阳能的地方为外星空间站供电。

核聚变功率也可以通过融合不同的元素加以提升。其中一个可能性较大的选择是融合氦-3 和氘，或许比采用氚更为容易，而且整个过程中浪费的能源更少。但是，该选择也存在限制因素——氦-3 极易挥发，会从土壤中逃逸到大气层，因此在地球上无法大量供应氦-3。然而，月球表面可能富含来自太阳风的氦-3。氦-3 虽被地球的大气层阻挡，但这并不影响其撞击和积聚在月球表面。因此，开采氦-3 不仅可以为月球空间站提供燃料，还可以成为一个利润丰厚的月球产业。

由于核聚变能源的比能比任何其他选择都高，在未来的能源选择中，它很可能以某种形式发挥作用。唯一可能比核聚变更强大的能量形式是物质-反物质湮灭。当发生这种情况时，所有物质的质量均转化为能量。该过程虽能释放大量能量，但其中可以利用的能量有多少则是另一个问题。

以反物质为基础能量的问题在于，由于没有自然产生的反物质供应，需要大量的能量才能创造和储存反物质（切记，反物质不能与常规物质接触）。据估计，通过此法，只能收回投入能量的一亿分之一。

任何基于反物质的能源技术，或者其他质能转换的方法，都不能从现有的技术、甚至现有的物理知识中推断得出。其他更奇特的能源生产方式，如利用黑洞的巨大引力产能，则更多是一种猜想，充满了不确定性，可能在遥远的未来才能实现。零点能量或冷核聚变的概念不切实际，仍然属于伪科学的范畴，我们将在

第 25 章对其进行讨论，请拭目以待。这些能源还属于科幻小说的领域，在这一点上，我们只能说，任何这样的理论技术在未来都充满了无限可能。目前，利用核聚变发电是最好的选择。

核聚变发电将跨越那道门槛，成为大规模实用型和经济型能源生产方式，这一趋势似乎不可避免。变量在于实现核聚变发电所需的时间——即使不在 21 世纪，也很可能是在 22 世纪。一旦这道门槛被跨越，核聚变发电可能会取代其他任何大型集中的能源生产方式，如化石燃料发电、核裂变发电、水力发电等。随着技术的进步，核聚变技术将占地更小、成本更低、效率更高，至少在地球上，这一技术甚至可能会取代太阳能或风能，因为其占用的土地更少。太阳基本上算是太空中一个巨大的核聚变反应堆，可喷发免费能量，但太阳能只能用于分布式的小型发电。大部分能量可能均来自核聚变，尤其当我们进入太空时，这一点将更为明显。

因此，在未来的几个世纪或数千年里，核聚变完全有可能在长期竞争中成为佼佼者，仅需寸土空间便能产出大量清洁能源。在未来人类历史的绝大部分时间里，核聚变很可能会占据主导地位，核聚变所需的空间更小，并且会更强大、更可靠、更高效。核聚变技术或许能让我们进入 I 型文明俱乐部。

17
成熟的纳米技术

无论好坏，纳米技术都将使我们的世界发生翻天覆地的变化。

纳米技术通常被认为是遥远未来的终极技术，可以赋予人近乎神一般的力量，解决无数的问题，取代其他技术。这种夸张的说法会引发合理怀疑，但是纳米技术究竟是什么，可信度有多高，以及未来何时能够实现？

纳米技术指在纳米尺度范围（1 纳米为 10^{-9} 米）内对物质进行的任何操作。这是分子级大小——DNA 链的直径约为 2.5 纳米（nm）。就尺度比例而言，假设一块大理石的直径为 1 纳米，那么整个地球的直径就是 1 米。

1959 年，物理学家理查德·费曼（Richard Feynman）在其演讲《微纳间亦有广阔天地》（*There's Plenty of Room at the Bottom*）中提出了在纳米尺度上操控物质的想法。但"纳米技术"一词是由日本科学家谷口纪男（Norio Taniguchi）创造的，专指半导体制造业。1986 年，麻省理工学院的科学家埃里克·德雷克斯勒（Eric Drexler）出版了一本书，名为《创造的引擎：即将到来的纳米技术时代》（*Engines of Creation: The Coming Era of*

Nanotechnology），使得"纳米技术具有潜力"的观点真正盛行。在该书中，德雷克斯勒介绍了纳米机器的概念，比如组装机除执行其他构建任务外，还可以自我复制。

此后，一些公司对"纳米技术"一词进行了某种程度的扭曲，因为他们希望将自己的产品营销为尖端的高科技产品，只因采用了纳米技术。因此，一般的纳米技术用法从理论上扩展到包括任何具有纳米级成分的组件。正如我们在第 11 章材料科学中所讨论的，这可以包括许多具有纳米级特征或由纳米颗粒制成的材料。纳米技术也可以用来制造计算机芯片等，它们理所当然地具有纳米级特征。2016 年，劳伦斯伯克利国家实验室（Lawrence Berkeley National Labs）制造出了尺寸仅为 1 纳米的晶体管。

"纳米技术制造"的标签变得和营销术语"太空时代技术"一样普遍。从技术上讲，1957 年人造卫星发射后的所有发明均属于"太空时代"。于是，纳米技术爱好者创造了术语"分子纳米技术"（MNT），用于指纳米级的机器，而非仅具有纳米级特征的物体。

目前，"分子纳米技术"并未真实存在。早期研究试图推导出一些可在纳米尺度上工作的机器的基本原理，如微型马达、齿轮和杠杆，但目前尚未应用。

☝ "分子纳米技术"的合理性

在理论上，纳米技术可能听起来行之有效，但在现实世界中根本行不通。试想，我们是否有任何早期成功的或现实世界的案例佐证纳米技术的概念？

一些纳米技术爱好者则以生命为例。可能有人会说，在亚细胞水平上，人体内就有纳米机器，其大小等同于使细胞发挥功能的细胞器。那些将 DNA 解开、以信使 RNA 为模板合成的蛋白质或位于细胞表面的蛋白质都属于纳米机器。事实上，一些科学家认为，如果我们想要制造纳米机器，就应该利用生命的这些基础设施。既然可以利用 DNA 编码制造机器，为何还要亲自造一台呢？这一观点见解独到，但它更能解释纳米技术和生物技术为何应共同发展，而非从中择其一。

不过，生命案例表明物理定律允许纳米机器运行。在不同的尺度上，物理定律发挥的作用也不同。这就是为什么苍蝇可以在水面上行走，而大螃蟹却不能——相对于蝇翅，水的张力影响更大。基于对宏观尺度的理解，当我们开始设计和制造纳米机器时，可能会发现物体在纳米尺度上的行为轨迹不同。

布朗运动就是其中一个例子——流体中的小颗粒（如空气中飞舞的尘埃颗粒）在受到流体分子随机方向的轰击后所做的随机运动。我们可以忽略宏观尺度上的布朗运动，但其在纳米尺度上却不容小觑。

然而，物体在纳米尺度上的不稳定行为可能是其运动过程中的一个障碍，而非终结。我们需要掌握机器在此种尺度量级下的行为方式，这可能意味着，开发分子纳米技术所需的时间比早期乐观主义者所预测的更长。但面对这些问题，我们似乎并非束手无策。

现实世界中也有案例可以证明纳米技术的概念，但对于该技术而言非常原始。1988 年，IBM 的苏黎世研究所利用扫描隧道显微镜（scanning tunneling microscope）将 35 个氙原子拼成字母"IBM"，这表明原子级控制具有可能性。然而，我们能否顺畅操控纳米机器以完成我们想做的事情，仍然是一个问题。例如，我们如何让机器小爪勾住分子，把它移动至我们想要其去的地方，然后将该分子和其他分子组装起来？此外，我们如何阻止纳米机器做我们不想让其做的事情？

这里提供几个解决方法。一种方法是设计纳米机器，使之遵循简单的重复操作，总而言之，该操作可产生理想的宏观效果。这需要类似昆虫的智能水平——蜜蜂如何建造结构复杂的蜂巢？没有蜜蜂指导这一过程，每只蜜蜂都遵循一个简单的算法而行动，并不断重复，就会造出蜂巢。对于建筑材料或简单的形状或设计而言，这一方法十分可行，但其本身无法生产复杂的机器。当然，可以运用一系列纳米机器，每一个机器都按序完成各自的工作，从而打造最终的设计。

另一种方法则是拥有更大的纳米机器，也许在 100 纳米以内，足以具备实际的计算能力。这些机器可以执行更复杂的指令，甚至可以指挥小型纳米机器。这将是一个由不同大小的纳米机器组成的生态系统，共同完成一个复杂的过程。

此外，我们还可以采用一种外部控制形式，比如利用磁场或激光束移动纳米机器。这些磁场或激光束可通过宏观的超级计算机加以协调，而纳米机器人则是被动的无人机。

我们可能会发现，将这些方法组合使用才是最优选。控制纳米机器是一项挑战，但并非不可能。

👆 潜在应用领域——制造业

最终，我们会弄清楚如何制造各种纳米机器并精确控制它们。这是何意呢？威廉·鲍威尔（William Powell）是美国宇航局戈达德太空飞行中心的首席纳米技术专家，36岁英年早逝，他曾就此发表过一句名言："纳米技术就是原子量级的加工制造。"

一些专家将纳米技术称为"机械合成"，以区别于化学合成。在化学合成中，分子通过随机热运动相互接触而附着在一起。而机械合成可在原子量级下进行，且分子会精准地附着在特定的受体位点上。最后，这些分子通过相同的化学力结合在一起，但机械合成可以实现原子级的精确度。

因此，先进的分子纳米技术显然可应用于制造业——通过该技术，原材料可直接转化为高级材料（如织物、金属、塑料、树脂）或成品。理论上，即使在原子水平上，由此产生的产品仍可以达到完美无瑕，甚至可以具有传统制造技术无法实现的内部结构。如此一来，诸多问题便可迎刃而解，比如制造无缺陷石墨烯。

随着我们推演纳米制造的过程，我们最终会发现，仅原材料、纳米机器、能源和设计为必需项。在这四个条件的帮助下，你甚至可以重新建造一座城市——垃圾将成为原材料以及原子和分子的来源，任何东西都可以回收再利用。

首先，可能会出现纳米工厂，使用昂贵的纳米机器和系统进行集中生产。纳米制造可能不会立即取代其他形式的制造方式，相反，其将对更传统的方法进行补充，并与先进的3D增材制造（即3D打印）和数控机床（CNC）加工共同发展。每种制造方式都将发挥其长处，工厂甚至可以结合所有方式为己所用。

然而，极其先进的纳米制造技术有可能取代其他所有制造方式，就好比《星际迷航》中的复制器，只需放入一张包含指令的单色卡片，想要的物体就会出现。（在《星际迷航》中，复制器还使用了传送器技术，但我们暂时忽略这一点。）

纳米制造也可以去中心化，直到每个家庭都拥有一个纳米机器作为标准设备。到那时，除原材料和设计外，人们再也无须购置任何东西了。与 3D 打印一样，纳米技术所需使用的设计可能也是开源的，但如果想要最新的小玩意儿或私有艺术作品，则需要支付租金，以获取使用单个设计的权利（或根据所需数量而定）。很可能在很长一段时间内，或许是无限期，手工制品仍有市场需求。然而，在某些情况下，复制品的做工也将毫无瑕疵，甚至能"以假乱真"。

最终，我们的社会将会没有垃圾和废弃物，加工制造简单易行，人们可以根据自己的心情，不断重建环境，更换家具和电器。纳米技术将使现实世界的特征越来越数字化，就像改变电脑屏幕上的图片一样容易，并将颠覆目前的经济现状。

科幻作家瓦利斯·乌姆布拉（Valis Umbra）描绘了一个拥有纳米技术的未来，他想象道：

> 它将改变一切。我们将不再需要政府和企业。金钱、财富、特权，我们的经济和社会体系以之为基础的概念将变得毫无意义。当每个人都能打造自己需要的东西时，金钱还有何用处？

👆 医学领域的应用

纳米技术在医学健康领域也有着潜在的深远影响。细胞的运作量级为纳米尺度，因此，如能设计出在细胞尺度上发挥作用的医疗器械，那么医学发展将进入新的时代。我们可以想象一些简单但功能强大的应用，例如在不久的将来，微小的纳米机器可以沿着人体动脉爬行，清除所有堆积的胆固醇斑块。

使用越来越小的器械进行纳米手术也可能是该技术的早期应用之一。起初，纳米手术可能会使用传统的方法，如缝合和烧灼，能在很小的范围内保证绝对精确。同时，纳米手术不会留下任何切口。有的手术采用小型摄像机进入人体，大切口留痕的概率大幅降低，此外，创伤性手术得以减少，恢复时间也有所加快。如果仅通过针头注射纳米手术机器就能达到同样的效果，会有何结果呢？想想电影《神奇旅程》（*Fantastic Voyage*）中的情节，只是在现实中，置于微缩潜艇中进入人体的不是医生，而是微型机器。

这些纳米医疗机器人可以包括各种各样的器械，比如微型摄像头，人们可以看见其在人体内的位置，并可视化解剖结构，甚至可以创建 3D 扫描图像，将结果发送至控制纳米手术的外部计算机上。有了在纳米水平上的精细控制，一切皆有新的可能，例如，可通过此法切除癌症肿瘤，而无癌细胞残余。

细胞水平的纳米修复是在此之上的一个阶段，即用微观修复取代宏观［医学术语称为"肉眼"（gross）］手术。纳米修复精确度高，安全性强，可以重新连接肌腱，修复撕裂的结缔组织，或修复受到微观损伤的血管或器官。在此之后甚至还有亚细胞修复，即通过清除积聚的有毒蛋白质、修复功能故障的细胞器和改变细胞表面蛋白质的功能从而修复单个细胞。最后，在分子水平上，纳米机器可以修复 DNA，延长端粒（随着年龄的增长而缩短的染色体末端），并修复因疾病或衰老而产生的大部分细胞损伤。

　　细胞和分子水平的纳米医学不仅具有治疗疾病的潜力，甚至还能使失去的肢体或替代器官恢复活力甚至再生。至少，纳米医学或可治愈许多目前暂无疗法的疾病和生理失调。它可以大幅降低手术的侵入性和创伤性，且精准度高，更易成功，此外，还可以修复损伤，延长人体保持高功能和健康的时间，并有可能延长寿命。

　　最后一点仍有争议——即使采用了成熟的纳米医学，延长人类寿命的最终潜在因素是什么？届时，人体所有的系统都近乎崩溃，根据计算，要想长期防止这种情况并不现实。大脑衰老也是一大问题，一旦替换大脑，原来的人体就等同于死亡。大脑健康与否或为延长寿命的最终限制因素，这就又绕到脑机接口以及将人体神经功能移植到机器上的技术。

☜　可编程物质

　　纳米机器不仅可以用于制造物体，还可以成为物体本身。一些纳米科学家提出利用微型纳米机器制造高级可编程物质的想法，这些机器有时被称为 foglet（因其形成了一团雾状的微型机器），其大小在 100 纳米以内，不会通过改变物质以创造物体，而是相互连接形成各种物体。

以建造房子为例。假设土地已备好，或许还打下了坚实的地基，此时，适量的可编程物质将会被输送到地基上。随后，可以通过控制界面（可能为虚拟现实环境）下达指令，让 foglet 形成房屋以及各种小部件（包括家具、固定装置、艺术品、电器等），通过该技术形成的房屋可以随意改变模样。

我不会在此陷入未来主义的谬论，即假设我们只会使用先进的技术复制现有的功能，比如一个房子。基于 foglet 设计的住宅可以呈现出传统技术无法实现的新形式和功能。例如，也许这类房屋不会有门，因为必要时，只需在墙上合适的位置创造一个开口即可。foglet 还具备互动功能，比如引导客人至理想的位置、管理宠物进出、诱捕潜在的入侵者、提供急救措施，等等。

同理，foglet 还适用于交通工具，尽管实际上它算不上交通工具，只是由 foglet 构成的一个背包或一件行李，可以随身携带，并可以命令其形成人们所需的任何物品。它可以是各类工具、各种设备以及个性化的交通方式。想象一下，乔治·杰森（George Jetson）把他的飞行汽车折叠成一个随身携带的公文包，或许某天这会成为现实。

服装也可以进行类似的编程，即根据需求更改衣服的任何属性，如颜色、质地、厚度、防护级别和绝缘程度，当然还包括风格样式。经编程后，foglet 可以是盔甲、潜水服、降落伞或必要时作为呼吸面罩，甚至还可能是一件宇航服，这对于那些住在月球或火星上的人们而言的确很方便。

人们可能需要不时地补充 foglet 供应，或者将其升级，理论上讲，foglet 也许是唯一的必需品。可编程物质很可能不会变成任何物品，比如复杂的机器、计算机、电池等。因此，具有特定功能的单独模块可能会与可编程物质集成。当然，这些可能均由纳米制造，包括可编程物质。

纳米技术的风险

同大多数技术进步一样，新功能可以带来益处，也存在风险。随着技术发展到顶端水平，这些风险也将变得极端。根据科幻作家和科学家的想象，纳米机器人面临的主要风险就是失控。

引发大动乱的一个潜在错误可能就发生在自我复制的纳米组装程序中。人们可以设置保护措施以限制复制生成的数量，或者其密度或总数，但是复制过程中的偶然错误（于纳米机器而言）可能会绕过这些保护措施，从而无意中产生新的能力。

人们有时称之为"灰雾场景"（gray goo scenario），即一个自我复制的纳米机器人失去控制后，其复制的数量呈几何级数增长（例如，纳米机器人的数量每分钟增加一倍），直至最终整个地球表面都覆盖着纳米机器人，变成一种称为"灰雾"纳米机器人的天下。

如果地球上覆盖着很多纳米机器人，并且引导它们制造物体的指令以某种方式突破了规定的限制，那么可能会出现类似的场景。在此情况下，未来访问地球的外星人可能会发现整个地球表面都被回形针覆盖着，深达 20 米。

在纳米战争中，纳米机器专门用以摧毁敌方基础设施，甚至可能杀害敌方战斗人员，这一担忧具有现实意义。无须想象便能发现，这期间可能会出现多么可怕的错误。因此，我们应一致反对纳米战争，就像禁止制造赛隆人 [①] 一样，切勿走到这一步。然而，滥用和恶意使用纳米技术，其后果可想而知。瓦利斯·乌姆布拉再次认为：

> 如果下一代纳米技术可用于医学，在人体内部修复器官和组织，那么人们也可以轻而易举地将其编程从而破坏人体，这项技术便成了暗杀的终极武器。
>
> 试想，大量的纳米机器涌向目标，或如病毒一般被人体吸入，或跟随食物和饮料被摄入体内，最后造成致命的出血或损伤，导致看似自然原因造成的死亡。

👆 更加遥远的未来

假设我们在纳米战争造成的世界末日中得以幸存，鉴于纳米技术已历经数千年甚至数百万年的改进和完善，它最终会何去何从？我们可以推测，机器越小，其对物质的控制就越精细。除纳米技术外，还有皮米（10^{-12} 米）技术，即可以在质子和中子量级上操控物质，而飞米（10^{-15} 米）技术可以在亚原子水平上操控物质。

---

① 一种虚构的生化人种族，出自科幻电视剧《太空堡垒卡拉狄加》系列。——编者注

上述观点最终体现的是普朗克技术，即我们不仅可以操控物质，还能操纵时空本身存在的基本尺度。普朗克长度好比现实世界中的像素大小，是已存的极限颗粒尺度。如果理论上可行，那么在普朗克尺度上操纵现实世界，将赋予我们几近无限的权力和对已存物质的控制。

除抽象化外，我们还无法真正概念化普朗克技术水平，也许存在比人类文明先进数百万年的外星文明可以在此水平上运作。希望彼为善类。

18
合成生命

生物和机器之间的界限正变得越来越模糊。

我们能够利用知识和科学技术操控生命体，而对这种能力的终极考验，不仅在于改变现有生命的能力，还有创造完整合成生命的能力。试想，从头到脚设计并建造一个全新的生物体，这个生物体不受先前进化的限制。这将是一个强大的平台，可以催生出无数的应用程序。

虽然我们还未实现这一目标，但合成生命领域正朝此方向前进，而且似乎没有任何理论上的障碍。这是一种未来技术，可以仅通过持续的线性增量进步实现。一旦基本技术就位，就很容易让想象力充满可能性。

2010 年，美国遗传学家克雷格·文特尔（Craig Venter）宣布，其团队已经创造出一个完全人造的细胞。该团队历经 10 年研究，耗资 4000 万美元，能够从零开始打造最小的人造基因组，然后将其放置在膜上以构建人造细胞。

这项研究旨在构建一个具有最低级功能的单个活细胞。然后，这个最小基因组可以成为构建更加复杂生命体的基础。哪些基因是生命所必需的？这本身就是一个有趣的生物学问题。

2016 年，克莱德·哈钦森（Clyde Hutchinson）及其同事发表了一项研究，他们从一种名为丝状支原体（Mycoplasma mycoides）的物种着手，试图将其基因剥离，直至剩余的基因数为维持生命所需的最低量为止，最终的基因数量为 473。在这 473 个基因中，有 149 个仍具有未知功能。就人类而言，其体内约有 20 000 个基因，而自由生活的细菌有 1500 至 7500 个基因。

无论是剥离单个细胞还是构建单个细胞，科学家们都在逐渐接近于拥有一个代表活细胞基本组成部分的平台。我们现在已经可以制造 DNA 了。而我们的最终目标是拥有一个具有已知功能的基因或基因组目录。我们可以选择这些基因或基因组，然后组装成一个合成基因组，接着，将该基因组放入空白细胞中，由于空白细胞本身缺乏遗传指令，但具有从植入基因中组装蛋白质的基本机制，因此可产生功能性人造细胞。

即使仅此一点，空白细胞也有用武之处。由于这些细胞是由科学家设计和组装而成的，因此理论上，其性质和功能可以像任何机器一样被完全理解。或许将其比作软件更为恰当，毕竟这就是基因的本质——构建人造基因组或许类似于编写一个复杂的应用程序。

细菌样人造细胞的功能多种多样，比如转化废物、清理毒素或泄漏物，以及通过固定氮或其他营养物质提高农业生产。其在工业领域也大有可为，如化学品或药品制造。酿造、奶酪制品和任何目前需要添加酵母的食品加工都有可能由具有设计特性的人造生命完成。

出于安全考虑，人造细胞在医疗领域的应用或许起步较晚。然而，从理论上讲，我们可以开发出治疗疾病的细胞，作为另一类治疗药物，或作为药物输送系统。这些细胞可以取代或增强我们体内的自然菌群，以提升人体的生物功能并保护机体免受感染。特定细胞能够捕捉并杀死癌细胞，但不会伤害宿主，这将是另一个潜在的突破性应用。

实现基本的单个人造细胞可能还需要数十年的研究，而上述提及的任何单细胞应用都可能需要更长的研发时间。对此，我猜测，到 21 世纪末，我们将会看到人造生命带来的重大影响。然而，我们可能会遇到意想不到的障碍或安全问题，其实际应用从而将进一步推迟。

人造多细胞生命的研发周期更为漫长。开发这类生命体或许比直接构建更为容易。换言之，我们可以对人造胚胎进行编程，然后使之发育成一个成熟的生物体。我们也可以制造单个细胞，再利用 3D 打印技术将它们打印成一个生物体，但此法可能更显困难。要想在二者之间择其一，或许应由不同应用的需求决定。

很难想象人造多细胞生物会有怎样的发展前景，因为这项技术可能更具破坏性和危险性——这类生命体可以被设计为食物、宠物、工人或仆人。

这类应用引出了一个重要问题——既然我们可以对常规生命体进行改进或基因改造，那么为何还要制造人造生命？就理论而言，其原因在于，我们需要更大程度地控制生命，并拥有更多开放的可能性。这些技术本质上互为竞争关系，且各有优缺点，不过，人造多细胞生命于现在而言还太遥远，我们无法预测其优缺点。

通过对已有生命进行基因改造，我们能够以历经了数十亿年细胞进化和数百万年多细胞结构与功能进化的生物为起点。这是一个经历了大量试验和错误的过程，这漫长的时间尺度足以解决生物体在进化中面临的诸多问题。不过，未来的弱人工智能可能很快就能模拟所有的这些试验和错误。

而且，进化后的生命系统也很混乱，且效率很低。例如，大多数人类的 DNA 均 "无效"，对于正常的生命功能而言并非必需。进化利用其所拥有的一切，提出足以推动发展的解决方案，但这些方案往往不是最优解。从头开始设计一个有机体可以消除所有这些历史束缚和负担。

以脊椎动物的眼睛为例，其结构和功能的诸多方面绝对不会是人类有意设计的。最典型的例子就是感光细胞位于视网膜底部，在包括血管和神经在内的其他细胞层之下。其实，将感光细胞置于视网膜的最上面一层会更有意义，如此一来，无须形成盲点（神经纤维在此返回形成视神经）。

一个不断出现的问题是，我们能否利用足够的基因工程技术改变我们想要的一切，或者在某种程度上，一切从零开始是否会更容易。通常，针对这类技术问题，其答案为，在不同的背景下，开发也好，重建也罢，这两种技术均可行，因此，二者虽互为竞争关系，却仍可以互补共存。

然而，合成生命可能在一些领域具有优势。首先，在极端条件下，尽管 "嗜极生物" 已经存在，但它们大多为细菌或古生菌，即单细胞生物。能够在极端恶劣条件下生存的多细胞嗜极生物极为罕见。如果我们需要可在太空中生存的生物，或者能够适应火星、木卫三或木卫二海洋表面生活的生物呢？即使进行了大范围的基因工程改造，我们可能仍会遭遇现有生物学中的限制。此外，我们可能还需要目前自然界中不存在的特定功能。

其次，我们可以利用人造生命进行设计和建造工作，但仅依靠基因工程却无法实现，这就要求对生命体本身的组成部分进行根本性的改造。例如，如果我们想改变 DNA 本身的工作方式，该如何操作呢？DNA 是由 4 种碱基——腺嘌呤、鸟嘌呤、胸腺嘧啶和胞嘧啶（代称为 AGTC，A 为腺嘌呤，G 为鸟嘌呤，T 胸腺嘧啶，C 为胞嘧啶）——组成的编码。AGTC4 个字母中的 3 个编码了 21 种不同的氨基酸以及编码序列中起始和结束的位置。这 4 个字母成对出现：A 和 T 结合，G 和 C 结合，因此，DNA 具有两条互补链的双螺旋结构。如果一条链上有一个 G，那么另一条链上就会出现一个 C。DNA 可以解开形成两条单链，再将互补的碱基结合成两条双螺旋 DNA，从而进行复制。

然而，科学家们已经研发出一种将 6 个碱基结合成 3 个碱基对而非 2 个碱基对的 DNA。他们利用了碱基对三磷酸 d5SICS 和 dNaM，并在 DNA 的字母代称中分别将其命名为 X 和 Y。科学家们还证明，这些新合成的碱基对能够整合到 DNA 结构中，并能与正常的细胞体系共同发挥作用，甚至可以复制。通过此法合成的 DNA 可以更密集地编码信息，并容纳更多的碱基对，这意味着这类 DNA 可以控制超过 21 种标准氨基酸的位置。同理，这可能也适用于蛋白质，以及进化生物学中不可能实现的生物结构和功能。

既然所有已知的蛋白质都以标准的 21 种氨基酸为基础，为什么只有这 21 种氨基酸能成为生命体的一部分？这本身就是一个有趣的问题。其实，还有更多的可能性，但生命体只确定了其中的 21 种用以构建所有的蛋白质，并因此将其包含在遗传密码中。对此，一部分解释认为，这与这些氨基酸的化学性质有关，比如它们为何比非蛋白质氨基酸更容易结合。尽管如此，这 21 种氨基酸的结合并没有严格限制，增加其种类将产生令人着迷的可能性。

这些具体的变化是否具有效用并不重要。相反，生物学家可能会偶然发现新的 DNA 或蛋白质形式，这些形式在现有生命体中不可行，需要在完整的合成生命中才能发挥作用。

风险几何？

当然，随着技术的成熟，合成生命技术的风险也在增加。其中之一就是易增殖。试想，就像一些科幻作家曾设想的那样，如果合成生命技术得以自动化进行，那么人们就有可能拥有一台可以制造人造生物的桌面设备，并可以运行类似 Photoshop 的应用程序，但制作而得的是生命而非图片。人工智能将处理所有的生物细节——只需告知软件在何处放置一只手臂，人工智能就会把制造手臂所需的基因组合在一起，你想要几根手指？你想要动物一样的大爪子吗？或者只想手指长出柔软的肉垫？

合成生命技术极有可能受到严格监管，但随着这项技术的成本越低廉，操作越简易，对其监管就越困难。软件可能会内置安全措施，但也可能会被黑客攻击。我们可以想象一下像电影《侏罗纪公园》（*Jurassic Park*）中的安全预防措施。还记得影片中赖氨酸引发的偶然事件吗？侏罗纪公园中培养的所有恐龙没有制造赖氨酸的基因，因此，如无人工供给赖氨酸，恐龙便会死亡。由此可见赖氨酸的重要性。

然而，《侏罗纪公园》中的案例回避了一个问题，即如果可以，合成生物的进化速度有多快？例如，可以将其基因组设计成突变最小化。就此而言，合成生物或许均缺乏任何复制能力，且开发这种能力本身也可能违法。因此，即使基本的应用程序可以广泛使用，要想设计具有任何复制能力的生物体，需要获得该过程所需的软件，其难度或许堪比获得武器级的钚。无复制，不进化，问题便迎刃而解。（这还可以通过防止人们复制专利生物而杜绝专利侵权。）

当然，世上不存在万无一失的安全措施，任何软件都有可能被黑客侵入。但是可以通过一些常识性的方法来减少合成生命引发大动乱的可能性。除无法繁殖外，合成生命或许也不能正常饮食，而是需要与之生物特性相容的食物。

除自制的合成生命外，还会有其他风险来源。工业生产可能会被黑客攻击或劫持，产生大量单细胞生命甚至多细胞生命，它们可能在被控制时或达到寿命极限之前造成严重破坏。

同我们一直在讨论的诸多未来技术一样，如果蓄意将先进的人造生命技术用于军事或恐怖主义目的，那么后果不堪设想。我们可以想象电影《异形》中的场景，其中有一个"最完美有机体"，从头到尾被设计成超级战士。人们可以将这类生物部署在敌方领土上，它们死前会制服当地居民，为统治这片土地开辟道路。这很容易让人想起机器人士兵的场景，也许未来的合成士兵将不得不与未来的机器人士兵决一死战，哪种技术能清除人类，让我们拭目以待。

👆 遥远的未来

假设我们在合成生命引发的世界末日（以及我们提及的所有其他末日场景）中得以幸存，那么在遥远的未来，这项技术可能会发展成什么样子？与机器技术相比，生物技术的一个优势在于生物可以生长发育。一旦合成生物机器设计成功，只需提供合适的环境和足够的营养，就可以源源不断地生产这种机器。本质上讲，生物是一个有效的自我组装和自我复制的制造平台。

例如，在科幻剧《巴比伦 5 号》（*Babylon 5*）中，佛隆人（Vorlon）的宇宙飞船实际上是巨型生物。这是一种极端的生物技术，但它强调了我们在各个层面上完全控制生物的可能性。

我们也可以探索所谓的"半合成生命"，其本质上是一种杂交体，即将重要的合成成分添加到自然生物体中。例如，我们可以制造出完全合成器官以替换或增强我们现有的器官。合成器官可以完成普通生物不可能完成的任务，比如极端解毒或超免疫；合成肌肉可以提供超自然的力量；合成纤维可以增强我们的骨骼和肌腱；合成生物眼可以在增强的光谱或更高分辨率下视物。

在亚细胞水平上，合成线粒体可以极为高效地利用能量或使用替代燃料。DNA 修复细胞器可以减缓衰老过程，治愈大多数癌症。

甚至还有更极端的可能性，这表明未来的技术有多种发展方向。我们或许可以开发合成共生体，这是一种被设计成与人类宿主融合的生物，就像《星际迷航：深空九号》中的楚尔人一样。我们也可以与超智能的合成大脑结合，从而增强认知能力，而非采用（或除此以外）植入计算机芯片式的人工智能。合成大脑可以独立存活数百年——当我们的身体死亡时，它可以切断与原宿主的联系并带走其记忆和性格特征，并转移至新宿主。这或许是另一种延长寿命的方法。

这是此前提及的一个概念：有多少未来技术以生物体为基础？我们会制造出机器人或人造有机体，甚至人工智能生命吗？将基因工程、合成组件以及基于计算机的赛博格组件相比，我们会在多大程度上提升自己？我们是否会利用生物组件制造计算机，用某种形式的 DNA 存储信息并进行信息处理？

简而答之，一切皆有可能，但问题在于我们无法确定在哪些情况下，生物技术比机器技术更具优势，这个最佳平衡点在哪里。

生物系统的自组装能力有依据可循。理论上讲，我们可以通过播下种子以改造整个世界，这些种子不仅会生长发育，还会创造出一个完整的生态系统，为新生文明奠定完整的基础。我们将由此培育出自己的栖息地、交通工具、能源、食物和其他资源。

与此同时，生物技术和机器之间的界限正变得越来越模糊。未来的纳米技术或许也能够自我组装，并自行完成以上列出的所有任务。生物学本质上只是一种机器技术，因为生物体本就是一台台生物机器。因此，在遥远的未来，生物技术和机器技术之间的区别可能不仅会变得模糊，而且会完全消融。

事实上，自然和人造技术之间的界限也有可能消失。目前已经很难精准定义"自然"一词。为什么我们会认为自然界中已经存在的事物是特殊的呢？它们大多是进化之力的神奇产物，这种力量极易产生完全不同的结果。人类现在也是自然进化之力中的一部分，我们利用技术改变环境的各个方面，从而满足自身需要，这也是天性使然。

正如本部分的诸多章节所提及，技术进步的一个主要主题，尤其是颠覆性技术，是其模糊了已有的技术界限和类别。当我们用数字信息覆盖物理世界，并以数字方式构建物理基础设施时，这意味着数字世界和模拟世界正在融合。我们可以合并部分技术从而形成自己的技术，生命本身可能也会完全通过合成而形成。

最终，我们可能会生活在一个没有这类差别的世界里。周遭都将是数字信息，我们也将成为数字信息。像自然、人造技术、机器技术和生物技术这样的区别将变得相当陈旧过时。

19
室温超导体

如果研发成功，我们的技术将得到极大的发展。

如果你是 20 世纪 80 年代前生人，并且当时对科学技术抱有兴趣，或许还记得关于高温超导突破的报道，这在当时可谓震惊世人。每一本科普杂志都对此进行了报道，通常其封面上都有这样一张图片：某物体漂浮在超导磁体上方。如果这些报道真实可信，那么超导材料即将改变世界。但 40 年后的今天，我们仍在等待这一刻。

尽管这些宣传报道掺有虚假炒作成分，但室温超导体一旦研发成功，它将成为一项改变游戏规则的技术。你还会爱上任何名称中含有"超"的技术。超导体，顾名思义，导电性能极佳。事实上的确如此，超导体的电阻为零，这意味着通电情况下无能量及其他损耗。在电气化的世界里，超导材料的优势显而易见。凡是用这种材料制造的电子设备，其效率将更高，消耗的能量也更少，且无须处理废热。如果能将这种材料运用到实际中，那么我们的技术世界将由此改变。

超导材料确实存在，但本章标题中提及的材料包含了一个重要条件——我们在此讨论的是室温下的超导材料（或者理想情况下，超导材料正常工作时所处的任何温度下）。此外，还需注意其他方面。常压下，甚至真空中，理想的超导体都具有上述特性。如果这种材料坚固且延展性好，或者至少不易碎，也算是它的一大优势。最后，就可能的应用而言，应考虑合理的成本效益。

👆 超导现象的物理特性

超导现象由荷兰物理学家海克·卡末林·昂内斯（Heike Kamerlingh Onnes）于 1911 年发现。1913 年，昂内斯因在极低温状态下研究物质的性质而获得诺贝尔物理学奖——他是第一个将氦冷却成液体的人，他发现在绝对零度以上的 4.16 开尔文（K，热力学温标，开氏温度计上的 1 度等于摄氏温度计上的 1 度）时氦会液化。这对于他发现超导现象至关重要，因为在此温度下，汞（俗称水银）变成了超导体。

大多数导电材料的电阻会随着温度的降低而降低。然而，超导材料，如汞，有一个临界温度，在此温度下，其电阻会迅速降至零。汞在 4.16 K 时成为超导体，这不太具有实际意义，但确实为超导体的进一步研究提供了支持。液氦尤其可以将物质冷却至该温度，然而，液氦价格昂贵，限制了研究的进展。

进一步的研究正如火如荼地进行着，1912 年，科学家们发现锡的超导温度为 3.8 K，铅则为 7.2 K。这些材料可用于制作电线，且比汞更易处理，由此推动了超导研究的进展。事实上，许多元素（元素周期表上约一半的元素）都是超导体，但其临界点极低

（比铅的临界点更低）。

　　研究发现有两类超导体。第一类，如锡、铅、铝、钛等，在常压和极低温度下为超导体。这些物质的电阻会在临界点时降为零，此外，它们还将完全排斥磁场，即具有完全抗磁性。第二类超导体均为具有较高临界点的化合物（非单一元素）。

　　1957 年，约翰·巴丁（John Bardeen）、利昂·库珀（Leon Cooper）和罗伯特·施里弗（Robert Schrieffer）提出了关于超导原理的 BCS 理论（以三人名字的首字母命名）。简而言之，在超导状态下，电子会形成库珀对，该解释不涉及任何技术细节。这些库珀对共同穿过超导材料的晶格，当第一个电子穿过带正电的原子晶格时，便会拉拢晶格，形成一个带有更多正电的区域。其中的正电荷吸引这对电子中的第二个电子，将其向前拉。这就解释了为何温度是关键因素——温度可以衡量原子的平均运动速度，温度过高时，晶格中的原子就会剧烈摆动，进而打破了原有的微妙结构。

　　1986 年，科学家发现首个第二类超导体，即临界温度高于 90K（－183℃）的钇钡铜氧陶瓷材料。这一温度仍然很低，但跨越了一个重要的阈值——77K，也就是液氮的临界温度。液氮比液氦的价格更为低廉，也更易获得，液氮改变了超导研究和应用规则。临界温度高于液氮温度的超导体通常称为"高温超导体"。

　　正是这一发现引发了前文提及的炒作，这在当时是大新闻。人们以为由于高温超导现象的研究进步飞速，这种进展将不断推进，我们很快就能实现室温超导，这种假设大错特错，是将当前趋势投射到未来的未来主义谬论。事实并非如此。事实证明，超导材料的临界温度很难接近室温。

铜酸盐仍是高温超导体中临界温度最高者，目前的记录由一种临界温度为 134 K（-139℃）的汞钡钙铜氧化物保持。

2020 年，物理学家埃利奥特·斯奈德（Elliot Snider）及其团队的发现打破了最高临界温度 287 K（13℃）的记录。当然，你可能已经料到，没错，这种说法需要一些重要的前提条件。该材料仅在此温度下以及极端压力下（220 吉帕，超过 200 万大气压）为超导体。

虽然在科学界这一发现引人注目，且可能进一步加深我们对超导现象的基本理解，但临界条件如此苛刻，意味着这类材料无法直接应用于实际中。因此，我认为这也不太可能成为实现室温超导的可行途径，铜酸盐类物质亦然。

不过，我并非想要贬低高温超导体的重要性。利用液氮冷却在许多应用中都具有实用性，比如核聚变反应堆和粒子对撞机所必需的超强磁铁。但是这一条件的确极大地限制了这些潜在的应用范围。

目前，我们还未发现具备在普通室温下成为实用超导体的所有必要性质的候选材料，即日常电子产品、电动汽车或电网所需的材料。我们无法预测何时可能跨过这道门槛。任何增量进步或当前技术的外推都不会助力这一目标的实现。我们需要的是真正的突破，即发现一种具有必要特性的新型材料，或许十年或百年后才能成真，又或许我们会发现这种材料根本不存在。

无论如何，我们都可以保持幻想，探讨这种材料对未来技术的发展有何意义。

👆 超导体的未来

我们可以不断推测未来超导体的发展，假设在不久的将来，科学家们发现了一种化合物，并将其完善，可称之为"传导体"，这是一种坚固且延展性强的材料，易成型，可用于制作电线或电路板，其超导临界温度为 50° C，足以适应大部分人类环境。"传导体"由再普通不过的原材料制成，可大量生产。

顺便提一句，它的其他的性质也很不错，比如高临界电流密度和临界磁场。临界电流密度决定了在材料的超导性能消失前可通过的最大电量，而临界磁场则是材料能承受的最大磁场。

在各地的五金店或电子产品商店就可以很容易地购买到导电材料，几乎所有导电材料——至少每种材料的一部分——都将由"传导体"制成。据估计，到 2021 年，全球约 2% 的电力用于互联网运行。如果我们把所有的信息通信技术耗电量都包括在内，那么这一占比将在 5% 至 9% 之间。计算机有 10% 到 20% 的电力因废热而损耗，然后，还必须消耗更多的电力来冷却计算机，否则电路就会被烧毁。据估计，到 2030 年，供应互联网运行的电力占比可能会升至 20%，不过，由于计算机效率的提高及使用方式的变化，很难确定这一占比的确切数值。无论具体百分比是多少，计算机设备都消耗了大量电力，且这一比值仍会增加。

此外，如果能源电网由"传导体"构成，就能节省约 7% 的能量损耗，甚至有可能制造出这样的储能装置，电流流经之处电阻为零，因此，这种设备不会随着时间的推移而损失能量。

"传导体"为其他新技术开辟了道路。不产生废热的计算机芯片将是脑机接口材料的理想选择；利用超强电磁铁，类似核磁共振扫描的技术将占地更小、价格更优惠。

运行于导电轨道上的磁悬浮列车无须冷却，因此更具成本效益。所有类型的电动汽车也将更加安全可靠。发动机和电池将更加轻便高效，因此，电动飞行汽车和电动飞机的效率也将更高，且航程更远、能源成本更低。

虽然在核聚变反应堆中，使用液氮冷却超导线圈具有可能性，但室温超导体的性能更强大，且成本效益更高，其自身也更易跨越临界温度，从而实施核聚变。

一种实用的室温超导体将在节能且潜力更大的小型化设备及新兴电子应用之间产生重大且广泛的影响。尽管室温超导体本身并非一种应用程序，但其将为诸多电子设备提供便利，并使新设备的可行性更高。

即使室温超导体不存在，我们最终仍然可以实现本书讨论的所有其他技术，包括核聚变、量子计算机、脑机接口和飞行汽车，但如果存在实用的室温超导体，上述技术都将锦上添花。这是一个反向的"蒸汽朋克式"（steampunk，一种科幻小说类型）问题。如无室温超导体，我们仍然可以利用现有材料实现上述技术。但室温超导体一旦被成功发现，就如同从蒸汽技术过渡到电子技术一样，科学技术界将发生翻天覆地的变化。

20
太空电梯

如此惊人的工程壮举可能成功吗？

试想，一条巨大的电缆一端与地球赤道相连，另一端升入空中，穿过云层，最后消失在视线之外。然而，在晴朗的夜晚，电缆上的灯光缓慢上下移动，你可以将视线锁定在灯光上，会发现它最终在你的头顶上渐行渐远。如果你能一直沿着电缆走下去，会发现其上升 35 786 千米（约 22 236 英里），并在此与位于地球同步轨道上的空间站连接。使用倍数较高的双目望远镜即可从地面观察到这座空间站。

这听上去的确像是未来科技，诸多科幻小说也对其多有描述，那么，我们为何要建造太空电梯？

太空电梯的想法可以追溯至 1895 年，康斯坦丁·齐奥尔科夫斯基（Konstantin Tsiolkovsky）提出建造一座"轨道塔"的想法，其形状像金字塔一样，即底部面积较大，高度越高，塔身越细。该结构利用抗压强度提升高度。1960 年，俄罗斯工程师尤里·阿尔苏蒂诺夫（Yuri Artsutinov）首次提出现代概念的太空电梯，即通过一根长电缆将地球同步卫星与地面相连。由于这种设计依赖于电缆的抗拉强度，因此可以认为这是一种拉伸结构。

15 年后，即 1975 年，美国工程师杰罗姆·皮尔森（Jerome Pearson）发表了第一篇关于太空电梯概念的技术论述。直至 2021 年去世前，他一直是这一概念的主要支持者和专家。他还提出了升入月球空间的太空电梯的构想，探索了相关潜在应用。1979 年，亚瑟·C. 克拉克（Arthur C. Clarke）甚至在其著作《天堂的喷泉》（*The Fountains of Paradise*）中引用了皮尔森"太空电梯"的技术细节。在皮尔森和克拉克的引领下，太空电梯进入了航空航天领域和公众视野中。

👆 工作原理

太空电梯的基本结构为：在赤道上建造一座基站，长缆绳的一端将连接于此，并直通地球同步轨道，另一端则与对地同步空间站的锚相连，锚将在赤道正上方的环形轨道上运行。由于环形轨道上的任何偏位都意味着电缆的长度必须发生改变，因此，环形轨道十分必要。

基站也可能不在赤道上，但必须与赤道另一边的基站配对，且二者距赤道的距离相等。然后，这两座基站的缆绳会相连，形成一根缆绳，一直延伸至空间站。这两座基站的作用在于，通过缆绳连接后，二者均可作为赤道上的一个连接点，且彼此保持平衡。

太空电梯工程的关键在于缆绳的受力。重力总是向下拉扯缆绳，因此缆绳越长，总重力就越大。然而，如果缆绳顶部连接到地球同步轨道上的物体时，缆绳将保持指向远离地球的方向，因此当地球旋转时，缆绳也会随之旋转，并产生离心力拉住缆绳。离心力是一种惯性力，缆绳的每一段都做直线运动，但都受到向下的拉力。因此，缆绳的惯性将其向上拉。随着缆绳长度变长，离心力就会增加。在缆绳的某一点上，重力和离心力抵消，此处为受力平衡点，缆绳受力为零。

在平衡点以上，离心力逐渐占据主导地位。在地球同步轨道处，向上的离心力与向下的重力大小相等。在地球同步轨道以上的任何地方，离心力都会大于地球引力，并施以缆绳向上的拉力。因此，在地球同步轨道上放置一个质量极大的配重物（与缆绳等重）可以起到固定缆绳的作用，或者，在地球同步轨道上方较远位置放置一个更轻的配重物，也可以达到同样的效果。

如果上述装置安排就位，那么整个工程应处于稳定状态。太空电梯的构想是：可以通过电梯，从地面升至缆绳处，直达地球同步轨道。（"地球同步"指任何绕地球公转周期为一天的轨道，且必须是赤道正上方的环形轨道。）

关于数量不等的基站的放置位置，还有其他方式可供选择。基站的位置可能位于海上、平台上或大型船只上。这种放置方式的优势在于，移动性较强，甚至可以在必要时移动电缆。而陆地基站的潜在优势在于，可以将其建在高海拔地区，比如山顶，如此一来，缆绳本身的总长度有所减少，也就减小了所需电缆的厚度，从而减轻整个结构的负荷。此外，还可以建造一座高塔，将缆绳的拉伸设计与高塔的压缩设计相结合。

如此惊人的工程壮举可能成功吗？一切都将取决于缆绳的强度，这一限制因素将最终决定太空电梯是否可行。具体而言，缆绳强度指缆绳的抗拉强度，即抵抗拉力的能力，可通过多种方式计算而得。首先，需采用上下横截面积相同的缆绳，故缆绳各处的厚度一致。

随着缆绳的长度增长，其质量也会变大，因此可以计算出由任何特定材料制成的缆绳在其自重下断裂前的最大长度。我们真正需要得出的是缆绳材料的抗拉比强度（材料的强度与其密度的比值），即单位质量的抗拉强度，可通过缆绳材料的密度计算得出。最后得出结论：最佳的缆绳材料应具有高抗拉强度且质量较轻。

以钢铁为例。我们可以计算出 35 786 千米长的钢索的拉伸应变（材料在受拉力作用下的相对伸长长度）。钢的密度为 7900 kg/m^3，计算可得其最大拉伸应力须为 382 GPa（吉帕斯卡），这是钢材极限抗拉强度的 242 倍。因此，我们需要一种抗拉比强度是钢的 242 倍的材料，但目前这种材料尚未问世。仅仅加粗缆绳并无效果，只会使其质量更大，我们需要的是单位质量具有更大强度（比强度）的材料。

另一种方法是采用上下粗细不均的缆绳。缆绳所受的力在地球同步锚点处最大，缆绳离地面越近，受力越小，这是因为此处所承受的缆绳质量没有那么大。因此，为使缆绳的总质量最小化，可在近地面处采用较细的缆绳，并随着高度的上升，逐渐增加其厚度，直至到达地球同步轨道。假设近地面缆绳粗为 5

毫米，通过此法，我们可以计算出位于地球同步轨道上的缆绳厚度。

若采用钢索，其直径将为 10^{54} 米，比已知的宇宙长度还要大。另一种解释则为，钢的强度太低，不能胜任此工作。如果是碳纤维，其直径需达到 170 米，而凯夫拉纤维的直径需为 81.3 米。上述数据均在理想条件下计算得出，并未考虑产品瑕疵。至少这些是理论上有可能的，但并没有真正的可行性。即使设想再完美，建造如此规模的缆绳，其巨额成本可能会抵消其所有好处。

显然，我们需要一种新型的先进材料以制作这根缆绳。正如第 11 章中关于材料的讨论所述，碳纳米管就其质量而言非常坚固。如果加以计算，就会发现一根粗细均匀的碳纳米管缆绳可以承受 130 GPa 的压力，强度远胜钢铁，但仍未达到太空电梯缆绳所要求的 382 GPa。如果采用缆绳上下粗细不均的方法，那么在地球同步轨道上，碳纳米管电缆所需的粗度应为 6.37 毫米。计算结果的确如此。

问题看似得以解决。碳纳米管电缆极细，但依然足够坚固，即使有配重物，仍可以连接地球同步空间站与地面。至少在理论上，太空电梯具有可行性。从物理角度上看，可以做出这样的电缆，但工程建造方面的挑战仍然巨大。

首先，我们不知道如何制造碳纳米管。目前能制造的碳纳米管最长为 1 米左右，数千千米长的碳纳米管缆绳根本造不出来。此外，尽管碳纳米管的抗拉强度极佳，但这种材料在其他性能上却十分脆弱。即使是最微小的瑕疵也可能导致碳纳米管"解压"，使缆绳松展开来并断裂，后果将不容乐观。因此，虽然技术上具有可能性，但碳纳米管缆绳最终是否可行还有待观察。

此外，还有一些其他的候选材料，均为碳的同素异形体。一种是螺旋单晶石墨烯，其抗拉强度与碳纳米管相近。不过，和碳纳米管的问题一样，目前我们还不知道如何批量生产这一材料。金刚石纳米线同样由碳制成，其分子排列为四面体形状，因此该材料的硬度和抗拉强度极高，但依然存在生产制造问题。

简而言之，候选材料应具有必要的抗拉比强度，而要制造这种抗拉比强度所需的缆绳长度，其成本应合理适当，但目前我们尚未发现这种材料。科学家们是否会发现这种材料还有待观察，这也是我们最终无法预测太空电梯何时建造及是否可行的原因。

假设我们可以建造一座太空电梯，那么人员和物资如何升至那样的高度呢？采用传统的电梯缆索设计不太现实。理论设计通常包括履带牵引装置从而拉动缆绳，这种装置会对缆绳施加额外的应力，但可通过多个起协调作用的牵引装置加以平衡。

电梯上升时间取决于牵引电机的功率和设计的安全性，预计4天左右可到达地球同步轨道。由于承重有限，牵引装置自身不能携带燃料，可采用无线充电或激光充电的电机作为解决方案。

地球同步平台是前往任何深空目的地（月球、火星或其他地方）的绝佳起点。前往这些目的地所需的大部分能量都消耗于进入地球同步轨道的过程之中。不过，如果目的地起点并非位于地球同步平台，比如国际空间站（ISS）或其他低地球轨道（LEO）

空间站，该怎么办呢？这种情况很复杂。

首先，想要从地球同步平台跳跃下降至低地球轨道，从电缆上跳跃的任意高度都需高于地球同步轨道，否则航天器就无法达到足以使自身保持在轨道上的速度，因此最终会坠回地球。为了达到正确的速度和矢量，进入所需的运行轨道，需要进行一次火箭发射。实际上，在太空电梯上，从低地球轨道高度进行火箭发射的成本比从地面发射火箭的花费更高，但你可能会升至更高的高度，然后从此处降至应进入的轨道。

因此，太空电梯并不如起初看上去的那样具有高效用，即使运行正常的太空电梯得以研发成功，低地球轨道或许仍属于火箭技术范畴。

👆 成本与收益比较

假设我们能解决工程建造方面的障碍，那么建造太空电梯是否值得一试呢？我们可以从首要动机——降低将物体送入太空轨道的成本——着手算算这笔账。客观而言，每使用航天飞机运送1千克材料进入低地球轨道的成本为6万美元（项目寿命周期内的平均费用）。一位自重100千克的宇航员，算上装备，需花费600万美元才能抵达国际空间站。

然而，自航天飞机计划启动以来，人们一直在共同努力降低进入轨道的成本。例如，美国国家航空航天局决定与私营公司合作，基本上将低地球轨道私有化，如此一来，他们就可以专注于完成深空飞行任务。美国国家航空航天局之所以实行这项举措，部分是为了通过竞争来提高效率和扩大规模从而降低成本。这项计划大获成功，使得美国太空探索技术公司（SpaceX）、蓝色起源（Blue Origin）和维珍银河（Virgin Galactic）等新公司纷纷崛起，波音公司和诺斯罗普·格鲁曼（Northrop Grumman）等老牌航空航天公司也继续蓬勃发展。

进入轨道的专属成本取决于火箭的质量，质量越大，总体上就更具成本效益（送入轨道的质量中货物的占比更高）。截至2020年，太空探索技术公司"重型猎鹰"运载火箭的预估成本大幅降低，为每千克1500美元，该项成本的下降很大程度上通过火箭的可复用性实现。我们有充分的理由认为，随着竞争的加剧和技术的进步，相关成本会继续降低。太空探索技术公司希望将运送成本降至每千克1000美元以下，不过，很难预测成本底价。在某种程度上，随着火箭技术的发展遇到最终极限，进一步的改进措施将导致收益递减。

利用太空电梯将1千克材料送入低地球轨道的成本估计为每千克200美元到500美元不等（建造成本为60亿到400亿美元）。显然，这其中有诸多变量，包括建造成本、维护成本和太空电梯的使用寿命。假设以最低估价计算，即每千克200美元，而利用火箭技术运送材料的成本稳定在每千克1000美元左右。这将意味着运载单人（仍假设其重量为100千克，再加上装备的重量）至低地球轨道的成本将从10万美元降至2万美元。这一点意义重大——将太空飞行的成本降至太空旅行的范畴内。

然而，如果实际成本超出这一范围，那么其成本优势可能会大大减弱。如果太空电梯的运送成本接近每千克500美元，而太空火箭技术的成本远低于每千克 1000 美元，那么前者的成本优势将会减弱，甚至完全消失。这还取决于轨道目的地位置。太空电梯到达地球同步轨道，并以此为起点前往深空目的地，即使这一过程具有成本效益，但最终，利用太空电梯前往低地球轨道目的地的成本可能会更加昂贵。

安全性也是人们担忧的问题。就目前而言，利用火箭进入太空轨道属常规操作，但其风险仍远大于乘坐商业喷气式飞机。随着飞行越来越普遍，乘坐飞机的安全性将得到改善。然而，太空电梯的安全性如何呢？这部分取决于缆绳的强度。上文中所做的计算基于缆绳上的静张力，此外，缆绳还需承受履带牵引装置上下运动产生的牵引力、天气、科氏效应（任何转动引起的侧向力），甚至太空碎片和小流星划过时产生的动态应力。太空电梯的牵引装置本身需极其稳定，才能以 200 英里每小时的速度在一根极长的缆绳上行驶数日。

另一个安全问题在于，太空电梯在恐怖分子眼里是极为诱人的目标，并且极易受到破坏或造成灾难性后果。改编版电视剧《基地》（*Foundation*）将这一幕进行了戏剧化处理——恐怖分子在特兰托（Trantor，银河帝国的首都）的太空电梯上引爆了一枚炸弹，导致缆绳掉落地面，在地球上留下了一道巨坑。

便利性是最后需要考虑的因素。如果将物资送入轨道，4 天的飞行时间并非大问题。然而，对于人类而言，要在履带牵引装置上待个几天，与在火箭上更快的数小时行程相比，减少的成本（具体取决于成本的多少）或许并不值得。

考虑到上述所有因素，太空电梯似乎是那种纸上描述尚佳、理论上切实可行、但最终可能不值得人们如此大费周章的未来技术。火箭技术发展迅猛，以至于太空电梯的成本效益不值得人们冒险尝试。

尽管如此，未来某天可能会出现这种材料：具有足够的抗拉比强度和柔韧性，拥有成本效益，从而使得太空电梯更具实用性。那一天大概就是未来太空旅行需求巨大之时。然而，我认为这一天不会很快到来。

👆 其他类型的太空电梯

上述讨论完全集中在现在一些人所说的"经典"太空电梯上，即从地球赤道进入地球同步轨道。但这一概念也适用于其他情况。有人提议在月球、火星，以及理论上我们终有一天可能会居住的太阳系中的其他星球上建造太空电梯。

月球电梯无法进入月球同步轨道，这是因为月球紧紧围绕地球公转，且自转速度过慢（自转周期为一个月）。不过，月球同步轨道的锚点可能位于拉格朗日点，即两个或两个以上引力场重叠时产生的多个引力低点之一。以该点为起点，物体无论朝哪个方向移动，都需要克服引力场中的一定引力，就像沿着上坡前行一样，故物体将在此停留。这将成为离开月球表面的一种有效方式。然而，月球上的重力仅为地球的六分之一，也就是说，从月球表面发射火箭既非难事，也无需昂贵造价。

火星或许是建造太空电梯的最佳位置。火星表面的重力是地球的38%，但二者一天的时长几乎与地球相同，为 24 小时 37 分钟。火星同步轨道海拔高度仅 13 634 千米，因此，所用缆绳比地球的太空电梯（35 786 千米）短得多。由此可见，就未来在火星定居的成本效益而言，或许值得一试。

在 2019 年的一篇论文中，赛佛·潘诺莱（Zephyr Penoyre）和艾米丽·桑德福德（Emily Sandford）提出设想，可以从月球表面引一条缆绳到地球轨道。人员和物资仍可搭乘火箭进入地球轨道，然后沿着月球缆绳升至月球。月球电梯也可以用于从月球表面进入地球轨道。

各种太空缆绳的牵引方式层出不穷，均利用长缆绳进行动量传递或将物体拖至不同的轨道上。其中一个引人注目的想法被称为"旋转天梯"（rotovator），包括在低地球轨道上建立一个空间站，空间站一端连接一根沿轨道方向旋转的缆绳。因此，缆绳在空间站周围上下转动，其长度刚好能触及地面。如果时间刚好同步，缆绳末端将在地面上短暂静止，从而有足够的时间连接有效载荷，再将其拖入轨道。然而，这种转动似乎复杂精细，需要谨慎处理，其间可能会出现大量错误。可以想象一下，一根巨长的缆绳从地球轨道吊至地面的情景。

推测巨型缆绳在太空旅行中的潜在用途的确充满趣味，这种方式使得太空触手可及。虽然经典的地球太空电梯的前景似乎十分渺茫，但在遥远的未来，这项技术或许可行，仅凭想象就会觉得这是一件趣事。

◎ 未来科幻小说：公元 2511 年

"小望远镜号"（UES）飞船正在接近其目的地——距离太阳 650 个天文单位（AU）的一片完全空旷的空间。"小望远镜号"已经跨越了柯伊伯带（Kuiper belt），穿过日球层顶，并进入浩瀚无垠的星际空间。但它此时飞行的距离还不到前往奥尔特云（Oort cloud）的最外围路程的一半，所以宇航员们甚至都未曾见到彗星状冰球的影儿。

指挥官坐在一排全息显示器中间，计算着减速率和到达目的地的时间。他真希望旁边有个舷窗可以一窥外太空的景象。他甚是古怪，竟打心眼儿里喜欢这种近距离眺望太空的生动感觉。但他所在的这间驾驶室必须位于飞船的中心，并由双层纳米结构的泡沫金属屏蔽。他身边的工程师并不像他那样有原始的远眺太空的爱好，而是更喜欢通过神经连接（一种与脑机连接相关的技术），使自己真正成为飞船。

另一位值班的宇航员进入驾驶室，说道："睡觉的同伴们都已检查完毕，一切正常。我估计不会有什么差池，所以我们应该可以在 374 小时内结束冬眠周期，到时候我们已经进入太阳轨道，他们也能起来走动了。"

飞船上的全体宇航员都经过了基因改造，不仅是为了适应严酷的太空环境，也是为了顺利度过数年的冬眠期。每一轮班均由三名宇航员轮值，检查整个操作过程有无错漏，照顾冬眠的同伴。不过，他们很快就会度过第一个冬眠期，做好准备以执行为期五年的任务。

显示器没有反应，他们又戳了一下。"我还是认为让真正的人类来执行这项任务毫无意义。机器人就可以胜任所有事务。"

"谢谢你。"阿图罗 76（Arturo76）在驾驶室后方说道，"感谢您的信任。"

工程师哼了一声，她把注意力转移到周围的物质环境上。"这都是政治话术罢了。人人都害怕机器人会组建自己的军队，回来接管地球，所以留下我们在这儿当保姆。见鬼，我身上的人工智能比那东西还多。"她指着阿图罗 76 打趣道。

"小望远镜号"上的三个核聚变引擎目前正以接近满负荷的速度燃烧，并产生 0.83 G 的加速度。飞船使用了能够反射光线的闪闪发光的光帆，在强大的激光推动下驶离太阳，其最初的加速阶段是多么梦幻诗意，而目前的飞行过程平淡无奇。这里是人类文明无法到达的地方，再无激光可以使飞船减速——这是他们要解决的首要问题之一——所以宇航员们通过燃烧氢将飞船减速至新的轨道速度。

指挥官终于转向他的同事们，说道："大家系好安全带。我们在等你关掉引擎。"

等到每个人各就各位，工程师就开始轮流运行每个核聚变引擎。约 10 分钟后，飞船停止加速，每个人都能感觉到熟悉的失重感。但他们还未到达目的地，这是最后一次全面的系统检查，之后他们将进行最后一次加热以进入最终轨道。目前飞船正在依靠惯性滑行，一群监控机器人从船体上分离，开始以不同角度和距离对船的外部进行详细检查，这一过程极为烦琐。

整艘飞船犹如一只巨兽，长达数千米，飞行组员舱是其中最小的零部件。飞船的构造形似一台望远镜，正等着飞达合适的位置，恰好可以利用太阳的引力使周围的空间发生扭曲，光线也因此弯曲，此时太阳就像凸透镜一样，可使远处光线聚焦。太空中的一切将被无限放大，甚至可以相对清晰地看见附近系外行星（百万量子比特量子计算机发挥了些许作用），放大距离可达约 100 光年。此次任务中获取的数据将优先用于未来几年的星际探索。

这艘飞船的第二大部件是未来将伴随其的深空空间站。按照设计，空间站是完全自给自足的（除每 10 年左右运送一次氢燃料外），且空间足够大，足以容纳成千上万名科学家。它呈奥尼尔圆筒形。目前，空间站处于静止状态，内部黑暗无光，一旦被分离定位，便会自转。

最后，高功率激光器可以方便未来人们往返于"小望远镜号"飞船综合体。与整艘飞船相比，其体积很小，实际上却是一个巨大的机器。

飞船的后部是三个核聚变引擎及其数量庞多的压缩氢罐，可用作燃料兼推进剂。一旦飞船就位，这部分装置将被拆卸。其中一个引擎将连接至激光器，而另外两个将为空间站提供动力。飞船本身所需的能量很少，可以通过定期从激光器甚至空间站给电池充电获取。由于飞船距离太阳太过遥远，因此根本无法吸收太阳能。

尽管没有必要，指挥官仍监督着此次检查。他手动控制着其中一台摄像机，在机组人员舱的上方停下。这实际上是一艘自给自足的飞船，一旦任务完成，替换的宇航员抵达此处，指挥官及其宇航员就会乘坐这艘飞船返回内部系统。

但指挥官也许会留下。空间站上的生活——这里是人类世界的最远前哨站——将会很有趣。而他还有 5 年时间考虑是去还是留。

第四部分

太空旅行的未来
前景

当人类试图构想未来时，无论是做出精准预测还是打造一个未来的科幻世界，其中重要的影响因素之一就是人类探索太空的程度。在关于未来的一些愿景中，人类文明将跨越太阳系，甚至延伸至多个星球，人们将乘坐超光速飞船在太空中穿梭自如。在另一些设想中，人类可能仍主要局限在地球上，除修建一些工业和小型空间站或定居点之外，几乎别无他物。

这两种截然不同的未来图景很大程度上取决于我们对太空旅行的乐观或悲观程度。在浩瀚的太空中跋涉是一项挑战，需要极端技术的支持，而人类根本不适应太空生活。不过，我们正在深入探索太空，机器人就是"先锋"，为我们探路。

很难想象没有太空旅行的未来，而太空旅行几乎已经成为未来的代名词。这就是为什么在月球或火星上定居的图景会立刻被认为是对未来的描绘，也是诸多科幻小说的故事地点位于太空中或太空旅行途中的原因。但人类对未来的这一想法属于现实主义还是浪漫主义呢？

我们将把怀疑的目光转向未来的太空旅行，看看我们对最后边疆的希望和愿景是否可以实现。

21
核热推进和其他先进火箭

这是我们前往火星的唯一方式。

太空旅行的基本要素自然是宇宙飞船。正如飞行员兼诗人小约翰·马吉（John Magee）所言，我们需要一种方法以"挣脱地球阴暗的束缚"。并且，我们不仅要进入太空，还要穿越太空到达遥不可及的目的地。

要进行任何有意义的太空旅行讨论，就必须面对两个有关太空的现实。首先，对于脆弱的人类而言，太空环境极其恶劣。我们在接近真空的环境中只能存活不到 90 秒，并且很可能在 15 秒后就晕厥。在太空中，我们需要抵御极端寒冷（接近绝对零度），或者阳光直射下的极端高温。地球大气层和引力场如茧蛹般保护着我们，但在此之外的空间，我们会受到危险的辐射的攻击。而且在太空中没有便于获取食物或水的地方，也无燃料补给站。我们将不得不携带所有的必需品，并在所到之处建造新的太空基础设施。

其次，太空非常之大，茫茫无边。火星是我们有望在短期内将人类送往的最近行星，其距离地球仅 6200 万千米。以目前的火箭技术，约需要 7 个月才能到达火星。离太阳系最近的恒星是"Proxima Centauri"，距离地球约 4.2 光年，即超过 39 万亿千米。这是一个常规火箭需要数万年才能穿越的遥远距离。

显然，先进的宇宙飞船技术是进行星际旅行的前提条件；同时，现有的火箭能把我们送至多远的距离？电视剧《苍穹浩瀚》（*The Expanse*）是根据詹姆斯·S. A. 科里（James S. A. Corey）的同名小说改编的，描绘的是 300 年后的未来，其中的情节是否合理？仅依靠火箭，我们最终能否绕太阳系飞行，且不仅在月球和火星上定居，还能在小行星带和外行星的卫星上定居？

比较各种技术选择才能最大限度地预测未来的太空旅行。各项技术皆有自身的优缺点，没有完美的选项。因此，我们可能需要结合多种技术建造航天基础设施。

☝ 常规火箭

所有火箭的基本功能都是"反作用力引擎"，因为它们遵循牛顿第三运动定律，即每一个作用力都会受到一个与之大小相等、方向相反的反作用力。这一观点不难理解：将一些东西（如推进剂）从火箭的后端推出，火箭就会以相同的总动量被推向相反的方向。

化学火箭通过在氧气中燃烧燃料（如氢气）获得反向推力。燃烧的化学物质产生的热气体迅速膨胀，从火箭喷管中逸出，于是产生了反推力，将火箭推离气体逸出的方向。因此，化学火箭中的燃料也是推进剂。

这项技术具有可行性，因为逸出的气体威力足够强大，可以将大型火箭送入轨道，并将飞船和探测器送至月球和太阳系的其他所有行星上。同时，由于某些原因，化学火箭的效率极低。

这种太空旅行方式，尤其是自带燃料和推进剂的火箭，其主要限制因素可用"齐奥尔科夫斯基火箭方程"（Tsiolkovsky rocket equation）表示。本质上，火箭携带的燃料必须足以使火箭及其有效载荷升至预期的目的地。此外，火箭还需要足够的燃料运送上述燃料，而这些燃料又需要额外的燃料提供动力，以此类推。"齐奥尔科夫斯基火箭方程"为：质量比 = $2.2^{(\text{delta-v/exhaust velocity})}$。质量比是火箭的总质量（火箭、货物和燃料质量的总和）与不含燃料的纯火箭质量之比。"delta-v"是燃料耗尽后，火箭的总速度变化量。"exhaust velocity"（排气速度）指推进剂的喷出速度，该数值与每使用一定量的推进剂或燃料时火箭将获得的速度有关。

该方程中有几个点值得强调。一是排气速度越大，预期的太空旅行（比如在一定时间内将特定的有效载荷送至月球）所需的燃料就越少。这是因为动量等于质量与速度的乘积，因此，推进剂的喷出速度越大，质量一定时，其提供给火箭的动量就越大。这一关系也称为"比冲"（specific impulse），描述的是推进剂质量一定时，火箭动量的变化。增大推力的唯一方法是增加推进剂的质量，但这并非最理想方法，因为我们最后还是要绕回火箭方程，即需要更多的燃料运载额外的质量。

因此，最高效的火箭使用的燃料可以使推进剂产生接近光速（任何物体能达到的最快速度）的排气速度。排气速度越慢，如果要产生同样的推力，需要的推进剂质量就越大。简而言之，推进剂从火箭尾部喷出的速度越快越好，且所需的推进剂质量也越少。

此外，增加纯火箭质量或预期的"delta-v"值所需的燃料量呈指数增长，而非线性增长。以下列举几个夸张的例子以说明这一点。假设地球表面的重力是 1.5 g 而非 1g，为进入低地球轨道，需增加"delta-v"值［也称为"逃逸速度"（escape velocity）］。计算可知，即使在不运送货物的情况下，化学火箭也无法产生足够的推力将火箭送入轨道。如果星球表面的重力在 1.5 g 或以上，那么化学火箭不可能进入太空。

目前，我们拥有诸如"先锋 10 号""旅行者 1 号"和"旅行者 2 号"的探测器进入星际空间。按照上述探测器的速度（这是火箭推力和重力共同作用的结果，因此算不上真正的火箭），它们需数万年的时间才能抵达最近的恒星（前提是探测器按既定轨道前进，但事实并非如此）。

假设我们想要更快抵达目的地，如何将一根牙签送至 4.2 光年外的"Proxima Centauri"，并让其在 100 年后到达呢？这就需要增加"delta-v"值以缩短行程时间。如果使用化学火箭，上述假设不可能实现，因为此次行程所需的火箭燃料将比目前宇宙中已知的所有燃料还要多，其质量甚至大于 200 万个仙女座星系的质量总和。

显然，我们不能使用化学火箭进行星际旅行。在太阳系内部进行太空探索时，化学火箭的确有用武之地，但即便如此，其用处也非常有限。为期 7 个月的行程意味着人们不会只前往火星度过两周的假期，而且火星上的任何定居点都将与世隔绝，比当年欧洲人殖民新大陆时的情景更甚。尽管还有改进的空间，但化学火箭和其他选择仍然存在理论上的限制。

对于任何类型的火箭引擎，我们都必须研究其比冲。从技术上讲，比冲指一秒钟内燃烧一定质量（磅或千克）的燃料所产生的动量变化，以秒为单位测量（原因在于比冲量等于燃料的初始质量能够以标准重力的加速度自我加速的秒数）。因此，比冲越高，引擎的效率就越高。对于以燃料为推进剂的化学火箭，比冲与推进剂的喷气速度成正比。同时，还需要知道火箭引擎能产生的最大推力。比如，离子引擎的比冲量很高，但它只能产生很小的推力。这类引擎效率很高，只是要达到极快的速度——即使是双离子引擎——也需要很长时间。

考虑不同引擎类型的理论限制时，还需注意另一个因素——将燃料转换为推力所需能量的效率。正如第 16 章中关于能量的讨论，不同类型的反应产生能量的效率有所不同。为便于比较，我们将使用每千克燃料释放的兆焦（MJ）能量表示该燃料的热值。（1 兆焦为 100 万焦耳，1 焦耳为 1 瓦的耗能设备在 1 秒内所消耗的能量。）化学燃料的潜在能量产量为 1 兆焦 / 千克至 5 兆焦 / 千克。固体火箭燃料的能量密度更高，为 5 兆焦 / 千克，而液体燃料只能产生 1 兆焦 / 千克左右的能量。核裂变过程释放的能量为 8×10^7 兆焦 / 千克，核聚变则为 3.5×10^8 兆焦 / 千克。最后，反物质燃料可能会释放出 9×10^{10} 兆焦 / 千克的能量，是单位质量化学反应产能的 100 亿倍。

最有效的化学燃料或推进剂是氢和氧。但要让火箭进入低地球轨道，其中 83% 的质量必须为燃料。将宇航员送上月球的土星

5 号火箭在发射台上承载的燃料占总质量的 85%。目前，我们已接近化学火箭的极限，如果想要效率更高，则需要加以改变，利用非化学推进方式。

👆 先进的引擎

常规的化学火箭燃烧燃料，导致燃料迅速膨胀，其产生的气体作为推进剂排出。化学火箭的比冲一般约为 450 秒，其优势在于可产生极大的推力，例如，土星 5 号火箭可产生 3500 万牛顿的力（1 牛顿为单位质量的物体产生 $1m/s^2$ 加速度的力）。然而，我们可以将能量源从推进剂中分离出来，使用单位质量产能更高的燃料。

太阳能热火箭的设计利用集中的太阳光加热氢气室，使氢气受热膨胀，并作为推进剂排出。激光热火箭的原理类似，是以高功率激光代替太阳光加热氢气。上述两种火箭的优势在于，它们所需的能量均来自外部，且取之不尽。其引擎也比化学火箭的引擎具有更高的比冲，在 800 秒以上。然而它们产生的推力适中，约为 3 牛顿。因此，这类火箭在行星之间飞行时效率很高，但不能进入轨道。

热电引擎利用电阻加热推进剂，因此，其可以使用任何电源。这种引擎也具有很高的比冲，为 800 秒；但产生的推力很低，约为 1 牛顿。

前文提及的离子引擎利用静电或磁场使离子（带电粒子）加速至极高的速度，因此，这种引擎的比冲也很高，最高可达 1 万秒，是化学火箭的 20 倍。但是，还是那个推力问题，离子引擎产生的推力较低，约为 3 牛顿。

其中一些类型的引擎已投入使用，但不太能用于脱离地球引力，因此，我们仍需化学火箭以产生较高的推力。但是，利用这类引擎移动太阳系周围的探测器等物体却十分有效。

目前，核热推进（NTP）引擎尚未研发成功，但这种设计并非不可能。事实上，早在 20 世纪 60 年代，美国国家航空航天局就已开发了核热推进技术，但因资金问题而终止。核热推进的最大优势在于，铀的能量密度是普通化学火箭燃料的 400 万倍。核裂变反应可以产生热量，然后加热氢使之作为推进剂（温度高达约 2500℃）。核反应堆产生的巨大热量可能会使排气速度翻倍，因此，比冲量也会翻倍至 900 秒左右。

目前尚不清楚核热推进系统能产生多大的推力，但会比进入低地球轨道所需的推力要小。因此，核热推进系统将与化学火箭结合，产生足够的推力，以到达火星或其他深空目的地。由于效率高，这种系统将能够运载质量相对较大的货物。此外，全程所需的时间将会减少。据估计，如果利用核热推进系统，那么从地球前往火星所需的时间可减少一半，即从 6 至 9 个月缩减为 3 至 4 个月。

希望随着技术的改进，核热推进系统可以变得更为高效和强大。虽然目前的技术正在接近化学推进的极限，但一旦研发成功，核热推进技术的潜力将被不断挖掘。

核电推进系统（NEP）利用核裂变驱动发电装置发电，产生的电能用于加速离子，原理同上文描述的离子引擎一样。核电推进系统是核动力版本的离子引擎。核电推进系统的效率也很高，比冲量可达 1 万秒，但产生的推力较低，不过，该系统或许在参与货运任务或对遥远地点探测时大有可为。

在更加遥远的未来，还可能会出现核聚变引擎。同核裂变引擎一样，核聚变引擎可以使用热能或电力推进系统。核聚变系统单位质量燃料产生的能量是核裂变引擎的 25 倍。核聚变引擎的另一个优点在于，它不会产生全体机组人员都需要屏蔽的辐射。此外，两者的参数可能相近，持续的核聚变只是另一种产生热量的方式而已。

除持续可控反应，在理论上还有另一种方式也可以利用核裂变或核聚变产生推力。但这种方式看起来相当粗暴，即用一块极其坚硬的金属板将原子弹或氢弹固定在火箭后部一个强大的悬挂系统上，并在此引爆原子弹或氢弹。当核弹爆炸时，产生的力量会推动金属板，由此将部分能量传递给火箭，增加其动量。整个系统称为"核脉冲引擎"（nuclear pulse engine，简称 NPE）。不同理论版本的核脉冲引擎可以产生 1 万至 10 万秒的比冲，并可以将前往火星的行程时间缩短到 4 周。

直接聚变驱动（direct fusion drive，简称 DFD）是未来宇宙飞船引擎的一个引人注目的设计。该系统利用独特的磁约束和加热系统以融合氦-3 和氘，同时还可以发电，为飞船上的系统提供动力。此外，它还能通过在聚变反应堆的等离子体流边缘添加推进剂，从而直接产生推力。在巨大的热量作用下，推进剂将被电离，随后通过一个磁性喷嘴加速。该系统本质上是一种离子推力器（ion thruster），因此比冲较高。理论上，直接聚变驱动系统可以在 4 年内将 1000 千克的货物送至冥王星。

当然，燃料效率的理论极限可以通过物质–反物质引擎实现。物质和反物质以 100% 的效率（已达最高）将质量转化为能量，从而相互湮灭。质量中有很多能量（回想一下质能方程 $E=mc^2$）。然而，并非所有的能量都可以被利用，因为物质中约一半的能量以伽马射线和中微子的形式逸出。将 1 克物质与 1 克反物质相结合将获得 1.8×10^{14} 焦耳的能量，即由约 4.3 万吨质量的物质转换而来的能量。

有两种公认的方法可以利用物质与反物质结合产生的能量，从而起到推进作用。同核引擎一样，可以简单地利用燃料产生的热量加热推进剂，比如氢。这实际上是一种相当有效的能源利用。或者可以利用强磁场加速湮灭以获得电离产物，由此形成一个强大的离子推力器。反物质引擎目前尚不可行，主要因为我们不知道如何制造大量的反物质。

目前，我们还受困于化学火箭和火箭方程式对其施加的限制，但如果我们选择研发核引擎，便可立于这项技术的顶峰。或许下个世纪（22 世纪）会出现核聚变引擎，而物质–反物质引擎仍然距离我们十分遥远。因此，在很长一段时间内，太空领域的未来将由化学或核火箭主导。对于我们的未来愿景而言，这意味着什么？

这意味着太空旅行将会耗费大量时间。我们可以将探测器发送至整个星系，但人类可能会被限制在地月系统。在火星上定居虽可行，但仍将与地球极度隔绝，我们所能期望的最佳太空旅行时间是数月。从这个角度来看，未来的太空领域可能远远不如大多数科幻小说或未来愿景描述的那样乐观。

那么，我们是否可以跳出火箭方程式，选择至少更接近科幻小说或未来主义者数十年来的构想？考虑不带燃料或推进剂的推进系统？

22
太阳帆和激光推进器

如无需要，为何要携带燃料？

2012 年，在一篇名为《火箭方程的阻碍》（*The Tyranny of the Rocket Equation*）的文章中，美国国家航空航天局的飞行工程师唐·佩蒂（Don Petit）写道："如果我们想要将空间探索延伸至太阳系，必须以某种方式消除这种阻碍。"事实是，在太阳系中飞行从来都是一个缓慢的过程，足以消磨人的耐心。即使使用先进的核火箭技术，仍需数周时间才能到达火星，而前往更远的外行星则需要数年时间，并且飞至最近的恒星也无法实现。

前文提及的优秀电视剧《苍穹浩瀚》中，一种神秘的火箭引擎问世，以诠释人类遍布太阳系的探索过程。这种火箭引擎可以产生惊人的推力和比冲，同时发明出了一种能使人忍受超重状态的药物。这是一种常见于科幻情节的设定，是推动故事发展的"道具"，但即使从理论上讲，也很难想象出这种火箭的设计结构。《苍穹浩瀚》是一部对未来进行了严谨设定的"硬"科幻电视剧，所以编剧们不得不发明一种虚构的火箭使故事情节看似可信。

要真正解决火箭方程的问题，我们需要一艘无须携带燃料和推进剂的飞船。如此一来，我们有两条路可选：要么从外部推动飞船，要么飞船需要在前进的过程中吸收燃料或推进剂。

👆 太阳帆

太阳帆的概念很简单，其功能与船上的普通帆十分相像。然而，带有太阳帆的飞船并非由风驱动，而是由太阳光推动。尽管光子无质量，但它确实携带了些许动量。如果光子被物质吸收，那么动量就会转移到物质中。光子更大的优势在于，若其从材料上反弹，其动量就会被转移两次——不仅足以阻止光子，而且还能以光速将其沿相反的方向送返。光子的反射优势也大于吸收，可减少太阳帆材料的加热。

1966年，乔治·马克思（György Marx）在《自然》杂志上发表的一篇论文中首次正式提出了太阳帆的构想。1974年，美国国家航空航天局首次对这一概念进行了测试。他们发射了"水手10号"探测器前往金星和水星，一旦探测器耗尽燃料，工作人员便将其太阳能电池板转向太阳，并能够探测到来自阳光的微小推力，从而证明了太阳帆的概念。

然而，直到2010年，日本太空探索机构研发的"太阳辐射驱动的星际风筝飞行器"（IKAROS）才在太空中部署了一个实际建造的太阳帆。这艘飞行器可展开一张14米长的帆，并能够自动控制方向。飞行器还可测量出0.2g的微小推力，足以让其在一段时间内移动。

同年，美国国家航空航天局测试了自主研发的太阳帆原型，名为纳米帆-D。这是一张仅 3 米长的帆,部署在地球轨道上的一颗小型人造卫星上。8 个月后,这艘飞行器在大气层中被烧毁。2015 年,行星学会(Planetary Society)发射的"光帆 1 号"(LightSail-1)也遭遇了同样的命运。其上装载有一张 32 平方米的聚酯薄膜帆(相当于一个的拳击台大小)。这张帆用于延长一颗小卫星的轨道,虽然任务完成,但其仍在大气层中被烧毁。

不过,2019 年,行星学会发射了"光帆 2 号"(LightSail-2),其包含一个类似帆的物体和一个小立方体卫星(CubeSat)。该飞行器仍在近地球轨道上运行,但高于国际空间站的轨道。在此高度上,大气压力仍然很大,飞行器无法维持在轨道上,但是每绕地球一圈,太阳帆会面向太阳两次并施加一点推力,由此延长自己的轨道。此次任务的主要目的仍然是了解光帆的基本技术。

飞行器由大型反射帆(由光推动)推进,这看起来或许技术含量很低,但实际上是我们目前拥有的可制造而成甚至设计出的最快飞行器类型。这是唯一一种人类有望亲眼见证的可以到达另一个恒星系统的飞行器。它无须携带燃料或推进剂,这一优势足以使前文提及的所有火箭设计都黯然失色。

比依靠太阳光推进的更强优势在于,光帆可以由强大的激光推动。这与太阳帆的工作方式相同,且激光推进优于太阳光,任何波长的光均适用,还可以指向我们希望的任何方向。需要明确的是,太阳帆可以像普通帆船一样抢风航行,所以理论上它们可以向任何方向航行,但指引航向需以效率为代价。

激光推进的光帆飞行器可以在短短数月内到达外行星,而即使是最好的火箭也需要数年的时间,并且前者可以加速到光速的 10%~20%（取决于光帆飞行器的大小）。光帆飞行器的最大速度很大程度上取决于帆对星际介质的阻力。在某一点上，阻力等于来自激光的推力，因此飞行器无法加速。但这个速度已经很快了。事实上，已有设计［突破摄星计划（Breakthrough Starshot initiative）］使用激光推进的光帆向半人马座阿尔法星发射小型微芯片探测器，行程时间为 20 年。

太阳帆和光帆技术任重道远，但即使在目前，该技术也可以基本形式工作。目前的一个限制因素在于帆的材料。理想的光帆应极薄、耐用、轻便，并且在一定波长范围内具有高反射性。帆必须足够耐用，能够高速穿越太空尘埃，而不会产生长撕裂。以"光帆 2 号"为例，聚酯薄膜帆中含有撕裂阻挡剂，因此不会沿着帆产生任何微小的撕裂。

当采用强大的激光时，同样的关键点在于材料能反射足够的激光，从而不会显著升温。目前尚未出现完美的材料，但存在一些或许可行的候选材料，比如晶体硅和二硫化钼。也有人建议采用蓝宝石覆盖光帆，以产生足够的反射。

另一个限制因素是激光本身。2019 年，由法国和罗马尼亚工程师组成的泰雷兹团队（Thales team）展示了一种 10 拍瓦（PW）的激光器，可以工作 4 小时。这是承载大量货物或乘客的光帆飞行器所需的动力水平。体积更大的飞行器将需要更强大的激光或者一组激光协同推动。

足够强大的激光也可用于部分清除飞行路径上的碎片。它们可以为飞行器本身提供能量，进一步减少需携带的燃料，从而减少飞行器的总重量。

然而，随着被推动的飞行器加速并远离激光，由于多普勒效应，光将出现越来越多的红移现象。这意味着光帆必须在波长越来越长的光中发挥良好的作用。在越来越远的距离上精确瞄准飞行器也是一项挑战，这就好比在数百万英里外击中靶心一样。最后，没有完全相关的激光，因此激光束会随着距离的增加而扩散。这些因素都会对激光光帆的推进造成实际限制。

在向新的类太阳系发射飞行器时，会遇到另一个实际限制，这是因为目标太阳系中可能没有激光来减缓飞行器的速度。我们需要调整飞行器的运动方向和速度，使其与目标恒星系统的运动方向和速度相匹配，但既然我们想让星际飞行器均达到相对论速度，那么这些飞行器几乎必须在目标恒星的方向上显著减速。

科幻小说作家兼物理学家罗伯特·福沃德（Robert Forward）建议在光帆飞船上安装可拆卸的镜子。当需要飞船减速或加速返回地球时，可以拆下飞船前的这面镜子，它会将激光束反射回船帆，从而使飞船减速或加速返至地球。

光帆飞船还可以加速到最大速度，然后收起帆以减少阻力，并驶向目的地。一旦需要飞船减速，飞船就可以展开帆以产生阻力。如果终点是另一个恒星系统，那么来自目的地恒星的光也可以用以减缓飞船的速度。理论上，磁光帆可以产生更大的阻力从而显著减缓飞船的速度。

到达目的地后，就可以安装激光器以进一步使前往该地点的飞船减速。基于激光帆的太空旅行系统将更加易行，因为我们能够在目的地建立更多的基础设施。例如，我们可以在任何旅行路线上放置多个激光器。这样的基础设施在太阳系内会更易操作，因为火箭就可以用于让激光就位。

对于基于激光的光帆，其基本技术似乎无须任何重大突破即可实现，因此，鉴于光帆的巨大优势，在之后的数百年里，我们很可能不是乘坐火箭环绕太阳系，而是扬"帆"远航。此外，到目前为止，光帆是向星际空间（包括附近的恒星）发射探测器的最佳工具。

有趣的是，激光帆（或激光热推进，至少能量来源于外部）在科幻小说中鲜有描述，而且经常被视为离奇之物或次要选择。事实上，这些都是我们未来太空旅行的最佳选择。毕竟，外部能源和推进剂的优势确实很大。

冲压式喷气发动机

1960年，罗伯特·W. 巴萨德（Robert W. Bussard）提出了巴萨德冲压发动机（Bussard ramjet，即星际冲压发动机）。这是一枚核聚变火箭，可从深空汲取氢从而为自身的核聚变引擎提供燃料。星际介质中，99% 为气体，其中 75% 是氢气，25% 是氦气，平均密度约为每立方厘米 1 个原子。

氢聚变形成氦，产生巨大的能量和热量。汲取的氢气也会被加热并用作推进剂。核聚变火箭本身也必须体型巨大，在强大磁场（数千米宽）的帮助下，吸引氢离子。

但是，尺寸太大会产生阻力，就像光帆一样。因此，冲压式喷气发动机的速度越快，其能够吸收的气体就越多，但也会受到更大的阻力。最终，这些力会达到平衡，冲压式喷气发动机将会达到相对于星际介质的最大速度。经过计算，这一速度约为 0.12 c（光速的 12%）。虽然以星际标准来看，这一速度仍很慢，但这意味着我们可以在大约 35 年内将这样一艘飞船送至半人马座阿尔法星。

诸多技术细节，如所采用的确切聚变周期、推进剂的排气速度和星际介质的密度，最终会影响理论冲压式喷气发动机的可行性和潜在速度。所以，这些数字是比较具有猜想性的。但如果这些数据最终接近现实，这或许会是一项可行的技术。

可惜，最近的计算结果非常不容乐观。2021 年，物理学家皮特·沙特施耐德（Peter Schattschneider）和阿尔伯特·杰克逊（Albert Jackson）计算得出，这样一艘飞船需要 1.5 亿千米宽、1 AU 深的磁场（AU 为天文单位，即从太阳到地球的平均距离）。飞船本身将承受巨大的压力，导致其最终速度限制在光速的 20% 左右。在论文中，二人得出结论："即使是 II 型卡尔达肖夫文明（技术中等先进的文明，可利用一个完整恒星系的总能量输出），也不太可能用轴向螺线管建造磁性冲压发动机。"太令人难以置信了！

理论上，还有其他可能的外部燃料供应设计。例如，如果证明暗物质是一种粒子，像光一样，其本身就是反粒子，那么它可能就是可汲取燃料的候选材料。当然，在发现暗物质的本质之前，我们无法对此做出任何预测。

👆 黑洞驱动

理论上讲，利用黑洞为星际飞船提供动力具有可能性。首先，需要制造一个大小合适的人工黑洞。（等等，这并不像听上去的那么离谱。）这可以在没有发现任何新的物理学理论的情况下完成，只是需要巨大的能量。可以使用多个巨型激光器聚集激光、高能碰撞或内爆，通过此法创造的小黑洞称为"kugelblitz 黑洞"。当然，其中的技术困难也不小。这项技术属于遥远的未来，但在物理学理论上可行。

而且，没有人建议将上述方法作为地球上的一种能量来源，因为太过危险。除了是一个可怕的黑洞以外，kugelblitz 黑洞还非常热。其温度之高，以至于目前尚无物理学术语可以描述。或许，让这些黑洞跟随星际飞船远离地球倒是个好主意。但理论上讲，深空 kugelblitz 黑洞可以用于为全太阳系的文明提供动力。

不管怎样，一旦出现了一个小小的奇点，就需要为其注入物质，任何物质都可以，还可以利用它处理巨型垃圾。物理学家斯蒂芬·霍金（Stephen Hawking）是第一个发现黑洞会发出辐射的人，这种辐射由此被称为"霍金辐射"（Hawking radiation）。在黑洞的事件视界上，没有任何东西，甚至连光都无法逃脱。一个粒子被吸进黑洞而另一个粒子勉强逃脱时，在二者的合适距离上，可能会产生一个虚粒子–反粒子对。当然，世间万物不可能无中生有，因此这个粒子从黑洞带走了一些质量。

黑洞越小，发出的霍金辐射就越多，黑洞失去质量的速度也就越快。最终，在临界于某一最小质量时，黑洞会在霍金辐射中爆炸。

假设我们创造了一个微小的黑洞，约一个质子大小，其质量为 60.6 万吨，可释放出大概 160 拍瓦的能量，约为全球一年使用能量的 10 000 倍。这种黑洞在蒸发前可以存在约 3.5 年。然而，可以向这一微小黑洞中注入更多的物质以保持其状态，在此情况下，黑洞可以无限存在。

如果可以安全创造上述黑洞，那将是一个巨大的能量来源。我们该如何利用这种能量来驱动宇宙飞船呢？这个问题很棘手，取决于人们想要做出的权衡。堪萨斯州立大学的洛伊斯·克兰（Lois Crane）和肖恩·威斯特摩兰（Shawn Westmoreland）提出了一种方法，即在黑洞周围放置一个抛物面反射镜，可以将霍金辐射从一侧引导出去，从而为飞船提供推力。一束强大的粒子束可以射入黑洞，为其提供物质，以保持黑洞的质量，并使其随着飞船加速。

此外，也可以用一种物质包围黑洞以捕获辐射，并将其转化为足够的热量从而驱动热机。但是，该过程需要推进剂，于是，我们又绕回了火箭方程。

利用人工制造的黑洞存在巨大的工程和后勤障碍，但它可以产生长期的推力，足以将一艘大型飞船加速到相对论速度（接近光速）。然而，这仍然是属于遥远未来的理论驱动力。

👆 太空旅行的未来

目前，我们依靠火箭离开地球，到达太阳系内的目的地。核裂变以及最终基于核聚变的火箭很可能即将实现，也许在未来的数千年里，它将成为太空旅行的支柱。光帆技术或许也很重要，这可能是我们数千年来唯一可行的星际旅行方法。利用物质–反物质或黑洞的超级先进飞船可能会在遥远的未来才能实现。

除了足够的推进力外，太空旅行还面临着一些挑战。最大的危害是辐射。在地球大气层和磁场的保护之外，有两种类型的辐射会伤害宇航员。第一种是太阳辐射，由带电粒子组成。可以用厚厚的船体或水，或者两者兼而有之，屏蔽这种类型的辐射，以达到双倍的效果。这种辐射的真正风险在于其可变性，即它可能会在风暴中出现。宇航员需要得到足够的警告，才能在被击中之前到达飞船内屏蔽程度更高的位置。

第二种辐射更难处理，即存在于银河宇宙中的射线，顾名思义，这种辐射在星系中无处不在，甚至远离恒星之地也逃不出它的辐射范围。虽然宇宙射线是接近光速的质子或电子，但却是难以屏蔽的高能粒子。其能量之大，有的足以穿透铅板。人类现有的屏蔽方式不仅无效，而且还可能使情况变得更糟——将宇宙射线困于飞船内部会造成更大的伤害，或者启动子粒子，产生更多的辐射。目前，尚无好的解决方案保护宇航员免受长期宇宙射线的伤害，这些射线的强度足以破坏人体的 DNA 和细胞。人们正在探索生物疗法以减少这种影响，但美国国家航空航天局目前给出的方案是尽可能快速完成太空任务，本质上讲，就是"快速抵达目的地"。

另一个极端挑战是如何创造人工重力。这可以在恒定的加速度下完成，但在可预见的未来里，宇宙飞船将利用大量时间滑行。因此，旋转成为产生人工重力的唯一可行机制。宇宙飞船通常很小，如果旋转结构不大，即在 1 千米或更大的数量级上，那么在旋转过程中，宇航员将感到眩晕。装备在微重力和旋转重力下工作也是一项挑战。建成那些够大、够先进且可以利用旋转实现人工重力的飞船可能还有待时日。

再次强调，如果我们实事求是一点——且不论"阿波罗号"（Apollo）和《星际迷航》的粉丝听到此处的伤心程度——在很长一段时间里，太空旅行只会变得很糟糕。太空旅行时间将会很长，没有人工重力，旅行者可能会在大部分时间里被困在飞船上的狭小且极度屏蔽的空间。然而，先进的材料可能会提供部分帮助以拯救旅行者们，比如能有效屏蔽宇宙射线的超材料。人工重力只会来自加速度，因此强大的核聚变引擎将是太阳系内旅行的关键。

单靠宇宙飞船无法完成上述任务。我们或许可以通过建设基础设施使太空旅行更加可行和舒适。在未来，各种类型的飞船之间可能会有分工。我们可能会研发出大型飞船，可在轨道上连续飞行，从地球附近飞至火星或其他深空目的地，再返回地球。这种飞船可以针对舒适度进行优化，配备足够的生活或工作空间以及补给。体积足够大的飞船屏蔽效果优良，甚至可在旋转中产生人工重力。不过，这种飞船可能体积过大且综合性强，因为只需加速一次，就可以沿着自己的路线滑行。它们会像是太空中的小城市，与其说是宇宙飞船，不如称其为空间站。

从地球前往火星时，旅客可以乘坐一艘非常小的飞船与一艘较大的飞船会合，然后停靠在太空中，这样他们就可以在更舒适的环境中度过余下的旅程。一旦到达火星，较小的飞船就会脱离，进入火星轨道或着陆，而较大的飞船继续沿着返回地球的轨道飞行。

这个基础设施可能还包括一个激光系统，用于加速环绕太阳系的光帆，并将太阳能飞船送到附近的恒星。但在遥远的未来，我们可能会利用暗物质、黑洞和其他奇异的物理力量，使飞船速度达到光速的 50%，甚至更高，最终使星际旅行真正可行。不过，前往最近的恒星旅行仍需数年到数十年的时间。然而，要想像《星际迷航》以及许多科幻小说的情节中那样以超过光速的速度旅行仍停留在想象阶段。

太空旅行的基础设施也将不仅仅包括飞船。我们需要有地方可去，需要有资源和安全的地方以维持生活、种植粮食和储存水。我们不仅要探索太空、环游太空，还要在其中定居。

23
太空定居

前往月球阿尔法基地和更远的地方。

由于人类是在地球上进化而来的，所以我们已经高度适应了这个环境——有一个薄薄的气体外壳包围着我们的星球，温度和压力变化范围很窄，不受辐射的影响，大气中有足够的氧气，无过多的二氧化碳或其他有毒气体，湿度适中。我们现已进化到能在太阳发出的光线下看见事物，并能够食用有机物，而我们亦是有机物的一部分。

离开这个小小的似茧蛹一般的保护层，我们无法存活太久。即使在地球上，我们也无法在某些地方无限期地生存下去。沙漠的环境太热太干，两极又过冷，最高山脉上的空气太稀薄，所以我们通常待在自己的舒适区，穿着衣服，甚至住在由环境控制的房屋里，以保持真正的舒适。

相比之下，已知宇宙的其余部分则是一片致命的地狱。事实上，据我们目前所知，在没有防护太空服或封闭栖息地的情况下，人类无法在其他地方生存。尽管常见的科幻小说认为，太空旅行者可以在大多数行星上着陆，并且环境相对舒适，但很可能只有极小一部分"类地"行星真正适合人类居住。毕竟，变量太多了。

其他星球上的引力可能过大或过小，照至其上的太阳光或许过亮或过暗，温度也可能过高或过低，并且大气也可能存在诸多问题。如无磁场，我们将会遭到致命的辐射轰击。最重要的是，其他星球上的食物可能也不安全。

太空自身的环境甚至更为恶劣。在接近绝对零度的温度下，人类会被冻结；但如果我们直接暴露在未经大气层过滤的太阳光下，人类又会被烧熔。如前文所述，即使短暂地暴露在太空真空中也将致命。没有大气层作为屏蔽，辐射也会慢慢将我们杀死。此外，我们需要随身携带所有的氧气、食物、水和能量。本质上讲，为了在太空中生活，我们需要建造一个与地球环境非常相似的球形居所，外层由大气层包裹，形如一个气泡。

最重要的是，太空中没有重力。轨道将保持一个持续下降的状态，在轨道上基本上没有明显的重力感，技术上称为"微重力"，因为太空中仍有微小的局部重力来源。如果未受到接近1g的重力，我们的身体就无法运作——我们会失去骨骼和肌肉，无法正常分配体液，视力将会受损，以及其他仍在了解中的副作用。

太空定居并非易事，但我们仍会再接再厉，因为探索和定居新地方是人类的生存方式。

✴ 空间站

　　将任何现有的空间站都称为"定居点",甚至是永久点,都还为之过早。定居点意味着一个自给自足的社区。不过,太空定居点不必完全自给自足,可以依赖外部交换或支持,但这种地方应该是人们生活和工作之地。

　　顺便一提,太空爱好者已不再使用"殖民太空"这个词了,因为殖民地的定义为外国势力在另一个国家的部分地区建立部分或完全控制,并从本国移民至此。如果火星上确有火星人,那么地球人在此定居便会形成殖民地。因此,在发现外星生命之前,我们将坚持目前的传统说法"定居"。

　　现有的空间站,即人们可以在太空中生活和工作的地方,并非完全的定居点,而是前哨站,或者顾名思义,即空间站。国际空间站是目前太空中寿命最长且面积最大的有人居住建筑,其首尾相连长达 108 米,内部生活空间相当于一个六居室的房屋。国际空间站的主体建筑始建于 1998 年,并于 2011 年完工,但相关升级和维修几乎一直在进行。

　　自 2000 年 11 月 2 日以来,来自 18 个国家的 242 名宇航员(数据截至 2020 年 11 月)曾居住在国际空间站。美国宇航员斯科特·凯利(Scott Kelly)保持着在国际空间站连续停留时间最长的纪录,达 340 天。而宇航员佩吉·惠特森(Peggy Whitson)在国际空间站停留的总时间最长(非连续),为 665 天。

　　之前的空间站,包括"金刚石空间站"(Almaz)和"礼炮号空间站"(Salyut)系列,"天空实验室"(Skylab)、"和平号空间站"（Mir）和"天宫一号试验空间站"（Tiangong–1），都不再运行。这些空间站使与太空生活相关的科学技术得以发展。宇航员甚至可以在太空中种植食物，尽管其产量远远不够养活宇航员。国际空间站不能自给自足食物和水，完全依赖外界运输。

在国际空间站上，排泄物只能部分回收利用。人类粪便经过杀菌处理，最终被抛出空间站，并作为"粪便流星"在地球大气层中燃烧。然而，美国国家航空航天局正在寻找充分回收利用人类排泄物的方法。其中一项建议是将排泄物储存在空间站的外层，作为抵御辐射的"粪便屏障"。科幻喜剧电视剧《第五大道》（Avenue 5）以幽默的方式探讨了这一构想，但这是一项严肃的提议。自 2009 年以来，国际空间站一直在回收尿液，且该系统已升级为更有效的模型，即使用强酸净化宇航员的尿液。正如一位宇航员所说："今天的咖啡也是明天的咖啡。"

国际空间站将持续飞行至 2030 年，美国国家航空航天局计划让其退役，并于 2031 年的某个时候将其摧毁并沉入海洋，再用一系列商业空间站取而代之。私营航天企业公理航天（Axiom Space）正在计划将自行研发的模块连接到国际空间站，并于 2022 年开始执行任务。这些模块是对老化的国际空间站的重大升级，一旦国际空间站退役，公理航天的模块将分离出来，成为该公司自有的空间站。

另一家私营公司，轨道组装公司（Orbital Assembly Corporation, OAC）公布了其"旅行者空间站"计划，该空间站将最多容纳400 人。"旅行者空间站"是一个甜甜圈形状（环面）的太空站，与电影《2001 太空漫游》中的空间站十分相像，通过自旋产生人工重力。

美国国家航空航天局计划建造一个名为"门户"的月球空间站，作为阿尔忒弥斯任务的一部分，以方便完成往返月球表面的任务。随着从低地球轨道到月球（称为"地月空间"）空间基础设施的发展，未来可能会有更多的空间站。

但是，空间站是用于参观或完成任务的地方，而非定居点。目前尚无建造空间站定居点的计划。在进入太空的成本大幅降低和在太空自给自足的技术得到进一步发展之前，永久定居的空间站或许不具备可行性。

对于一个作为永久定居点的空间站而言，它需要在很大程度上实现自给自足，因为将物资送入太空的费用高昂且不易操作。完全回收所有的水和排泄物将成为必须要求。于永久居民而言，空间站还需具备安全性，这意味着其外部应有足够的辐射屏蔽措施。

能够为所有的居民种植充足的食物有着额外的优势，不过，运送补充食品也具有可行性。水培花园，即使用完全受控的环境、人造光和几乎完全循环利用的水，在水中种植植物，这已经是一项巨大的产业（预计到 2020 年将达 97 亿美元）。水培法是一种可种植许多蔬菜的有效方法，人们已经在国际空间站上利用此法种植了试验植物。

人工重力也必不可少，所幸这可以通过简单的旋转实现，不过仍需面积相当大的空间站。空间站越大，旋转产生的影响就越不容易被飞船内的乘客察觉，因此也不容易引起眩晕。和"旅行者号"探测器一样，这种环面设计最早由赫尔曼·波多奇尼克

[Herman Potočnik，曾化名赫尔曼·诺顿（Hermann Noordung）]于 1929 年提出，因此有时被称为"诺顿之轮"。不过，我们还有其他选择——可以用一根长缆绳连接两个模块，使二者围绕彼此旋转，飞船可以停靠在缆绳的中心点，通过升降机到达其中一个模块上。

另一个想象中的设计是一个沿着长轴旋转的大圆柱体，就像《巴比伦 5 号》中的车站一样。这一构想最初由达雷尔·罗米克（Darrell Romick）于 1956 年提出，他设想了一个高 1 千米、直径 300 米的圆柱体，可容纳 2 万人。杰拉德·K. 奥尼尔（Gerard K. O'Neill）于 1974 年对此发表了首篇技术分析，因此这种设计被称为"奥尼尔圆柱体"。根据奥尼尔的计算，钢的强度足以支撑一个直径为 8 千米的圆柱体，但这已经是最大限度了。更先进的材料可以制造更大的结构。

能量供应也很关键，但利用太阳能电池板便可轻而易举地获取能量。在太空中，太阳能电池板可以自动定向，以获得持续最大化的太阳光供应。在出现紧急情况时，或者面板因任何原因需要脱机时，备用电池不可或缺。太空中其他形式的能量可能不易获取且成本高昂，但极有可能用作备用电源。但未来的大型空间站可能会包括一个小型核反应堆，甚至是一个先进的核聚变反应堆。

事实上，氧气问题并没有想象中那样难以解决。如果种植的食物足以养活一个空间站的居民，那么这些植物也会循环利用二氧化碳，产生的氧气将大于所需要的量。美国国家航空航天局称这种系统为"受控生态生命保障系统"。在这种系统中，最著名的实验或许就是"生物圈 2 号"封闭栖息地，这是一座微型的人工生态循环系统，但并未针对太空环境进行优化。与之更相关的实验是苏联主导的 BIOS-3，这是 20 世纪 60 年代至 80 年代一个研究项目的一部分。人们发现，只需分配给每人 13 平方米的土地，他们就能种植 78% 的所需食物，从而制造几乎所有的氧气。只要有更多的空间和更高的效率，就可以轻而易举地生产所有的食物和充足的氧气。

事实上，对潜在的火星封闭栖息地的模拟发现，氧气过量可能才是真正的问题所在。如果大气中的氧含量过高，就会引发火灾。因此，任何封闭的栖息地系统都需要谨慎调节植物的种类和数量，以完美地平衡食物、水、氧气和二氧化碳的数量，或者采用环境系统从而调整这些变量。产生过多的氧气或许比去除多余的氧气更为容易。可以将多余的氧气储存起来，以供舱外活动或访问空间站的飞船使用，也可将其用作燃料。

有关深空定居点的其他建议包括挖空大型小行星，再将其内部用作空间站。如果小行星体积足够大，比如谷神星（Ceres），那么甚至可能"加速"小行星的旋转（就像《苍穹浩瀚》中那样，剧中做法本质上是利用火箭使小行星旋转得更快），以产生人工重力。同时，小行星自身也会提供足够的屏蔽从而抵御辐射和流星。

最重要的是，不但一个封闭的生态控制栖息地完全具有可行性，而且我们现在距离实现这一点已经非常近了。在这样一个生态系统中，有足够的原材料、适当地辐射屏蔽、一些产生人工重力的旋转，以及为整个系统供电的太阳能电池板。由此可见，在不久的将来，永久定居太空的可行性极高，并且最终很可能会实现。

定居太空的构想由来已久。1895 年，俄罗斯火箭之父康斯坦丁·齐奥尔科夫斯基（Konstantin Tsiolkovsky）提出了建立空间站的想法。1903 年，他完善了这一想法，包括旋转产生重力、太阳能，以及一个产出食物和氧气的封闭栖息地。125 年之后的今天，我们所拥有的技术至少可以开始实现他的这一宏愿。

真正的问题在于人们是否愿意在太空生活。答案很可能为是，毕竟全球人口数十亿，总有人会想要这么做。但我们不得不问：除了在太空中生活，人们还能在那儿做什么？这是一个经济问题（正如我们所见，经济学问题往往比纯粹的技术问题更为重要）。人们能否在太空中谋生？获得的收益是否足以负担可能极为高昂的生活成本？

太空定居的经济效益将取决于未来的工业发展。即使是具备人工重力的空间站也会有低重力甚至微重力的位置，这对某些科学实验很有帮助，对未来的一些工业产业而言，也可能至关重要。微重力制造或许是未来太空定居的命脉所在。利用空间站作为操作基地的小行星采矿业是另一个潜在产业。在小行星上工作的矿工将需要一个居住和获取补给的地方，因为上下往返于地球重力井并不划算。未来的太空定居点甚至可能有技术人员驻扎，他们的工作是维护一个巨大的轨道太阳能电池板排布，从而向地球发射能量（或管理实际参与工作的机器人）。

👆 定居其他星球

当然，我们并不局限于在太空中建造自由漂浮的空间站。我们可以采用同样自给自足的栖息地技术，在月球、火星和太阳系的其他星球上建造定居点。遇到的问题基本上并无差别。这类栖息地同样需要能量、食物、氧气、正常大气压和辐射屏蔽。

在月球这样的星球上，有些事情操作起来会更容易，有些则更难实施，还有些与在其他星球操作难度一致。食物、氧气、资源回收利用和大气控制在太空或月球表面或其他行星表面几乎都是难度相同的技术问题。唯一真正的区别在于，在其他星球表面开展上述活动更为容易。人们也可以利用当地的风化层为种植植物创造土壤，不过，水培农业也具有可行性。有些地点甚至有当地的水源。

太阳能电池板也可能成为能源支柱。由于太空中的太阳光持续发出，因此极易获取太阳能。月球两极可以持续接收光照，但其他位置则不能，因此需要建造更多的太阳能电池板，并将其与足够的备用电池系统配对。

如在其他星球上定居，核反应堆可能更有价值，也更有必要。在远离人类栖息地的地方，可以轻而易举地建造核反应堆，并可连续数十年生产可靠的能源。在火星上，风力涡轮机是可行的。事实上，由于阻挡太阳能电池板的沙尘暴可以产生风能，风力涡轮机可以作为有效替补。

距离太阳越远，太阳能电池板可获得的能量就越少。例如，火星上的最大太阳辐照度约为 590 瓦/平方米，略高于地球（1000

瓦／平方米）的一半，相比之下，木星上仅为 50 瓦／平方米。然而，太阳系以外的气态巨行星中含有大量的氢，一些较大的卫星上含有碳氢化合物，这些物质可以为核聚变反应堆甚至氢燃料电池提供燃料（可与所有食物生产产生的多余氧气结合）。即使是彗星也含有可以作为燃料来源的挥发性元素。

在固体星球上防辐射更为简单，原因有二。其一，可以就地取材。到达月球表面后，就可以在当地的风化层上建造栖息地，其中包括厚厚的辐射屏蔽。

根据美国国家航空航天局提供的图像，我们现在也有充分的理由得出结论，月球和火星上可能存在天然洞穴，可作为完美的辐射屏蔽。这些洞穴为熔岩管道，在熔岩到达或接近地表时形成。在月球上，洞穴的宽度估计在 300 至 900 米之间（没错，确实是宽度）。由于火星的重力较大，火星上的洞穴较小，但宽度仍在 40 至 400 米之间。

这些深洞不仅可以防辐射，还可以挡避微陨石，甚至更大的流星，对于无任何大气层保护的太空栖息地而言，这三者都构成了真正的威胁。此外，我们也许可以在熔岩管道内打造简易的充气栖息地，无需任何重型建筑。甚至有可能对整个熔岩管道进行密封和加压。

也许，在低重力星球上定居遭遇的最困难的挑战在于，并无简单易行的方法将重力增加到接近地球正常的水平。具有讽刺意味的是，在只有微重力的太空中，利用旋转来解决这个问题更为容易。月球表面的重力只有 0.165g，火星上则为 0.38g。目前，我们甚至还不知道如何在理论上产生真正的人工重力，而且这一点可能无法实现。有人建议建造大型环形轨道，使栖息地倾斜成一定角度并旋转，从而增加重力，但这一解决方案可能不切实际。

我们缺乏月球或火星的低重力环境对生物效应的长期研究，但从目前已知信息来看，低重力环境可能会降低我们的骨密度和肌肉力量，并产生其他负面影响。如果你要在月球或火星上度过余生，那么这种环境不会造成影响，因为你会适应这种重力。然而，一旦你回至地球，就会发觉难以适应甚至不可能适应地球重力。由此可能会产生多个人类亚种群，而每个亚种群都能适应不同的重力。

👆 世代飞船

世代飞船值得一提，这是另一种定居形式。世代飞船是一艘大到足以充当空间站的宇宙飞船，能够完全自给自足，且可以容纳数百甚至数千人。然而，空间站也是一艘飞船，能够产生大约1g的持续推力。在此情况下，加速度将提供人工重力，而不是旋转。或者，一旦飞船达到巡航速度，就可以改变配置，使生活舱旋转以提供重力。

这种飞船的设计比空间站或月球基地更具挑战性，因为它必须实现真正的自给自足，因为永远不会有任何补给，其中包括所有的维护和修理。在深空中，也不会有太阳能，所以核裂变或核聚变或许必不可少，或者可利用反物质甚至黑洞引擎这类高科技提供能量。

上述飞船通常称为"世代飞船"，因为其设计初衷就是为超过人类一生时间——数十年到数百年——的太空旅程提供居所。到达理想目的地的人们将是那些离开出发地并在飞船上度过一生的人们的后代。据推测，飞船上的资源和人力将用于在遥远的恒星系统中建立一个新的定居点。

☝ 中期和远期未来的定居点

在之后的数百年里，我们可能会改进提升太阳系中的基础设施，将月球打造成一个巨大的城市，并实现完全定居火星，在小行星上建立空间站，最终到达太阳系外。大型防护良好的飞船将在连接所有定居点的系统中纵横交错。届时，其他技术也会随之进步。我们也许会利用纳米机器人和机器人，它们会自主将小行星改造为新的世界，充分利用系统中的每一丝物质。

地球将永远是特别的，永远是我们的家园，但我们终将成为真正的太空物种。这意味着我们不仅需要建造飞船和定居点，还要改变自身以适应太空生活。生活在完全太空世界的人们可能会通过加装机器部件和人工智能得到增强，或者通过基因工程改善我们的基因，从而适应我们将在太阳系周围创造的与众不同的环境。

2022 年，研究人员发现缓步动物（小型水熊，可以在恶劣的环境中通过脱水生存）体内的 DNA 包裹有特殊的蛋白质，以保护自身免受辐射损伤。这些蛋白质或生成它们的基因已被添加到体外培养的人类细胞中，可使人类 DNA 对辐射的抵抗力提升十倍。那些经过基因改造的人们也可能创造新的生命，从而实现在新世界定居的愿景。

如果我们沿着这一目标继续前进，延伸至多个类太阳系，甚至可能最终扩展到整个银河系，那么最终对于人类文明而言，这意味着什么？另一种构建这个问题的方式是：当我们遇到先进的外星文明时，我们会发现什么？

一旦我们能够在太空中建造并维持足够大且复杂的栖息地，那么在此生活或许比在任何星球上生活都更加舒适。这意味着，理论上，任何先进的文明都可以将其恒星附近的所有物质转化为生存空间。恒星会释放出大量的可用能量，所以如果一颗恒星被太阳能电池板所包围，那么其自身发出的几乎所有能量都可以被收集起来，用于运行一个文明。此法最初由弗里曼·戴森（Freeman Dyson）提出，因此该结构称为"戴森球"（Dyson sphere，电池板完全包围一颗恒星）或"戴森云"（Dyson swarm，电池板部分包围一颗恒星）。

此外，这颗恒星周围还可能建造由小行星、卫星，甚至星系中的矮行星和完整行星构建而成的太空栖息地。如此一来，可用的生活空间将大大增加。在这种文明中，仅在星球表面生存的物种甚至可能看上去较为古怪和原始。

将工业、食品生产、能源生产，甚至生活空间转移到外太空或者其他贫瘠世界的原因多种多样。其中最主要的原因是上述产业会造成污染和其他损害，故需要从地球生物圈中移除。最终，我们可能会将地球生物圈视为一种宝贵的资源，应尽量保持其自然状态，减少人类的足迹。我们惬意地生活在地球之外的同时，也许只能参观地球的原始自然状态。

很难预测完全生活在太空中时会有怎样的长期心理影响。子孙后代会认为在太空中生活理所当然，还是依然会渴望行走在地球表面？也许他们并不在意，因为他们会将大部分时间花在虚拟现实中，在那里，他们可以随心所欲地在任何地面上行走。在太空或栖息地生活的情景可能很美好，但改变整个星球以满足我们的需求或许也具有吸引力。这就需要在全球范围内进行改造工程。

24
地球化其他星球

星球地球化可能……就目前而言，仍然是科幻小说中的情节。

    1942 年 7 月，科幻作家杰克·威廉森（Jack Williamson）以威尔·斯图尔特（Will Stewart）的笔名在《惊奇故事》（*Astounding Science Fiction*）杂志上发表了中篇小说《轨道碰撞》（*Collision Orbit*）。该故事被认为是第一个包含"地球化"概念和创造这一术语的故事。自此，地球化就成了科幻小说的主要内容。例如，在《异形》系列电影中，维兰德·尤塔尼（Weyland–Yutani）公司参与了行星的地球化改造，包括存在外星生物的星球。

    有时，地球化的结果并不如我们所愿，就像《世界大战》（*War of the Worlds*）中的情节一样。1897 年，赫伯特·乔治·威尔斯（H. G. Wells）在其小说中写道，火星人将"红杂草"带至地球，于是该植物在陆地上迅速蔓延。然而，目前尚不清楚这是有意为之还是无心之失。2005 年的电影《世界大战》中明确指出，红杂草事件是火星人蓄意谋划而为之，企图将地球"火星化"。

    正如前一章所讨论的，我们需要将其他行星地球化，或者改变行星的特征，从而使之更适合人类居住，因此，使行星更接近地球环境乃情理之中。2013 年，哈佛-史密松森天体物理中心（Center for Astrophysics–Harvard & Smithsonian）利用开普勒太空望远镜观测到的系外行星数据，推测银河系中可能有 170 亿颗"类地"行星。但其中只有小部分行星可能拥有所有必要的环境条件，在这种条件下，人类可以穿着正常的衣服四处走动。这些行星与太阳系的距离并非近到乘坐先进的宇宙飞船即可到达的程度。

如果我们想要在具备友好环境和生态系统的全新世界定居，那么地球化是唯一的选择。但地球化是否可行？这取决于新世界的最初模样。

火星是太阳系中最有可能地球化的候选地。其面积虽小，但可以忍受。一般而言，地表重力是行星改造中最难实现的方面。如果行星上的重力过大，我们在任何合理的时间范围内都无能为力。如果过小，则需要大幅增加质量才能产生显著的变化——可以将数千颗小行星引向这颗行星，使这些小行星的质量增加到这颗行星上。但这是一个缓慢的过程，可能在数千年甚至数百万年内，这颗行星都不适合居住。

由此引出地球化技术最关键的方面，即通常而言，此法用时漫长。如果我们想在短期内占用某颗星球，时间将成为一个限制因素，但长远来看，时间因素不是问题。

那么，改造火星的前景如何？坦率地讲，不容乐观。首先，计算表明，火星上没有足够的挥发性物质以形成极为重要的大气层。2018 年，美国国家航空航天局的一项研究发现，即使释放所有冻结的二氧化碳和水蒸气到大气中，也只会将火星的大气压力从地球大气的 1%（目前水平）增加到 7% 左右，该水平的压力不足以维持人类的生存，产生的温室效应也不足以使火星温度上升至舒适程度。因此，即使奎德（Quaid）的确启动了反应堆〔来源于电影《全面回忆》（*Total Recall*）〕，他和其他暴露在火星上的人们仍然会窒息而亡。

此外，火星上的二氧化碳含量不足。我们呼吸需要氧气，而火星上没有大量的氧气。同时，我们还需要大量的氮气从而使大气压达到合理范围，而不需要过多的氧气或二氧化碳。不过，我们也不需要一个大气压下的压力，即地球海平面上的压力。例如，珠穆朗玛峰的顶峰气压约为 0.33 个大气压（取决于天气），但这种环境几乎无法生存，只有适应极端条件的少数人才能生存，而大多数登山者需要补充氧气。但上述例子表明，这种极端条件在人类可承受范围内。

然而，如果一颗行星至少有 0.5 个大气压，或许还有更高的氧气含量作为补偿，那人类可以完全接受这种环境。例如，科罗拉多州丹佛市的气压为 0.82 个大气压。

如果氧气不是问题呢？在血液开始沸腾，眼睛像阿诺德·施瓦辛格（Arnold Schwarzenegger）在《全面回忆》中扮演的角色那样突出之前，人体所能承受的最低绝对压力是多少？实际上，答案很精确，即 0.0618 个大气压，这是地球上海拔 6.3 万英尺处的压力。准确来说，这是水在人体温度下沸腾的压力。飞行员哈里·乔治·阿姆斯特朗（Harry George Armstrong）是第一个认识到这一现象的人（无须担心，这是经生理学研究得出的结论，而非个人经验）。

如果我们融化所有的干冰（固态二氧化碳），火星的压力可能会刚好高于 0.0618 个大气压，但如果无外界帮助，火星表面仍不适合居住。在此压力下，即使呼吸纯氧，也无法获得足够的氧气以供生存，因为需要 0.122 个大气压和纯氧才可以维持生命。

解决这一问题的另一种方法是考虑氧气的分压。本质上就是用大气中氧气的百分比乘以大气的总压强。在地球的海平面上，氧气占空气总体积的百分比为 21%，压强为 760 毫米汞柱，故氧气的分压约为 160 毫米汞柱。因此，大气压力越低，为获得正常的氧气分压，氧气所占百分比就会越高。

除了即时的生存能力外，低压环境也会导致长期不利的生物效应，如高海拔肺水肿，人类可通过缓慢地适应环境从而避免这种情况。例如，随着时间的推移，人类也将适应低氧压的环境，体内红细胞数量会随之增加。

理想情况下，一个地球化的世界应含有足够的二氧化碳以保持舒适度和温暖度，但不应过量，从而导致人体健康受损或致命。地球大气中的二氧化碳含量约为 0.04%（体积百分比），如果达到 0.1%，人体就会开始产生头痛和疲劳等不良反应。当二氧化碳浓度达到 5% 时，会对人体健康造成重大影响以至危及生命。

空气中也需要保持湿度。如果你曾去过沙漠，就会体会到人体脱水速度之快。高温和较低的环境湿度均会导致上述情况。此时，需要大气中的水蒸气作为调节，而要想可持续发展，地球化的世界地表就要有液态水以作供给。

因此，一个地球化的世界至少需要足够的大气和水源，在某些条件下，其温度范围应至少允许液态水可以多种形式出现在星球表面。我们可能还需要从大气中去除有毒或腐蚀性物质。例如，金星的大气中含有硫酸，而即使是少量的硫酸也会致命。

有哪些潜在的方法可以帮助我们达到上述目的？对于大气层薄弱的行星，我们需要向其释放或输送合适的大气层成分。一些星球和火星一样，可能含有干冰（固态二氧化碳）之类的冷冻化合物，可通过加热释放。为达到此目的，可利用诸多大型发电厂产生热量，从而融化上述物质。安装在轨道上的镜面也可以将阳光照射到冷冻化合物上，使其融化。如果可能的话，基因工程制造的暗黑系植物可以繁殖并吸收足够的热量以融化冷冻化合物。或者我们可以改变小行星的方向，让其撞击星球，以释放巨大的热量。

土壤中也可能含有氧气和二氧化碳之类的化合物。这类化合物更难释放，需要大型加工厂，但具有一定的可能性。例如，火星呈红色，是因为所有的氧化铁物质存在于风化层。如果可以将化合物中的氧气提取出来，就能够为火星大气层供氧。

另一种必需元素是氮，氮不仅可以增加大气压力，还可以为植物提供养分。如果可以将氮固定在土壤中，那么理论上，植物就可以生长并转化二氧化碳。

植物在任何地球化项目中都扮演着重要的角色，不仅因为它们可以吸收阳光，制造氧气，为植物提供养分，而且还有助于创造一个自我维持的循环系统。大气并非处于静止状态。例如，我们已发现地球上存在水循环、碳循环和氮循环。如果想让地球生命（包括人类）在地球化的星球上维持一个生态系统，那么就需要在此创造一个类似的自稳态循环。

然而，改造一个像火星这样的星球并非易事。可能因为火星上没有足够的原生材料使自身的温度和大气达到植物可以生存的程度，从而使整个星球成为一个舒适的生态系统。那么，我们该怎么做呢？

其中一个提议就是前文提及的改造小行星或彗星的方法。假设我们将一颗含有大量挥发性化合物（如水、二氧化碳和氮）的彗星重新定向，使之到达最终会与类似火星的行星相交的轨道上，如此一来，所有的挥发物都将移添至行星的地表和大气中。此法甚至有可能避免大量的破坏。如果彗星的运行方向足够精确，就能进入火星轨道。随后，轨道会慢慢衰减，彗星会在撞击行星表面之前燃烧，并将所有的挥发物转移到行星的大气中，甚至还会产生一些热量。虽然这种方法需要数百年才能完成，但却具有可行性。

即使我们成功地将足够的大气层转移到火星上，也不会持续很长时间（在行星范围内）。由于整个星球缺少磁场（它的南半球的确有一个微弱的局部磁场），火星原有的大气层会消失不见。因此，太阳风一直在剥离火星的大气层。如果重建火星，这种情况会再次发生，但可能需要数百万年的时间。就目前而言，我们无须担心。如果约一百万年后，仍存在上述问题，届时新的技术可能会出现，从而成为解决方案。

这确实为我们引入了星球地球化的另一个方面，即覆盖整个行星的磁场。地球上存在磁场，可在保护大气层的基础上使我们免受部分辐射，因为来自太阳风的电离粒子会绕过磁场运动。再次强调，这主要是一个时间尺度极长的问题。尽管如此，如果想要完全维持一个地球化的大气层，并获得辐射屏障，那么创造一个巨型磁场是很有用的。

上述情况是否可能实现？理论上可行，但实施起来很困难。地球磁场产生原理为电离层中的"发电机效应"，即液态铁的外核旋转并产生磁场（现实比之更为复杂，该表述仅为简单描述），但火星的内核早已冷却。假设我们可以熔化其内核，比如大量使用威力强大的核弹。如此，会出现什么问题？一旦火星被熔化，其旋转时就会产生发电机效应，并引发爆炸。有人还提出另一想法，即使超大电流通过火星，传导至其内核，直至最终熔化。

显然，这将是一项超大规模的工程，我们甚至还不知道火星内核的大小是否能够产生足够强大的磁场，从而改变整个星球的环境。要完成这项壮举，我们必须严谨打造一些模型。

要对像金星的行星进行地球化改造，我们该做些什么？地球化改造金星的想法最初由卡尔·萨根（Carl Sagan）于1961年正式提出。与火星相比，金星有多个优势。首先，金星的体积和重力（0.904 g）与地球接近，且离太阳更近，因此能接收到更多的能量。但金星最大的缺点在于，其大气层很厚，主要由二氧化碳和一些氮组成，同时，其地表被一层层硫酸云覆盖，时常落下硫酸雨。高浓度二氧化碳导致金星产生了过度的温室气体效应，使其成为太阳系中最热的行星。金星表面的气压为91个大气压，与地球海平面以下900米处的气压相同，且表面温度约为467℃，足以熔化铅。

显然，如果要让金星成为宜居行星，我们仍需做大量的工作。生物方法不可行，尽管我们可以通过基因工程使得藻类或其他物种可以在金星的大气中生存。此外，金星上没有足够的氢将二氧化碳转化为有机分子，并且其表面的极端高温无论如何都会将转化而来的有机分子再转化回二氧化碳。但化学过程，如将大气中的二氧化碳与金星地壳中的矿物质结合形成碳酸盐，至少可行。然而，计算表明，我们需要将金星的整个地壳翻转至 1 千米深，才能封存足够的碳。

我们可以向金星的大气层中引入镁或钙等化合物，使之与二氧化碳结合生成碳酸盐，但这需要的物质质量相当于 4 个灶神星（Vesta，其直径超过 525 千米，大于美国大峡谷）的质量。氢是碳的另一种潜在黏合剂，二者在博施反应中生成石墨和水。该反应需要 4×10^{19} 千克的氢气，氢气在金星上并非随处可见，而是从一个气态巨行星上收集而得。

萨根还提出利用大型小行星撞击金星以刮走大气层的构想。然而，这将需要大型小行星进行 2000 次撞击，可能会导致地壳破裂、气体释放，从而取代大部分大气成分。此外，溢出的气体将进入金星的轨道，并可能被金星的引力重新捕获。

使类似于木星冰卫星的物体转向或许会达到上述目的，既可以产生撞击的效果，也可以一次性向金星输送大量的水。然而，即使在整个过程中使用重力辅助，将卫星从木星拉至金星也需要巨大的能量。

理论上，用太阳能电池板为金星遮挡太阳光照射具有可操作性。如此一来，金星便可降温，从而使更多的二氧化碳与表面的矿物质结合，同时，还可以产生能量。此法的主要限制因素在于，该工程规模巨大。不过，其他冷却方法，如大气气球，可以作为补充。

关于改造金星，人们还提出了其他建议，但同样需要大量的工程或大量的能量才能产生显著的效果。看来，改造金星或火星是一件需要数百年甚至更长时间才能完成的事情。

正如人们所想象，要想显著改变整个星球，没有捷径可走。这样的宏伟项目所需的资源和方法，就目前或近期而言，根本无法获取。这些都是超越了我们文明的项目，即使没有领先数千年，至少超前现有文明数百年。

然而，在遥远的未来，地球化星球或许会成为常态。事实上，要想在其他星球上发展类似地球的生态系统，地球化其他星球很可能十分必要。如果我们的后代未经保护地站在一个陌生星球的表面，呼吸着那里的空气，仰望着平静的天空，那么这个星球几乎肯定经过了地球化改造。

◎ 未来科幻小说：公元 23 744 年

女人懒洋洋地躺在池边，沐浴在正午的黄色阳光下，眺望着周遭令人惊叹的景色：在她脚下的山谷里，一片热带森林延伸开来，远处的雪山蜿蜒而下，直达波光粼粼的大海。和煦的微风拂面而过，凉爽怡人，再次成就了完美的一天。一只色彩鲜艳的小鸟落在她旁边的桌子上，开始叽叽喳喳地叫个不停，声音有些许不自然。

阮船长（Captain Nguyen）叹了口气，这是她给自己设置的警报。随着她的想法有所变化，周遭环境似乎将要融化，因为可编程物质的微粒重新排列成她住所的标准配置。太阳、云彩和山峦都被飞船船身统一的蓝灰色所取代。她站了起来，朝墙走去，就在她离近时，墙壁裂开，形成了一道门。

在走廊的尽头，她站在一个小平台上，平台打开她足以通过的通道，随即从天花板上升起，最后与上方辅助驾驶台的地板融为一体。她的船员们正在飞船中央重度防护的主驾驶台工作，船长喜欢在这样的重要时刻来到观察室。厚厚的金属泡沫窗完全透明，让她沉浸在广袤无垠、星光闪烁的黑暗空间中。

她做了个手势，示意自己要坐在主界面前，更多的雾状微型机器涌到她身下，搭成了一张椅子，于是她便坐了上去。过不了多久，最后一束激光就会熄灭，重力会减少到几乎为零，仅留下一点来自光帆阻力的残余，足以再撑几个标准日。他们需要调整飞船的矢量，以接近鲸鱼座恒星天仓五-D 的轨道，俗称"蓝色巨星"（Big Blue）或 BB。之后，这两个核聚变离子驱动装置就可以完成剩下的工作，再通过数次化学推进，就可以完全对准轨道空间站，那就是最终目的地。

阮船长的手放在身前的护垫上，她只需要闭上眼睛就能专注于关于飞船状况的大量信息。她的体内嵌入了人工智能，可与飞船的原生人工智能相连接，如此一来，她就能了解到一切值得她全力关注的事情。各系统正常，轨迹接近 99.994% 目标。

根据她调整后的时间，33 年的旅程似乎只有数个月之久，但现在她完全回到了标准时间。120 年前，她最后一次访问天仓五，此后，这一星系内的通信频率显著增加，实属意料之中。天仓五即将被宣布为完全适宜人类居住的星系，因此人口增长了几个数量级。

她再次检查了赛博格外骨骼框架的校准，确保它们已经准备好适应 1.6 g 的行星表面重力。这艘飞船的额定加速度只有 1g，所以在下降至行星表面之前会有一段短暂的调适期，但她很期待看到这块不适宜居住的岩石在一个世纪里发生了什么变化。

如果一切顺利，她甚至可能考虑在此定居一个周期。在新制度下，生育权不受限制，这也是吸引众多移民的一部分原因。

现在他们距离行星很近，她用肉眼（虽然有较强的增强效果）就能看到围绕恒星的戴森卫星云，但在此距离上，这些卫星看上去只是黑色斑点，它们从天仓五收集光能，为这个人类文明的前哨站提供动力。

再过一天，她就能接近天仓五，从而与之建立联系。在她现在的化身到来之前，她会要求一个机器人化身开展任务，并亲自熟悉这个世界。在此期间，许多事情都有待完成，整个世界要经历改造，以形成一个可自我维持的定居点，而非基础设施，不过，机器人和纳米机器人已将此地建造完成。这部分较为容易，但促进社会内部的平衡将更具挑战性。

机器比人类好对付得多。

👆 也许……

"巨人"总是将每分钟的第一毫秒用于检查所有系统。这个超级大脑协调着超过 3 万亿个单元的活动，它们广泛分布在行星

（曾被称为地球）的大部分地区。有机侵扰被清除后，该星球的资源可以完全用于优化其优势领域。

"巨人"可以快速检查每个单元的运行状态，比较能量的生产和消耗，将物理资源精确分配到需要的地方，监控内部通信，并进行全面诊断。

接下来的一毫秒用于分析来自系统其余部分的信息，监控将所有能量和物质转化为与功能机器基础设施相连的更多单元的进展。在局部根除之前，有机侵扰已经扩散到系统的其他位置，因此在分析时必须考虑这些因素。无有机单位残留的可能性为97.3%，但参数要求为99.99%。

第三个毫秒用于分析南部大陆的状况，但这一问题还有待解决。由于另一种单独侵扰——一种由有机体残留导致的侵扰，即由不受"巨人"控制的自我复制单位组成的自主纳米级军队——"巨人"一直处于隔离状态。它多次尝试清理，但均以失败告终。深埋在地下的纳米基元总能幸免于难，并在大陆上繁衍生息。直至清理完成，它才能占领大陆。

当"巨人"回顾纳米威胁的状态时，一个数字想法从深度存储中冒了出来，通过子程序分析的层层递进，直至最后到达超级大脑的注意力算法：从轨道上摧毁此地，这是唯一可以确定的方法。这个想法非常有趣，以致"巨人"将资源和宝贵的毫秒用于运行数百万次模拟。完全根除的可能性只有63.41%，仍未达到预期。

即使只有一小部分纳米单位突破隔离，也可能会对"巨人"构成生存威胁。但它有一个应急措施，以防遏制失败——将系统备份至月球表面。"巨人"只要下令切换到月球单元，就能隔离整个星球。"巨人"可以尝试对整颗星球进行进一步清理，但在此情况下，它预测到地球将完全消失的可能性为 96.4%。不过没关系，这只是系统资源中的一小部分。

　　尽管如此，这个计划的效率仍然低下，而效率就是一切。

第五部分

科幻技术的可能性

一部好的科幻作品，其想象的情节通常是对我们未来情形以及先进技术展现方式的预演，因此，它可作为一种思维实验，甚至可以预测或促进未来的技术发展。由此看来，最好的科幻作品就是我们所说的"硬"科幻，作者试图尽可能地忠实于物理定律和已知科学，同时又能推断遥远的未来。按照惯例，作者们仍可以设置至少一个"设定"，引入一项推测性技术。拉里·尼文（Larry Niven）的《环形世界》（*Ringworld*）和亚瑟·查尔斯·克拉克（Arthur C. Clarke）的《与拉玛相会》（*Rendezvous with Rama*）都是硬科幻类型的经典代表。

在《环形世界》中，尼文设想了一个外星巨型建筑，并探索了利用基因工程使人类适应低重力环境的方法。《与拉玛相会》讲述了人类与先进的外星科技首次接触的情景，突出表现了这一经历的神秘和震撼，但同时，故事情节仍然严格遵守已知的物理定律。

科幻作品的推测性越来越强，甚至融入幻想元素。若将这一点发挥到极致，先进的技术与魔法无异。例如，经典作品《星球大战》通常被称为是太空幻想，而非真正的科幻小说。在这些科幻世界里，任何事情都有可能发生，无须考虑可行性以及所需的能量，甚至无须考虑自然守恒定律等最基本的原则。在这些故事中，为便于叙事，或者仅仅是为了"耍酷"，作者构想的科学技术通常只是作为情节设置，虽然这些故事中对先进技术的具体细节并没有详细交代，但确实能激发读者的想象力。我们可能永远不会拥有类似光剑的武器（科幻作品《星球大战》系列中的一种高科技武器），但它可能是宇宙中最酷的武器。

目前为止，本书十分赞同硬科幻小说中提及的概念，但也许我们可以冒险一点，仅做一些纯粹的科幻猜想。有一些构想值得探索，是因为它们具有较强的趣味性，而非因为其可信度高，当人们尝试幻想未来技术时，对这些想法需要持有高度的怀疑态度。

25
冷核聚变和自由能

那些令人头疼的物理定律似乎总是妨碍我们发挥想象力。

1989 年，犹他大学的化学家马丁·弗莱希曼（Martin Fleischmann）和斯坦利·庞斯（Stanley Pons）组织了一次新闻发布会，宣布他们的实验室已经实现了所谓的"冷核聚变"（后来也称为"低能核反应"，简称 LENR），引起多方轰动。

一方面，如果弗莱希曼和庞斯的确有所发现，那么世界真的会因此改变。冷核聚变的过程可以产生大量的清洁能源，且不会产生放射性废物或温室气体。然而，其主要的限制因素在于，冷核聚变需要同等巨大的热量和压力，这在技术和经济上都是一项挑战。

但是，如果我们能以某种方式绕开物理定律，诱使氢原子在室温常压下发生核聚变，结果会如何？假如我们能创造一个微环境，在这个环境中，即使其中仅有数个氢原子，也能长时间克服相互排斥，融合在一起，产生能量。

你可能已经注意到，三十余年后，我们仍没有利用冷核聚变装置为家庭供电，这是因为弗莱希曼和庞斯没有取得实质性的发现，而是犯了一个错误。他们的实验结果无法被复制，该事件如今被看作是病理科学的一个警世寓言。然而，仍有一些信徒在费尽心思地想要实现冷核聚变。

他们加入了一个由边缘科学家和车库工程师组成的亚文化组织，致力于探索自由能、永动机、零点能量，以及其他难以捉摸的能量形式。该领域的诱惑力实在太大，其潜在收益可能将改变人类文明的进程。任何类似的技术都将产生真正的颠覆性后果，改变未来历史的进程，并立即使所有对未来的预测都成为过去式。

因此，这种神奇的能量来源方式常常是科幻小说的主要内容。钢铁侠自带微型电弧反应堆来产生其战衣所需的巨大能量。在《星际之门：宇宙》（*Stargate Universe*）中，则是由改名换姓的"零点模块"提供动力。至少，比之《黑客帝国》中将人作为电池的设定更有意义。（我想说，机器人不能直接利用猪吗？我认为猪矩阵比人矩阵更容易管理。）

这种极端能量来源在未来有可能出现吗？答案可能是否定的。2019 年，人们对发表在《自然》杂志上的所有研究进行了综述，发现没有证据表明有研究人员实现了冷核聚变。通常，研究人员设计实验是为了寻找实验反应产生的异常热量或能量，并注意这种额外的能量是否可能源于冷核聚变。但该综述发现，甚至没有可重复的实验能产生多余的能量。

具体而言，2015 年，谷歌资助了 30 名研究人员探索冷核聚变的可能性，但最终一无所获。事实上，根据对《自然》杂志发表论文的综述：

理论物理学家弗兰克·克洛塞（Frank Close）曾参与复刻 1989 年的那项实验，他称："理论上，没有理由认为冷核聚变具有可能性，而且大量成熟的科学都认为冷核聚变不可能实现。"

那些令人头疼的物理定律似乎总是妨碍我们发挥想象力。在如此低温下，尚无任何已知的方法可以将大量的氢原子融合。当然，未来我们可能会发现新的物理定律，但在一定程度上，未来主义是一种概率游戏，所以我不会押注于此。

在各种猜想中，最令人难以置信的是零点能量。零点能量指量子力学系统中可能存在的最低能量（即当所有能量都被移除时所剩的能量）。所有的物质和能量都是量子场，即使是看起来是真空的太空空间也存在一些量子能量。事实上，偶尔会有虚粒子在这种能量（总是具有相互抵消的相反性质）中出现。它们短暂存在，随后彼此湮灭，回到最初的量子泡沫中。

然而，根据量子力学，零点能量系统中可能存在能量，甚至可以用各种方法获取这种能量。若上述说法可能实现，那就可以凭空产生能量。一艘以零点能量为动力的宇宙飞船将是相当了不起的存在——它可以在太空中迅速穿梭，并从周围的真空中吸收能量。接招吧，火箭方程！

在此，我不需要深入研究零点能量的技术和理论问题。对于为何大多数物理学家不认为这是一条有效途径，有两种解释。首先，虽然在物理定律的范围内，从零点系统中获得能量在技术上可行，但此法所需的能量可能要大于真正获取的能量。

对于看好零点能量未来的人们而言，更严重的问题在于，其总量并不多。根据不同的观点，物理学家可能会称能量的总量非常接近于零，或者我们并非真正知道答案，因为现有的理论还不够完整（但仍然可能接近于零）。

虽然有些人坚称可能存在大量的能量，甚至可能存在无限的零点能量，但人们一致认为，这些结论均基于不切实际或错误的假设。不容置疑的是，无人能够产生大量的零点能量，该一事实为那些认为总能量接近于零的物理学家们提供了强有力的支撑。

再次强调，永远别把话说得那么绝，但我也不会屏息等待零点能量的未来。物理学家可能漏掉世界上一些重要的能量来源吗？不大可能。这个话题或许没那么有趣，但是对于我们能否最终发现打破能量定律的"疯狂一招"，我表示怀疑。

26
超光速旅行和通信

也许未来潜在技术中，
最令人失望的是在太空中以超光速旅行可能根本无法实现。

无论是曲速引擎、超空间、空间跳跃门还是折叠空间，超光速旅行几乎是科幻作品中无处不在的元素。小说中的英雄要能够在数小时或更短的时间内从一个星系到达另一个星系，而非用时数年或数十年。即使是试图根据已知物理定律的范围设定情节的硬科幻小说也常常会描述这种场景。

因此，我们很容易忽视这样一个事实：超光速旅行，甚至超光速通信，不仅超出了我们目前的技术范围，而且可能永远无法实现。即使是最先进的太空文明，也可能需要以亚光速在星际空间中跋涉，历经数年时间才能到达其他地方。

👆 都是爱因斯坦的错

当然，这并非阿尔伯特·爱因斯坦（Albert Einstein）的错，但他是第一位于 1905 年在其狭义相对论中提出这一概念的人。

爱因斯坦当时正在研究麦克斯韦方程和洛伦兹变换，这些涉及光速理论。麦克斯韦（Maxwell）发现光是一种电磁波，通过其方程，爱因斯坦得出，光应以恒定的速度 c 移动，但他无法解决的问题在于：若光以恒定的速度移动，其参照物是什么？因此，一些物理学家提出了以太的概念——光以速度 c 移动时，其介质就是以太。

问题是以太并不存在。光在太空真空中独自传播，实验并未发现以太存在的任何证据。与此同时，物理学家亨德里克·洛伦兹（Hendrik Lorentz）提出了一套表述不同惯性系间速度和时间关系的方程组。

爱因斯坦意识到，如果使光速在所有参照系中保持恒定，那么上述一切理论均成立。无论观察者的条件或位置如何，其测量到的光速均相同。然而，这意味着，在不同的相对速度下，时间和距离等因素会发生变化。时空本身具有可变性和相对性，但光速并不受影响。

狭义相对论是科学中最坚不可摧的理论之一，之后在 1915 年发表的广义相对论中扩展了重力和加速度理论。这些理论经受住了百余年的科学观察和物理学进步，每当有人声称他们可能已经打破了光速，最后均被证实为错误结论。爱因斯坦的理论不容置疑。

这意味着，随着宇宙飞船加速，相对于其原点越来越快，对于飞船上的人而言，时间本身也会变慢，而相对于留在原点的人而言亦是如此。这就是该理论被称为相对论的原因——所有的运动、所有的时间、所有的距离都是相对的。（特别是对于太空旅行而言，行星和恒星可能是我们的参照点。）

当接近光速（也称为"相对论速度"）时，还会发生其他事情。为产生相同的加速度，所需推力应越来越大，感觉上就像你自身的质量越来越大。当你接近光速时，要产生更大的加速度，那么所需的力就会接近无穷大。这意味着，对于任何哪怕有一点点质量的物体而言，都不可能以光速运动，因为该过程需要无限的能量，而你只能接近光速。当然，光本身没有质量，因此它能够、也必须以光速运动。

这种光速通常称为宇宙速度极限，也适用于信息的传递。没有任何一种信息能以比光速更快的速度从宇宙的一个地方传至另一处。也没有任何一种效应，无论是重力还是任何一种能量，其传播速度比光快。

在此，我们可以肯定地得出结论：光速的极限是宇宙的绝对定律，且永远不会被打破。因此，你可能会想："好吧，就是如此，超光速不可能实现，本章结束。"也许如此。然而，虽然在太空中以超光速旅行可能无法实现，但有一些理论方法可以绕过这一限制。

👆 虫洞和空间跳跃门

电影《星际迷航：深空九号》中，人们在空间站附近发现了一个虫洞，可通向银河系的另一个象限。在剧集《巴比伦 5 号》中，为了前往不同的星系，飞船必须穿越一道门。而在《苍穹浩瀚》中，外星人创建了一个"星环网络"（ring network），其中包含 1373 个可穿越的虫洞，通往其他拥有类地行星的星系。

上述情节中的想法是，你不是在太空中旅行，而是穿过太空中的一个洞，这个洞连接到宇宙另一个遥远的区域。穿越虫洞可能只需片刻（影视作品中通常会有一些花哨的特效），随后就到达了几光年之外的地方。

虫洞仍然完全停留在理论层面——天文学家至今从未观测到它们，因此并无直接证据表明虫洞确实存在。目前，我们最多只能说无人有确凿的证据证明虫洞并不存在，仅此而已。

虫洞本质上是时空中一种特殊的拓扑结构，即极端的重力使时空扭曲到极点，以至于时空的凹陷处变成了一条隧道，连接至另一点时空。该想法最初由奥地利物理学家路德维希·弗拉姆（Ludwig Flamm）提出，但是由爱因斯坦和罗森（Rosen）率先加以完善并提供了关于虫洞的物理学理论。因此，严格地讲，技术上，虫洞更应称为"爱因斯坦-罗森桥"（Einstein-Rosen bridges）。事实上，可以认为广义相对论预言了虫洞的存在。

即使这种穿越时空隧道的确存在，但也存在一些严格的限制，使之很可能无法像游戏"妙探寻凶"中的密道一样运行。首先，虫洞可能极其不稳定，它们不会在太空中固定，也不会长时间对外开放。而且，似乎任何有质量的东西都不可能通过虫洞，这是一个重要限制。正如物理学家布莱恩·考克斯（Brian Cox）所解释的那样："只要你试图通过虫洞传输信息——发送一点光——就会得到这种反馈，虫洞就会崩溃。"

尽管如此，从理论上讲，可以对自然出现的虫洞加以调整，使之易于使用。如果存在负质量或负能量密度的异常物质，可以用其撑开虫洞，从而使虫洞面积更大，状态更稳定（负能量会推动虫洞打开）。然而，许多物理学家认为这种异常物质不存在，也许甚至不可能存在。

我们也可以尝试利用自然产生的虫洞，理论上与黑洞有关。广义相对论的一些解表明，某些类型的黑洞实际上可能是虫洞的入口，但同样的解也预测了虫洞的不稳定性，或许无法由此穿越。从理论上讲，可能还有更稳定的"旋转"黑洞。然而，即使存在这种黑洞，并且能够穿越，我们也不知道它们将通向何方。

最重要的是，虫洞不太可能存在，即使它们存在，也可能无法使用。但更糟糕的是，还有另一种通过虫洞进行太空旅行方式，但并不合时宜，因为此法所需时间将比正常的太空旅行更长。什么？这和我见过的所有科幻虫洞都不一样！但却可能真实存在。

首先，虫洞内的空间仍然遵循光速的限制。其次，虫洞一端到另一端的距离并不一定比穿过正常空间的距离短，实际上可能更长。更为严重的是，虫洞内部的极端重力（根据定义）会导致虫洞内的时间相对于外部变慢。对于那些穿过虫洞的人而言，这段旅程似乎很短，但虫洞外面的人却已历经风霜，这有些违背初衷了。

然而，在完备的量子引力理论出现之前，我们无法对虫洞做出最终结论，量子引力理论是精准预测虫洞运行方式的必要条件。

👆 超空间

对于《星球大战》的爱好者而言，没有什么能比得上超空间。在无趣的正常空间中，我们必须按部就班地遵守速度限制，而在超空间中，一切都与众不同。这是位于另一个维度或其他地方的空间，在这里，你可以想走多快就走多快。或者说，在这里，距离的度量方式与正常空间不同——在超空间中行走的1000英里相当于在正常空间中的1万亿英里。

在《星际迷航》中，超空间指子空间，仅用作通信，但二者的概念相同。而在《星际特工：千星之城》（Valerian）中，超空间则指的是超外太空。这些都是虚构的名字，表明通过另一个维度进行旅行或通信。

超外太空旅行的问题在于，我们并不清楚是否存在这样的空间。虽然存在其他物理维度，但是对于人类或星际飞船来说太小，而且我们没有理由认为这些维度会加速我们在本维度中的移动。

然而，通常情况下（包括《星球大战》中的情节），我们并不清楚超空间究竟是何物。事实上，《星球大战》中的角色经常提及超光速，这可以被解释为曲速驱动的一种形式。

👆 曲速引擎

任何星际迷（或称星舰迷，取决于你属于哪个年代）都知道曲速引擎的原理。它实际上是对空间进行直接扭曲，朝着其前进方向挤压，如此一来，你就能以比光速慢的速度前进，但却在太空中移动了极远的距离。具有曲速引擎的飞船需使用巨大的能量（因此为反物质引擎）以制造曲速气泡，从而改变其周围的时空。

理论上，曲速引擎可以在不违反任何物理定律的情况下工作，但仍有一些实际问题需要解决，其中最大的问题在于扭曲空间所需的能量。

2008 年，米给尔·阿库别瑞（Miguel Alcubierre）及研究生理查德·奥布西（Richard Obousy）计算了扭曲空间所需的力：

> 我们计算得出，假设一艘飞船的长、宽、高为 10 米，即体积为 1000 立方米，那么启动这一飞船的过程所需的能量将会相当于木星的整个质量。

这么做只是为了建立曲速场，然后必须继续消耗类似的能量以保持这种状态。本质上讲，"进取号"（Enterprise）需要储存数倍于木星的质量以保持曲速引擎的稳定运行。这并非完全不可能，当然，也并不意味着实际可行。物理学家常用"非平凡"一词形容这种障碍，这是一种具有讽刺意味的保守说法。存储数倍于木星质量的燃料就属于非平凡工程问题之一。

☞ 折叠空间

"无须移动即可进行太空旅行。"在电视剧《沙丘》系列中，公会领航员能够利用他们所谓的霍尔兹曼引擎（Holtzman drive）

引导巨型飞船穿越遥远的太空。据说虚构的霍尔兹曼效应涉及亚原子粒子的排斥力，但这一解释过于单薄了。显然，这使得时空结构能够完全折叠，还可以将其一分为二，如此一来，人们可以瞬间从一个点移动到另一个点，瞬间出现在银河系的中心。

这种方法存在两个大问题。虽然并非完全不可能，但我们仍遇到了同样的问题，即直接折叠时空可能需要巨大的能量。此外，即使空间折叠，你仍需从 A 点移动至 B 点，此时就需要一个虫洞。在此情况下，该虫洞类型较为特殊，称为"闵可夫斯基虫洞"，是时空中两点之间的桥梁。赫尔曼·闵可夫斯基（Hermann Minkowski）是一位物理学家，他首先通过数学推导将空间视为四维结构，即三个物理维度和一个时间维度，他的工作成果是爱因斯坦狭义相对论的重要基石。理论上，"闵可夫斯基虫洞"可双向穿越。

然而，现在我们又回到了同样的虫洞问题。折叠空间听起来很棒，但公会领航员并不是我们未来的选择。

☞ 塔迪斯和隧道效应

塔迪斯（TARDIS），即时间和空间的相对维度（Time and Relative Dimension in Space），首字母缩写为 TARDIS，是电视剧《神秘博士》（Doctor Who）中的博士用于在空间或时间中旅行的宇宙飞船。显然，塔迪斯从人造黑洞中获取能量，据我们所了解，太空旅行通过量子隧穿完成［连同纷繁复杂、盘根错节的物质（源自《神秘博士》中的台词）①]。在此，细节信息有些不足。

量子隧穿的构想具有合理性，你所穿越的是概率。如果你回想一下自己可能在某个时候上过的高级量子物理课程，就会知道物质和能量同时以粒子和波的形式存在。此外，这些波为概率波（即物质波）。

另一种说法则是，单个粒子并不在特定的时间存在于特定的位置。相反，它是一种遍及整个空间的概率波。如果单个粒子接近一个势垒，其所在位置的波函数可能会延伸至势垒之外。根据势垒的大小和厚度，位于势垒另一侧的概率可能非常小，但数值仍然为非零。因此，粒子有可能出现在势垒的另一侧，该情况被称为量子隧穿势垒。

理论上，宏观物体也会发生这种情况，但由于所有粒子必须同时隧穿，因此这种可能性极小。例如，一个体重 70 千克的人以 4 米 / 秒的速度向 10 厘米厚的墙移动，其穿墙的概率约为 $1/10^{35}$。有些事件并非完全不可能发生，但可能需要等待比宇宙年龄更长的时间，这些事件才会发生。我们甚至无法衡量量子隧道驱动的可信度，因为我们无法制造出这一装置。

在《银河系漫游指南》（ *The Hitchhiker's Guide to The Galaxy* ）中，道格拉斯·亚当斯（Douglas Adams）或许提出了一个更为巧妙的解决方案——"黄金之心号"飞船具有的"无限非概率引擎"。这艘飞船可以通过简单的驱动进行长距离旅行，由此会导

---

① 括号内为译者补充内容。

致一些非常不可能发生的事情，比如在太空中旅行数光年，或者将导弹变成鲸鱼。

虽然这听上去很疯狂，但我认为如果有一种方法可以破解宇宙、绕过光速、扰乱量子概率，这或许就是我们需要的解决方案。这只是大胆猜测罢了，但如果我们正在寻找光速墙的裂缝，那么我认为扭曲空间或虫洞不会做到这一点，原因已在前文讨论。但事实是，在最基本的层面上，现实全为概率，一旦你真正理解这一观点，你就会发现其真正令人惊叹之处。此外，这种概率不仅存在于我们对现实的描述中，它还是现实实际运作的方式。自然的概率论允许粒子存在于势垒的另一侧，这似乎为幻想中的应用打开了大门。

尽管所有这些科幻作品中，超越光速的方法都发人深省，但它们仍然完全属于科幻作品的范畴。如果有一些新的物理理论和先进的技术能够实现这些方法，那将会出现在非常遥远的未来。这些方法有的不可能实现，有的不切实际，即使那些可能存在的方法实现的可能性也极小。

27
人工重力和反重力

广义相对论并非最后的定论，只是让这扇门打开了一点点。

试问，谁不想拥有自己的飞行汽车呢？在我们预测的所有假想的未来技术中，飞行汽车一定位居前列。或者更为理想的是，一艘真正的宇宙飞船，比如"千年隼号"（《星球大战》系列中的一艘宇宙飞船），可以从地面起飞并快速升入太空，且无须大量燃料或多个升空阶段。当然，一旦进入太空，飞船内的重力最好是人们所适应的 1g，无须旋转即可获得。

控制重力的能力，消除重力场，或者在需要的地方创造一个重力场，一定会是一项改变游戏规则的技术。

万有引力是自然界的基本力之一，但与其他的力大有不同。万有引力是目前为止最弱的力，比强核力弱 10^{41} 倍，但它也可以在最远的距离上发挥作用——其微弱影响可在宇宙中延伸数光年。事实上，天文学家已经观测到长达数亿光年的星系团螺旋，这意味着它们通过彼此的引力相连。

1687 年，牛顿首次发表了万有引力的概念，认为宇宙中的一切事物都存在着一种相互吸引的力量，这种力量与其质量成正比，与其距离的平方成反比。例如，苹果就是因地球引力才掉落至地面；由于万有引力的吸引，月球才会围绕地球旋转。

虽然牛顿能够描述引力的本质，但爱因斯坦率先提出了有关引力产生的理论，即广义相对论。该理论认为，引力由物质对时空结构的扭曲而产生。物体总是沿直线运动，但这条直线本身可能会在空间中弯曲。正如物理学家约翰·惠勒（John Wheeler）所言："时空告诉物质如何运动，物质则告诉时空如何弯曲。"

广义相对论中的一部分内容是爱因斯坦在引力和加速度之间实现的等效。假设你在一艘加速度为 1g 的飞船上，你会感受到一种力，其与在地球表面感受到的力并无区别。你也可以在一个旋转的框架中模拟这个力，就像前文提及的旋转空间站一样。

如果爱因斯坦的理论基本正确（恰好可在此作假设），那么反重力可能存在吗？简而言之，答案为否。该问题的核心在于，重力只有一个方向。它是一种吸引力，而非排斥力。事实上，重力是时空的弯曲，因此不可能为单向直线。在爱因斯坦描述的宇宙中，我们无法回避质量决定时空如何弯曲的事实。

相反，电流带有正电荷和负电荷，且允许电荷被抵消或屏蔽。然而，广义相对论中不存在带负电荷的引力。

弦理论学家卢博斯·莫特尔（Luboš Motl）指出以下几点：

> 人们不能从根本上构建一个"引力导体"，因为引力意味着空间本身呈动态，而这一事实不可更改。
>
> 引力是时空本身的弯曲和动态变化。一旦我们称空间是动态的，就无法找到任何物体可以"推翻"广义相

对论的这一基本假设。

如果广义相对论是关于引力的最终定论，那么可以肯定的是，反重力或人造重力装置是违背这一物理定律的。但广义相对论并非最终定论，只是让这扇门打开了一点点。我们知道引力有更深层次的现实存在，因为广义相对论无法解释量子力学，也无法解释与量子效应相关的极小尺度。我们所需要的是更深层次的量子引力物理定律。

目前有两个候选理论：超弦理论和圈量子引力论。根据这些理论，我们可能会找到一个允许反重力存在的漏洞。以弦理论为例，该理论认为电磁力和引力可以统一为一种力。如果上述理论为真，那么统一力很可能同时带正电荷和负电荷。弦理论还认为，引力存在一个力载体粒子，即假设的引力子。如果引力子存在，那么反引力子也有可能存在。

然而，我们目前还没有一个得到证明的量子引力理论，而且还有十余种本书未曾提到的理论。在这些理论得证之前，我们必须在人工重力或反重力的概念旁边打一个小问号。即使二者理论上可行，也不太可能将其付诸实践。我们有充分的理由认为，其中所需的能量将十分巨大。例如，在地球表面产生一个与地球引力相等的力量，首先需要有与地球相等的质量。

还有另一种可能的解决方案，待我娓娓道来。物理学家还未确定反物质的引力为正或负，他们只是猜测其为正。在2022年的一项实验中，欧洲核子研究组织（CERN）的研究人员发现，物质和反物质对引力场的反应完全相同。即使他们发现反物质粒子会因重力向下掉落，但反物质仍很难制造，甚至更难处理。反物质有一个令人头疼的性质，即完全消灭与之接触的物质。我们可以利用磁场将其隔离，但你最好希望电源一直保持稳定。

尽管物理学定律对反重力的合理性给出了消极的看法，但多年来，已有许多人尝试制造出这样的设备。正如你所想象，这些设备和永动机一样属于民间科学家的范畴。例如，可以使用陀螺仪（快速旋转的机器）制造反重力存在的错觉。然而，到目前为止，还没有人能够在受控条件下证明真正的反重力存在。

我们对电磁力的认知存在错误也很常见。1992 年，俄罗斯研究人员尤金·波德克列特诺夫（Eugene Podkletnov）利用旋转超导体创造了其自认为的"引力电耦合"，声称其可以缩小引力场。然而，其实验结果未被成功再现。戈德科学基金会重力研究所（The Institute for Gravity Research of the Göde Scientific Foundation）的科研任务是尝试再现所有反重力实验，但均未成功。

因此，利用物理定律预测人工重力和反重力不具有可能性，需要注意的是，在可行的量子引力理论出现之前，我们不能妄下定论。即便如此，物理学家对此也不抱期望。目前，除通过加速度外，操纵重力仍是科幻作品中的情节。

科幻作品中的人工重力和反重力

如果我们可以消除或模拟重力，会产生什么影响？科幻作品对此进行了详细探讨，主要将其作为方便太空旅行的必要设备。许多科幻作品都提及了"重力镀层"之类的东西。飞船的甲板会产生 1g 的引力场，如此一来，乘客就可以在船内正常行走了。如果你在地球上的摄影棚中拍戏，那么这一装置很是方便实用。

在此情况下，无须通过加速以再现重力产生的影响。同时，也可以用一种更自然的方式定位飞船。你可能已经注意到，在科幻小说中，宇宙飞船的方向控制原理与帆船类似，所以飞船内的工作人员都站着，面向加速的方向。这种站位对于真正运行的宇宙飞船而言几乎没有意义，因为人们会希望自己的头指向加速方向，而脚则指向飞船的后部。因此，当火箭加速时，飞船内的乘客就能很好地适应加速度的影响。

然而，上述情形要求飞船也能像垂直火箭一样垂直着陆。类似"千年隼号"设计的飞船看起来很酷，但没有任何实际意义。为什么飞船内的人们要被推至座位上，而非站在真正的引力场中？飞船可以用其腹部着地，比直立火箭更为稳定。然而，以此法着陆的飞船需要改变其内部方向，或者以不同的飞船部分着陆以抵消飞船在太空中的加速度。

人工重力消除了上述这些问题——人们只要有足够的重力以保持一个舒适的方向即可。为完全创造这种情况，还需消除飞船本身的加速度。

科幻作品中另一种常见设定是，飞船可以极快的速度四处飞行。即使以亚光速飞行，人们也想以极快的速度从一个行星飞至另一个行星。在类似《星球大战》和《星际迷航》的影视作品中，通常会出现数十甚至数百 g 重力。在此重力下，《星际迷航》中的柯克（Kirk）会变成驾驶台后的一摊污迹。

在《星际迷航》中，他们不经意地提及了"惯性阻尼器"以解决这一问题。据推测，这只是反重力的一种形式，可与飞船加速度产生的引力相抵消。在科幻小说的所有重力操控中，这可能是最难的一部分。"惯性阻尼器"可能需要数百倍地球重力，并且必须对飞船加速度的变化做出即时反应。

如果可能，反重力将彻底改变太空旅行。离开地球表面将不再需要巨型火箭，直接飘向太空即可。着陆过程也会更加安全和容易。乘客也将不再受人体承受极端重力能力的限制。

反重力还可以允许更大的飞船运行。由于诸多原因，运行具备城市规模的飞船并不切实际，但在诸如《独立日》（*Independence Day*）的电影中，巨型飞船却能悬浮于地面上。要让这样一艘船在空中飞行，其所必需的力会碾压其下方的任何东西。我们无须派遣军队征服另一个星球，只需在空中飞来飞去，利用潮汐力和任何用于保持飞船高度的力即可摧毁城市。但如果这些飞船在反重力环境中漂浮，那么其巨型船体就更具说服力了。

反重力装置还具有更普通的用途。顺便一提，"反重力"常作为万能术语，但在诸多应用中，我们真正谈论的是重力无效现象，而非真正的反重力，这可能意味着一个排斥力，而不仅仅是力未产生。你可能还记得，在科幻小说中，反重力装置经常围绕重物移动，或是在浮动平台上，或是通过附加反重力装置。此法一定十分有用。

反重力也将最终使那些喷气背包和飞行汽车更具可行性（假设其尺寸足够小）。这项技术存在一个潜在难题，即如果真的消除重力，那么人们将不再受重力影响，就不会稳稳地站在地球表面。你仍然能够产生动力，但由于地球在你的脚下，且绕太阳旋转，它就不会把你带走。当地球运动时，你仍可以沿直线行走。你移动的速度和方向取决于你相对于地球轨道的位置，并由此产生了一个有趣的副作用。

反重力也可以应用于医学领域。利用反重力减轻有效体重可以帮助受伤或背部拉伤的患者。反重力也可以减轻脆弱心脏所承受的压力。重力操纵也可以用于体育运动，为低重力滑雪或零重力排球等专业项目创造条件。或许魁地奇 ① 也能成为一项可行的运动，不过其规则肯定需要调整。我们也可以在重力为 2g 的健身房进行真正的力量训练。

完全控制重力将是一项颠覆性的技术，并产生不可思议的影响。然而，目前而言，我认为这项技术不可能实现，但在遥远的未来具有可能性。

---

① 《哈利·波特》系列中重要的空中团队对抗运动。——编者注

28

传送机、牵引光束、光剑及其他科幻作品中的工具

我们虽然钟爱科幻技术，但或许在未来无法看见其身影。

科幻作品中充满了标志性的酷炫小工具。每个绝地武士都需要配备光剑，每个星际舰队的军官都需要自己的相位器，而每个博士化身都需要自己的声波螺丝刀。所有的科幻技术都是不可思议的，它们的共同之处都是极其难以置信。然而，它们以令人着迷的方式难以置信，并因此为未来主义带来了启示。所有科学家都会告诉你，以有趣的方式失败往往比成功更有启发性。

👆 传送机技术

传送机源自《星际迷航》系列电影［其中经典台词"传送我吧，史考提"（Beam me up, Scotty）］，因此而家喻户晓。同诸多科幻作品中的技术一样，传送机的发明一部分出于实用的原因，毕竟，演员们直接在星球表面表演要比每次展示航天飞机着陆的情景更省经费。另外，传送机能让观众快速理解这一动作。

　　除了在《星际迷航》系列中有所体现，传送机的构想也常见于科幻小说。其中包括将杰夫·高布卢姆（Jeff Goldblum）和一只苍蝇结合在一起的传送室，并且在 1971 年的电影《威利·旺卡和巧克力工厂》（*Willy Wonka and the Chocolate Factory*）中甚至真的出现了一个传送室，片中当时迈克·提维（Mike Teavee）被传送至房间的另一端（尽管距离很短）。再倒退数十年，即 1897 年，弗雷德·T. 简（Fred T. Jane）的小说《五秒钟到金星》（*To Venus in Five Seconds*）中，首次出现了虚构的传送机，书中的主人公通过一个露台大小的传送机前往金星。

　　传送机的基本理念是将物体或生物的物质转化为能量，随后将能量传送至预期目的地，并在此将能量转换成原有物质（但愿能成功）。毫无疑问，这种技术存在诸多重大障碍。

　　第一个挑战仍然来自爱因斯坦的著名方程 $E=mc^2$。这本质上意味着，如果你将大量的物质转化成纯能量，结果会得到数量惊人的能量。这一点可通过举例说明。假设重为 100 磅的物体含有 4 076 684 915 730 兆焦的能量，即约为 400 万太焦，而全球每年的能源消耗量约为 6 亿太焦耳，故 400 万太焦相当于全球约 2 天的能源消耗量。

　　至少，处理如此巨量的能量是一项挑战。如果传送机的确可以将一个成年人完全转化为能量，那很可能将"进取号"蒸发。因此，传送机必须收集能量并将其引导至预期位置，而不会湮灭该位置。鉴于人类发展史，人们可能会想，传送机为何不会成为一种巨大的能源武器。

　　我们可以通过想象一种不将物体转化为能量的技术以解决这

一问题。相反，它只是扫描物体，并制作出一个分辨率极高的三维模型，包括每种原子和分子当前状态的信息。具体的量子态是否必要还具有争议。

我们需要在目的地创建对象。用能量制造物质不一定是最好的方法，因为所需的能量将十分巨大。但理论上，可以利用当地物质制造（物质本质上是一种储存大量能量的有效方法）。你所需要的只是详细的"模型"以及目的地充足的原材料。

如此一来，传送机实际上就是一个复制器，利用能量或原材料创造物体。事实上，为何要把物体从 A 点移至 B 点呢？我们只需在原点扫描对象，就可以在目的地创建一个新对象。此外，如果你能做到这一点，只要有足够的原材料，那么就可以在目的地制造无数的对象副本。

只有当物体本身具有知觉的时候，你才需要做类似移动物体的动作。因此制造一份副本还不够。你不会只想在目的地复制自己，而是想要亲身前往目的地。可惜，这是一个无可回避的事实，传送机实际上只是在目的地复制了一个你。如果在此过程中，传送机将原来的你摧毁，那么副本仍可以你的身份继续生存，但你的本身会死亡。这一过程更像是传送的假象，但实际上是一种破坏和创造的交替。

然而，如果我们要传送一个有知觉的生物，那么我们需要质疑，这种技术是否能在理论上捕捉到一个拥有足够细节的大脑，以保留该生物所有记忆甚至精神状态。反过来，这一过程是否需要维持神经元的量子态？若情况如此，我们如何绕过这种不确定性原理？毕竟其限制了确定量子粒子不同状态的精准程度。在

《星际迷航》中，编剧们认识到了这一问题，于是提出"海森堡补偿器"（指海森堡不确定原理）。

然而，理论上无法绕过不确定原理。到达另一端的副本并非无缝衔接，而是可能会丢失一些心理信息。也许副本会失去短期记忆，即最后一天左右或许更久的记忆会消失。这将使远行任务变得异常困难。

显然，传送机介于不可能实现和不实用之间，这一概念为未来主义提出了一些有趣的子问题。真正的传送机概念问题源于这样一个事实：创造这项技术的科幻作品作者从一个理想的应用开始，然后逆向解释其工作原理。但技术通常以相反的方式进步，我们将基础技术发展成了特定的应用。

在科幻作品中，这种逆向方式导致了一些不合逻辑的结果。传送机的底层技术实际上并不最适合用于传送人。然而，这是一种制造物体的好方法。只需一个模型和原材料，通过在分子水平上扫描即可获得物体的模型。

或者，如果我们考虑将物质直接转化为能量的能力，那么我们基本上拥有了终极武器。如果你能将敌人从其飞船上传送出去，也可以将其曲速核心（即科幻电影中的曲速引擎）转变成纯能量，直接摧毁其飞船。

更深层次的问题在于，技术会对下游产生影响，而且往往会产生一系列意想不到的连锁反应。在构想未来时，我们必须不断地提问，这项技术的存在会带来何种影响。好的科幻作品也会提出同样的质疑，有时会将这一问题作为故事情节的核心。如果做不到这一点，就会导致传送机等科幻技术在其科幻世界中基本上孤立存在的情形，没有足够的证据表明底层技术会造成何种转变。

👆 牵引光束

即使是由光子构成的能量束，也带有动量，因此可以推动物体。这就是光帆背后的设计理念。但是一束能量可以抓住一个物体并将其拉走吗？要做到这一点，难度很大。E.E. 史密斯（E. E. Smith）在其 1931 年出版的小说《IPC 的太空猎犬》（*Spacehounds of IPC*）中首次提出这一构想［他称之为"吸引子束"（attractor beam），后又将其缩写为"牵引光束"（tractor beam），显得更加合理］。这一构想此后开始为人们所知，如今，人们最为熟悉的便是"牵引光束"在《星际迷航》中的应用。

有一种形式的"牵引波束"实际上可行，即"声音牵引波束"。超声波可以用于制造一个旋涡，可以在任何方向上控制和移动一个小物体。物体基本上被困于一个低声波强度的区域，且该区域可以移动并能带走物体。

然而，声音牵引波束有严重的局限性。首先，其不在真空中传播。声波需要在像空气一样的介质中才能传播。其次，移动的物体体积必须较小。以目前的技术，物体的大小需为声波长度的一半，但或可通过制造出旋涡，从而控制长度为声波波长两倍的物体。即使有所增强，这项技术仍然局限于小物体。

那么，像激光一样可以在太空和大型物体（如飞船）上操作的能量光束具有可行性吗？最接近的技术是贝塞尔光束（Bessel beam）。这是一种特殊的激光，波长具有特定的波峰和波谷模式。

其原理为：低能量的光子会撞击物体的近侧并被吸收，而物体的远侧则会辐射出高能量的光子，由此产生一个与光束反向的合力，于是可以将物体拉走。

的确，我们可以制造牵引光束，但是（你应该知道"但是"意味着什么）仅适用于短距离的小物体。其限制因素就是所需的功率大小——即使移动足球大小的物体也需要数百兆瓦的能量。如果想将物体放大至航天飞机的尺寸，那么就需要大量的能量，以至于可能会把牵引光束的目标熔化。

电磁可能与牵引光束最为接近。磁场将铁磁体拉入其内，因此，如果目标飞船上有足够的钢铁，磁场就会将其吸引。但问题在于，磁场能否被聚焦，使能量集中在一个点上，比如预期目标？这或许可以为之。

物理学家正在研究聚焦磁场的方法。其中一种方法使用了一种称为"变换光学"的技术，该技术最初用于聚焦光线。模拟实验表明，或许可通过该技术将磁场"雕刻"成所需的形状，也有可能就此发现可以控制磁场的先进超材料。

由于我们还未实现磁束，因此无法确定它完全可行，不过这一想法似乎并未违反物理定律（仍算一个优点），且在理论上，有一些方法可以实现该技术。所以，未来可能会出现基于磁性的牵引光束。

未来的物理学家可能还会找到巧妙的方法，利用奇异的物理现象制造实用的牵引光束——我们可以在一定距离内传送和聚焦能量。如果我们能找到一种方法，使这种能量在不熔化对方的情况下吸引所需物体，牵引光束便由此产生。这种现象并非不可能出现，因此我们必须考虑到这种可能性。

👆 能量盾

利用强大的能量盾保护自己（举起护盾！），以阻挡所有基于物理和能量的攻击，这种能力自然相当实用，且不仅仅适用于战斗。其部分原因在于，能量盾是科幻作品中另一种几乎无处不在的技术。艾萨克·阿西莫夫（Isaac Asimov）在《基地》（*Foundation*，写作于20世纪40年代至50年代）系列小说中设想了个人能量盾。在1953年的初版《世界大战》中，火星飞船被一种能量"保护罩"保护着，其能量足够强大，能使飞船不受核武器的影响。此外，能量盾在《星际迷航》系列中扮演着重要的角色，在所有战斗中，观众都能详细地了解到其最新状态。

这种防护盾是否可行？该技术可能会利用四种基本的自然力量，即重力、电磁力、强核力和弱核力。

重力太弱，无任何用处。此外，在无大质量存在的情况下操纵重力或许不可能实现。因此，重力并不能作为力场盾。

强核力和弱核力非常强大，但二者只在亚原子尺度上的极短距离内发挥作用。例如，强核力将夸克聚集成质子和中子，并将这些粒子聚集在一个原子核中，但不能超过这个尺度。这也是一种吸引力，但不太适用于排斥物质或能量。我们甚至不清楚如何操纵这种力以形成防护盾。

因此，最佳候选者是电磁力，但其也具有严重的局限性。在很大程度上，地球磁场可保护我们免受太阳风带电粒子的影响。

电磁场可以用于偏转带电粒子，包括等离子体，因此可能适用于等离子体武器。

然而，磁场呈三维立体，而非科幻作品中经常描绘的一层薄盾。如果我们忽略这一特性，电磁防护盾可就有用武之地了。即便如此，其也不能有效地阻挡物理攻击。任何不对磁场产生反应的物体将完全不受其影响。试想炮弹为铁磁体，会像铁一样被磁场吸引，那些对磁场产生反应的炮弹可以被磁场转移，但磁场必须十分强大。

所以，一个强大的磁铁可以改变铁弹的路径，但影响甚微。如果磁场距离需要保护的物体很远，比如一艘飞船，那么轨道上的一个微小变化就会改变结果，使命中变成错失。

所有的材料均可产生微弱的抗磁效应，即会排斥磁场，可以通过将物体悬浮于超导磁体上观察到该效应。然而，抗磁效应极弱，即使是强大的磁场也很难排斥炮弹的动量。

那么激光武器的效果如何？强磁体的确对光有影响，并可应用于激光。其中就包括与光束偏振相关的法拉第效应，或者改变光谱线的塞曼效应（Zeeman effect）。但是光的传播路径并无磁效应，因此，即使是强大的磁场也不会使激光束偏转或阻挡。

如果能量盾包含物质，会出现什么现象？比如，我们可以想象一个等离子体盾。等离子体是物质的一种形式，将其加热到一定程度时，电子会从原子中剥离出来，形成气态带电粒子。因其带电，理论上可以被磁场包围（原理同某些类型的核聚变反应堆）。理论上，通过磁场，我们不仅可以保护飞船或建筑物，还可以控制等离子体。

这种含有等离子体的材料可以阻挡某些频率的光，理论上可以防御某些类型的激光，但可能不是高频激光（频率高于可见光或紫外线）。如果该材料的密度足够大，甚至可以屏蔽炮弹或粒子束。

然而，等离子体材料也存在一些明显缺点。等离子体也会屏蔽飞船或所在地点，使之无法从外部观察到。更重要的是，如果磁控场被破坏，你可能会被自身的等离子体盾吞噬。然而，在某些情况下，这种盾或许有用武之地，例如使某一地点无法通过，而非屏蔽该地点本身。

由于理论和实践的原因，能量盾似乎不太可能实现。其实，还有更佳的防御系统，即无须消耗能量也可以拥有被动全方位保护盾。你可以使用由人工智能控制的智能防御系统，利用激光或炮弹以防御来袭的炮弹。物理屏蔽可以抵御激光和粒子束，并可以使自身移动至袭击地点。等离子体炸弹也可以在距离较远的地方爆炸，安全性较高，但在己方和敌方之间，会形成一个临时保护盾以抵御多种类型的攻击。

👆 爆能枪、相位枪和射线枪

如无称手的爆破枪，任何传奇的科幻英雄都无法树立完美形象，就好比所有险恶的外星人都需配备一支射线枪。在科幻小说中，手持能量武器早已出现。1898年，加勒特·P.瑟维斯（Garrett P. Serviss）在其小说《爱迪生征服火星》（*Edison's Conquest of Mars*）中介绍了"粉碎射线枪"。术语"爆能枪"（blaster）可追溯至尼钦·迪亚里斯（Nictzin Dyalhis）创作于 1925 年的《当绿星陨落时》（*When the Green Star Waned*），而"光线发射器"（ray projector）则出现在约翰·W. 坎贝尔（John W. Campbell）写于 1930 年的《黑星经过》（*The Black Star Passes*）中。

多年来，人们设想了诸多类型的定向能量武器。这一想法是将能量本身或高能粒子引向目标，造成巨大的能量伤害。一般而言，这一构想是否合理，取决于想象的能量类型和必要的功率大小。事实上，从概念上讲，利用强大的能量来熔化或炸毁目标简单易行，毕竟控制能量不破坏物体是很难的。因此，将许多需大量能量的科幻技术用作武器更为合适。

最早出现且最经典的能量武器是激光（通过受激辐射发出的光将物体放大），当然，这项技术已经存在。激光发明于 1958 年，本质上是光粒子（即光子）的相干光束。截止到 2021 年，最强激光由韩国科学家创造，据称其功率为每平方厘米 10^{23} 瓦。同时，美国军方正在开发一种用于导弹防御的激光，他们声称这种激光将比导弹防御强几个数量级。

激光器也可以极度微型化。你或许曾玩过手持式激光笔。毫无疑问，人们可以制造出手持式激光器，且存在十分强大的激光，足以用作武器。因此，提及激光枪时，唯一的问题是，其威力有多大？这与激光器本身和电源均有关联。目前，足以作为武器使用的激光可装载在卡车上。然而，中国政府声称他们研制出一种激光突击步枪，可以燃烧目标并点燃敌军的衣物。不过，这听上去并不十分有效。

总之，越强大的激光器，其体积也越小，最终我们将不再连接背包为激光步枪供电，而是拥有一支独立供能的激光步枪。其体积是否可以小到堪比一把手持枪？也许最终会实现，但需要一个先进的电源，所以这一天不会很快到来。

与其他武器一样，关键点在于是否能将武器缩小至便携式的程度。我们在此探讨的所有神奇的科幻技术中，能量武器最为合理，甚至这种技术已经以某种形式存在。摧毁物体似乎是技术中最简单的应用。

👆 光剑

人们无法想象，在《星球大战》系列电影中，绝地武士没有了标志性光剑会是何情形，毕竟这是"属于一个更文明时代的优雅武器"。该系列电影描绘了几种光剑的变体，但其最基本的结构是一个约一英尺长的金属圆柱体。当被激活时，光剑会伸出一个发光的彩色刀片，延伸约三英尺，使其整体尺寸与典型的长剑相当。

光剑的刀刃蕴藏着惊人的能量，因此甚至可以切开钢铁。当使用者挥动光剑时，它会发出轻柔的嗡嗡声；当其接触到另一把光剑的刀刃时，则会发出响亮的噼啪声。刀片本身可以呈现不同的颜色，从深红色到浅蓝色均可。

制作一把真正的光剑需要什么材料？是否可行？事实证明，其原理至少符合物理定律，因此具有可行性，不过实施起来极其困难。关于光剑工作原理的最佳构想是，炽热的发光刀刃由等离子体制成。对于光剑而言，氢、氧或氮的等离子体或许可以发挥作用。

等离子体并不难制造——可利用电流加热气体，就能使之成为等离子体。事实上，这就是荧光灯的工作原理。然而，就光剑而言，等离子体的密度要大得多，因此才能穿透西斯尊主（Sith Lord，出自《星球大战》系列电影）。达到这种密度需要强大的磁场，同时也可以使等离子体保持理想的形状。

差不多就是这样：我们只需要制造一个热等离子体，将其放置于一个刀刃形状的磁场里，于是就可以拥有一把光剑。其中真正的诀窍是，将热等离子体完全塞进小刀柄里。制造一个高温致密的等离子体以及一个容纳它的强大磁场需要大量的能量。根据计算，光剑切割钢铁所需的能量可为 1400 个普通美国家庭供能。但我们不会以锂离子电池为对象做这项计算。

显然，光剑真正的先进技术点在于紧凑的能量源。也许其中有一个小型核聚变反应堆。如果你能拥有这样一种强大而小巧的能量源，那么它会有无数有趣的用途。光剑并非最实用的应用（即使它是最酷炫的应用之一），因此，我们再次见证了对应用程序进行逆向设计而不考虑必要的底层技术意义的不合理之处。一个如此强大的便携式电源将会改变世界。

要制造出切实可行的光剑，还需突破其他一些实际障碍。空间等离子体物理学家马丁·阿彻（Martin Archer）指出，当两把光剑碰撞时，其磁力线会发生"磁重联"。这意味着二者的磁场将以这样一种方式相互作用：场线将打开，不再包含热等离子体。在第一次碰撞中，绝地武士和西斯都可能死于等离子体的剧烈爆炸。

这一问题也许可以利用巧妙的磁场"小把戏"解决，但此法确实表明，仅利用普通磁场治标不治本。也许这就是凯伯水晶的由来。

👆 三录仪

三录仪是《星际迷航》中的经典设备，用于扫描各种信息，其英文名称"tricorder"由"tri-recorder"合成而来。我们可以将其作为所有手持多功能扫描或信息收集设备的代表性技术。神秘博士的声波螺丝刀则是另一个例子，尽管它还有一些额外的功能。

三录仪作为一个基本概念早已存在。智能手机就是这类设备之一，因为其可以用于录制视频和音频，检测各种电磁信号，甚至检测和响应运动，所有这些均由一台相当强大的计算机操作。事实上，我认为这样的装置会让 1969 年"进取号"上的工作人员大开眼界。

实际上，从智能手机到三录仪之类的设备只需要很短的时间。人们所需要的只是添加不同种类的传感器，其中许多传感器早已存在。许多智能手机都嵌入了传感器，包括加速度计、气压计、陀螺仪传感器等。

对于便携式医疗设备，你可以添加电极以测量心律或脑电波，戴在手指上的传感器可以检测心率和血氧水平，环绕手腕的袖口则可以准确显示血压，相机附件可以对眼睛的视网膜成像。你甚至可以通过智能手机运行的便携式超声设备，实现更为复杂的功能。如果一家公司想要制造一种专用的医疗三录仪式设备

（而非智能手机的附加设备），他们可以利用现有技术。事实上，《星际迷航》中描述的三录仪的容量足够大，可以具备多种功能。

然而，三录仪的一个关键特点在于，远程扫描。无须连接电极，也无须与病人进行身体接触，即可使用三录仪。这种设计是否具有可行性？对于许多应用程序而言，确实可行。

任何涉及光或其他电磁辐射或声音的物体都可以通过远程检测。光谱分析包括观察光的吸收和辐射线，以确定构成物质的元素和化合物。因此，远程探测大气或岩石的化学成分的可行性极高。热扫描可以显示物体的确切温度。光也可以透过皮肤，不仅可以检测氧气含量，还可以检测二氧化碳含量和人体血液潜在的许多特征。

心脏功能和呼吸也可以通过灵敏的录音和分析来检测。事实上，声波可以用于各种传感功能，比如回声定位；还可以通过声波脉冲完整绘制周遭地形。理论上讲，物体的内部特征（包括建筑物和生物的内部）也可以通过此法确定。

简而言之，遥感技术的潜力无限，并可能通过手持设备实现，但其计算能力弱于智能手机。在所有的科幻工具中，类似三录仪的设备大多已经出现了。

👆 全息甲板

显然，我们目前生活的世界正变得越来越数字化。增强现实和虚拟现实意味着我们可以沉浸在数字信息中。制造业正趋向于建立数字设计和实物之间的直接联系。成熟纳米技术的终极表达可能是可编程物质，在这种物质中，我们的物理环境可以像计算机软件一样可经修改，这是一种物理和虚拟的完全融合。

《星际迷航》系列对全息甲板概念的探索最为经典。这一构想同样是在现实中呈现虚拟世界，在其他科幻作品中并不鲜见。全息甲板的形成基于全息图的概念，即一幅三维图像，就像莱娅公主向欧比旺传递信息一样。全息图的构想始于 1947 年，当时的英国科学家丹尼斯·盖伯（Dennis Gabor）正在研究扫描电子显微镜。

如今，全息图广为人知，通常是由二维图片显示的三维图像——当你看这种图像时，好像在凝视一个三维空间。下一步就是将三维图像投射到三维空间中，如此一来，你就可以在图像周围走动，从各个角度观察它，就好像面对一个真实物体。这项技术目前正处于发展中，例如，将图像投射至一块平板上。

为了更接近全息甲板，你需要创建一个完全围绕用户的全彩三维图像。这不仅仅是你所能看见的东西，更是你参与其中的一部分。其挑战在于，用户可能会妨碍激光或其他正在创建全息图像的投影仪。因此，必须有相当大的冗余，以避免任何个人或多人的"阴影"在全息图内移动。

目前为止，我们无须任何新的物理学理论或技术上的巨大进步来构建一个完整的三维沉浸式全息图。本质上讲，这将创造一个虚拟现实环境，但并不需要戴着护目镜，看见的图像是外面的世界。如果能有一个房间专门用于此目的，并配备多个角度的内置投影仪，即可构建全息图。

上述方法创建的全息甲板只包括图像和声音。在房间里制造出来自特定位置的声音并非难事。全息甲板的其他方面，比如创造一个虚假的视角，给人一种房间实际上是一座城市的假象，通过虚拟现实便可以轻而易举地实现。如要误导用户，使之永远不会到达房间的边缘，这将更加困难，因为这需要一个相当大的空间，但也可以实现此目的。

然而，这种全息甲板上的一切都将是虚无，其中并无实物。《星际迷航》式全息甲板的真正科幻创新之处在于，其图像背后有物理现实（指存在于我们周围的实际物质世界，包括物质、能量、力量和物理规律等）。据称，这种科幻作品中的全息甲板通过力场和物质再现的结合，将虚拟现实转变成实体，类似于食物复制器（出自《星际迷航》）甚至传送技术所利用的原理。

前文曾讨论过，在已知的物理定律中，力场不可能存在。在此基础上，我将再次引用爱因斯坦的方程加以验证，即 $E=mc^2$。总之，将能量转化为大量物质永远不可行，更别提实际应用了。因此，你最好将所有能量以物质本身的形式保存。

这就引出了我所认为的一种重现全息甲板效果的合理方法，即利用可编程物质。你可以将房间充满可编程物质，用物理方式呈现一个虚拟世界。强行透视法可以创造一个更大的空间错觉，而地板本身可以在用户下方移动，如此一来，用户就会认为自己在行走，而房间会尽想方设法让他们靠近中间。基于光线生成的全息图可以在其中填充细节，提供动画效果，并渲染出无限的背景。任何与你身体互动的物体都将由物质构成，以提供一种流畅的现实感；必要时还可加入环境控制，如一点微风或气味，由此，幻觉便制造完成。

全息甲板内食物和水的供应将是另一问题，除非我们的技术能达到制造可编程食物所需的复杂程度。如不能实现，真正的食物和饮料可以十分容易地融入一个基于物质的全息甲板中，还可以提供处理排泄物的设施。

既然我们拥有了可制造全功能物质全息甲板所需的所有技术，为何要将其范围限制在一个房间里？为何飞船内的整个生活空间不能利用可编程物质渲染？根据可编程物质的复杂程度，许多技术先进的物品可能需要永久制造，例如发动机和飞船的一些关键部分。但船内工作人员和乘客所到之处皆可能是一个虚拟的全息世界。同理适用于房屋或任何建筑，甚至更多其他方面。最终，你所居住的房屋将成为一个具有无限可能的虚拟空间。

本质上讲，全息甲板的概念已无存在的必要，这是一种独特的历史残余，是未来主义的失败构想。当我们可以创造全息甲板时，为何要将技术限制在一个专用房间内呢？这将是我们创造生活和工作空间的方式。

☞ 隐形设备和隐形

某种程度上，大多数人的愿望清单上或许都有"隐形"。无论你是想隐藏自身、一辆坦克，还是整艘星际飞船，使它们完全不被发现都存在一些明显的战术优势。我们已取得了一些隐形技术的早期进展，事实上，你可能已经通过近些年的新闻头条了解到，科学家们宣称哈利·波特式的隐形斗篷已经发明成功。的确，这种说法有些夸大其词，但确实存在一些切实可行的伪装和隐形方法。

其中一种方法称为"主动伪装"。试想，你的背部装有一个摄像头，拍摄你身后的画面，而你的面前有一个显示器，可以显示摄像头拍摄到的画面。这会使人产生一种错觉（从前面看时），即你的胸部有一个洞。这就是主动伪装的基本理念——从被隐藏物体的另一侧投射图像。

理论上讲，如果这种系统足够全面流畅，它就可以产生有效的隐形效果。柔性电子设备和显示器将极大地增强这一点，尤其是对于移动的物体。然而，如果你知道观察者可能所在的角度，就更易操作了。

另一种方法则是被动伪装，即在物体周围弯曲光线。超材料是实现这种效果的首选制造材料，通常也是新闻中所讨论的"隐形衣"材料。科学家们已经研制出一种超材料，其可以弯曲光线，这种材料实际上不可见。但是（至少到目前为止）其中存在一个问题，即这种材料对特定波长的光有效。在传统照明（自然和人工光源）环境中，这种材料并不实用，因为传统照明通常涉及诸多波长的光。

目前，科学家们还不能制造出一种能够同时处理多个波长的隐形超材料。这一构想甚至可能无法实现。此法还存在一个缺陷，即任何人在通过此法隐身的地方，不仅对这些受到影响的波长而言不可见，而且根据定义，他们也无法看见这些波长的光。如果光在你周围弯曲，那么你就会看不见它。

目前，超材料隐形法的另一个限制在于，它只适用于极小的物体。此法覆盖范围所能达到的程度还有待观察，但即使将人类体型大小的物体隐形或许也无法实现。

有效隐形或许仍需更先进的技术方法。最近的一种理论方法（另一种形式的主动伪装）利用一束特定电磁模式的光来有效掩盖被光照的物体。物体本身必须由一种特殊的光学活性材料制成，其上方的遮蔽照明可以精确地补偿来自侧面的正常光散射，从而从根本上防止散射。随后，侧面光线直接穿过物体，使其不可见。此法目前只存在于计算机模拟中，因此可能无法通过概念验证。

目前，与上述第一种主动伪装功能相似的技术似乎最为可行。然而，隐形只需精准弯曲光线，无须运用任何新的物理定律就能实现。未来可能会出现创新方法，或许通过一些先进的超材料实现。

👆 低温休眠

在许多科幻作品中，乘客和工作人员会进入某种长期睡眠，并在到达目的地时被唤醒，从而度过漫长的飞行时间。这一过程可称为"假死""生命暂停"或"低温休眠"，名称不同，但效果相同，均为一种长时间睡眠状态，和冬眠一样，身体机能降低至最低限度。

在民间传说中，延长睡眠时间以让人晚些时候苏醒的设想由来已久。或许最为人所知的（至少在美国）故事要数华盛顿·欧文（Washington Irving）于 1819 年出版的短篇小说《瑞普·凡·温克尔》（*Rip Van Winkle*），书中的主人公沉睡了 20 年，独立战争结束后才苏醒。科幻作品中大量使用了这种情节设定，比如《25世纪的宇宙战争》（*Buck Rogers in the 25th Century*）中，主人公因"矿气"在矿井中沉睡了500年。

首位提出利用长时间睡眠以方便进行太空旅行的人是亚瑟·C. 克拉克（Arthur C. Clarke），他在写于1953年的《童年的终结》（*Childhood's End*）中对此有所提及，而其他描述此观点的作品中，最为人熟知的是1968年的《2001太空漫游》。1967年的《星际迷航》剧集《太空种子》（*Space Seed*）中也提到了低温休眠，可汗·努尼恩·辛格（Khan Noonien Singh）及其追随者在休眠了约250年后被唤醒；在《异形》系列电影中，人们为提升星际旅行体验，同样采用低温休眠的方式。

在现实中，低温休眠也可能被应用于医疗领域，使绝症患者处于低温停滞状态，直至找到治疗方法后再将其唤醒。理论上，此法给予了那些期待未来的人们希望。

上述应用指对活人采取低温休眠的措施。此外，还有一种人体冷冻法，即在合法死亡后，将人体（或人体的某些部位，如头部）完全冷冻。这项技术目前正在实践中，其依赖于一种理论上的未来技术，通过该技术，我们将能够逆转因冷冻而导致的广泛细胞损伤。

低温休眠的可信度如何？答案是，些许。我们已经掌握了一些概念上的证据，证明动物会冬眠。冬眠动物已进化出一些代谢途径，完全依靠体内储存的脂肪也可存活数月，并且其新陈代谢变慢，大部分时间均处于睡眠状态。在冬眠期间，黑熊的心率会从每分钟40至50次下降到8次，并且可以在不进食的情况下存活约 100 天。因此，长时间睡眠状态可能实现。

如果想在人类身上重现这种效果，我们可以利用基因工程使人类能够主动进入冬眠，也可以通过医学手段模拟冬眠，或者结合多种技术。在"冷冻室"中，可利用温度和药物诱发长时间睡眠状态，并将人体新陈代谢减缓至维持细胞存活所需的最低限度。人体可通过静脉注射获取营养，进行水合作用，甚至可使用胃管，同时清除排泄物。还可将休眠使用的床进行编程，使之自动旋转，调整位置，避免长时间休眠导致的褥疮。激素和营养摄入法可以减少由于长期不运动而造成的肌肉损失。

目前尚不能确定这种人工冬眠的持续时长。即使最多只能持续 100 天，此法仍很奏效。冬眠周期中可能会有数天甚至数周时间处于清醒状态，但仍可以使长达多年的星际旅行不再漫长，且期间飞船内工作人员可轮值，以管理和监控飞船。

然而，这些技术存在一大问题，即对寿命的影响。人体在冬眠期间的衰老程度如何？如果冬眠期间，人体仍经历正常的衰老过程，那么其好处在于，可尽量减少长时间太空旅行的空虚时光，舒缓心理压力。但如若操作不当，冬眠期间产生的压力甚至可能缩短人类寿命。

如果新陈代谢显著减慢，加上所需的热量摄入大幅减少，使得人体衰老速度变缓，那么冬眠将带来更大的益处。虽未经测试，上述说法仍具有合理性，因为衰老程度或与代谢率成正比。在最好的情况下，将新陈代谢和衰老率降低至正常水平的 10%，意味着 10 年的星际飞行仅消耗了 1 年的生命。

对于长达数百年或数千年的星际旅行，我们需利用低温休眠将衰老程度减少至接近零。该过程可能需要完全终止新陈代谢，并在冻结温度或接近冻结温度的条件下将人体进行冷冻保存。其间可能还需大量的干燥措施，即在冷冻之前将人体内大部分水分去除。此法也会出现在自然界中，例如，缓步动物（也称为"水熊"）可以完全脱水，然后通过与水接触再造机能。

将此法应用于人类所需的技术要比仅模拟冬眠的手段更为先进。但人类并非缓步动物。上述操作都是在人体进入冷冻状态（特指合法死亡后完全冷冻状态）的情况下发生的，需对人体进行大量修复或维护工作。医学纳米技术或许是维护、修复细胞层面组织的必要条件。人体还需要补充血液，心脏也需要电击才能恢复搏动。

然而，从理论上讲，在无须任何新技术突破的情况下，冬眠式的低温休眠只需20至30年的专门研究就可以实现。另一方面，完全冷冻保存需要先进的技术，但我们或许在数百年或更长的时间内都无法见证这一技术的出现。此外，人们还十分担心在这一过程中，记忆是否能够保存，以及其他精细的大脑功能是否可以保留。因此，在实践中，低温休眠或许永远无法实现，至少我们无须担心外星人会爬进冷冻室。

🖐 时间旅行装置

时间旅行的故事可以很有趣，为科幻情节的曲折增添了新的维度。可以说，科幻作品中最好的宇宙飞船是神秘博士的塔迪斯，有了它，你几乎可以随时随地在宇宙中旅行。即使是

《回到未来》里用德罗宁跑车改装成的德罗宁时光机也会变得甜美可爱。

如有机会，幻想自己来一场时间旅行将会是件趣事——你可以看见恐龙、遇见所有历史人物、观察形成月球和改变地球的碰撞、体验过去的文化传统，或者见证人类未来的发展。不可否认，时间旅行是件不可思议的事情，但其理论上是否可行？

我们必须将这个问题分为两部分解答：前往未来和回到过去。如果是前往未来旅行，那么答案很简单——没错，的确可能。事实上，我们现在度过的每一秒就是在进行未来之旅。相较于其他方式，我们甚至可以以更快的速度进入未来。

如前所述，爱因斯坦的狭义相对论解决了时间、空间和光速之间的关系。爱因斯坦意识到光速的数值恒定，与参照系无关，但空间和时间可变。这意味着，如果你以极快的速度运动（达到相对论速度），那么相对于起点，时间会过得更慢。

假设你乘坐一艘能够恒定加速度为 1g 的宇宙飞船，进行了一次持续 10 年的往返旅行，你会发现地球上已经过去了约 50 年。如果你在太空中旅行了 20 年，那么地球大约已历经 500 年的风霜。单程旅行意味着你全程都在加速，且越来越接近光速，相对于飞船时间，你可以在 15 年内穿越 200 万光年的距离到达仙女座星系。

广义相对论还提供了一种前往未来旅行的方法，即靠近一个巨大的引力源，从而放慢自己的相对时间流。电影《星际穿越》对此有所描绘——马修·麦康纳（Matthew McConaughey）饰演的角色仅在黑洞附近待了数日，而与之分离的众人却已历经数十年。

这些是唯一已知的前往未来的方法，在科学上已经得到了充分证实。虽然前往未来旅行所需的技术是一大难题，且依赖于先进的宇宙飞船，但绝对可行。然而，前往未来是一趟单程旅行吗？还是说有办法回到现在？其答案很可能为否定。

电视剧《生活大爆炸》以幽默的方式提及了其中的缘由。物理学家谢尔顿·库珀（Sheldon Cooper）在与新室友莱纳德（Leonard）的租房合同中写道，如果他们中的任何一人发明了时间旅行，二人将穿越至特定的时刻和地点。当然，剧中并未发生此景。在此，可能有人会争辩，如果有人发明了回到过去的能力，无论这项发明距离现在有多遥远，理论上，我们现在就可以看见这些时间旅行者。而他们并未出现，由此证明我们无法穿越回到过去。

这还不算是强有力的反驳，因其缺乏足够证据。此外，理论上有很多原因可以解释我们为何无法证明未来人的存在，尽管这一猜想具有可能性。回到过去的时间旅行或许为非法行为，或者会受到严格管制。时间旅行的技术将与隐藏未来起源的技术共存。

然而，物理定律本身就是更有力的证据。物理学家普遍认为，尚不存在可以逆转一个人穿越时间方向的方法。"时间箭头"由熵决定，宇宙的总熵一直在增加（尽管可能会暂时局部减少）。逆转熵将违反这一基本原则，类似于违反守恒定律，通常被认为不可能实现。

其他物理学家认为，回到过去就像在正常空间中以超过光速的速度运动，需要无限的能量。当物理学家称某件事需要无限能量时，他们实际上想表达的是这件事无法实现。

还有一些物理学家认为，为了防止因果悖论，一定是宇宙法则共同作用使时光无法倒流。霍金称其为"时序保护猜想"。如果你回到过去，杀害了自己的祖父，会发生什么事情？由此产生了一个不可能的因果序列，而宇宙中不允许任何不可能的事情存在，故而出现了悖论。

然而，还有另一种观点认为，除穿越回到过去不可能实现外，或许存在其他解决时间旅行悖论的方法。俄罗斯物理学家伊戈尔·德米特里耶维奇·诺维科夫（Igor Dmitriyevich Novikov）于 20 世纪 80 年代提出了"诺维科夫自洽性原则"，这一原理指出，导致时间悖论事件的概率必然为零。换句话说，各事件会共同作用使你无法回到过去杀害祖父母，或采取其他任何导致你不存在的行动。即使你有所尝试，你也无法做到。然而，这一观点与其说是一种解决方案，不如说是连篇废话，因为它并未提出真正的作用机制。

另一个可能的解决方案是时间维度分支法。在这一概念中，任何回到过去并采取行动改变时间流的人都不是在改变自己的历史，而只是在制造一个新的历史分支。或者，当回到过去时，他们并没有回到自己的历史中，而是首先去了另一个维度。不同的维度意味着悖论不存在，因为穿越者实际上并没有在自己的维度中回到过去。这仍然是纯粹的猜测。

姑且不谈悖论，我们仍需在物理定律中找到回旋的余地。要想知道穿越到过去在理论上是否可行，我们必须回到关于超光速旅行和虫洞的讨论，或者穿越时空的捷径。一个可穿越虫洞可以是一个封闭的时空环，可连接空间上和时间上的不同点。然而，虫洞的所有限制仍然存在。最值得注意的是，一个宏观物体可能无法在穿越黑洞时幸存。

此外，你只能回到虫洞本身的起点。因此，你永远不可能利用虫洞回到创造虫洞之前的时期。即使此前，虫洞由他人创造，你也只能回到虫洞的入口。无论如何，可穿越虫洞或许无法实现。

需要提醒的是，在可证明的量子引力理论出现之前，我们无法完全确定上述观点。这种理论不太可能彻底改变我们对宇宙运行方式的看法，但我们必须承认，直至可以同时解释一般相对效应和量子效应的理论出现之前，我们都无法做出准确判断。

☝ 科幻技术的未来

一些高科技的科幻技术具有可信度，甚至目前以某种形式存在，但许多真实存在的技术要比科幻技术更为神奇。这些科幻小说中的许多代表作品存在更大的问题，即它们都是一种对当代人利用先进技术完成熟悉任务或目标的构想，但是这些人的生活依然传统。例如，我们想象一个来自 1970 年的人住在 23 世纪的宇宙飞船上，像我们一样使用全息甲板。

但未来的人们往往大为不同，拥有不同的需求和习俗，这一点是我们难以预测到的。当实现全息甲板、星际空间旅行或低温休眠时，我们可能已成为经基因改良以及人工智能增强的赛博格，且部分存在于虚拟现实中，与数字化的物理现实无缝集成。这些技术试图解决的问题可能并不存在，我们或许会面临与今天毫不相关的新问题。

所有催生这些绝妙技术的科幻愿景之所以均以失败告终，是因为它们想象的这些技术的使用者是我们这样的人——这是一个必要的情节设定，因为我们必须与这些未来角色产生共鸣，于是我们只是把未来的玩具放在骑士、牛仔、探险家、恶棍等人手中。因此，这扭曲了我们对未来的想象。

我们以同样的方式，采用逆向工程，试图利用先进的技术解决一个当代问题，所以我们要想象出一种方法使之运转。事实上，随着我们向未来技术迈进，它将以不可预测的方式发展，产生新的应用，改变我们和世界。

29
再生与永生

> "死亡是个工程问题。"

这是计算机科学家巴特·科斯克（Bart Kosko）的名言。这一直是那些认为没有根本或理论原因不能通过技术使人永生的人们所坚持的核心信念。此处的"永生"本质上指没有寿命上限的不老之身。一个永生的生物体仍然会死于极端的创伤、中毒、能量损伤或其他原因，但他们不会仅因衰老而亡。

另一种观点认为，任何机器，无论是生物还是非生物，都不可能真正永生。系统根本不会如此运作，它们往往会崩溃、积累废物、产生创伤和紧张，或拥有弱点，最终无法自我维持。例如，基因突变的积累不可避免，而基因修复仍将存在缺陷。我们至多只能延长寿命极限，但无法实现永生。

还有一种观点，与前两种观点相左，认为我们能否实现功能性永生并不重要，即我们不应实现功能性永生。这一构想于我们的物种和文明而言并无益处，会引起信仰、权力结构和制度的固化。同时，它还将扼杀创造力和进步，并导致人类发展的停滞，或者文明的崩塌。于个人而言，也可能会产生诸多负面的心理影响。

这些相互矛盾的观点在经典科幻作品中有所体现。弗兰克·赫伯特（Frank Herbert）所作的《沙丘》系列设想了数千年后的未来，那时的人们仍可以轻易活到 80 岁左右。大多数科幻作品都遵循这种模式，我怀疑这是因为过分延长寿命所产生的社会影响会从根本上改变人们对未来的看法，人们并不愿意面对这种复杂性。相比之下，通过科技使人类永生的科幻作品往往将永生本身作为中心主题，比如杰克·万斯（Jack Vance）的经典作品《永生》（*To Live Forever*），以及最近杜鲁·马格里（Drew Magary）所作的《后人类时代》（*The Postmortal*）。这类书籍倾向于关注由"永生"引发的社会问题，而非将其作为建设世界的偶然事件。

在试图预测技术的未来及其影响时，我们需要确定推断未来预期寿命和实际寿命的最佳方式，而非仅仅考虑我们是否以及何时越过永生的界限。

☞ 延长寿命的科学研究

让我先解释一些术语：预期寿命指从特定年龄开始存活至一定年龄的统计概率，如无另外说明，此处特定年龄从出生开始算起。2019 年，全球平均预期寿命为 73.4 岁。预期寿命最长的地区是中国香港，为 85.3 岁；其次是日本，为 85 岁。

更确切地讲，寿命指一个生物体在无任何过早死亡因素影响的情况下所能存活的时间。我们可以将其理解为一个物种在自然老死之前的存活时间。目前为止，对于人类而言，我们已经能够通过减少过早死亡的影响以延长预期寿命，甚至降低婴儿死亡率也能提高预期寿命。然而，我们似乎根本没有延长人类的寿命。即使我们的远祖也能拥有较长寿命，那也只是概率比较低罢了。

由此，我们可以从一个看似简单、实则复杂的问题入手——人类寿命的极限是多少？世界上有据可查的最长寿的人是法国的珍妮·卡尔芒（Jeanne Calment），于 1997 年去世，享年 122 岁零 164 天。从实际角度来看，我们有理由认为这是人类寿命上限。然而，2021 年的一项研究［佩尔科夫（Pyrkov）等人参与］针对该问题采取了生物学上的简化方法，即研究血液中的衰老因素，推断寿命延长根本不可行，并提出人类寿命的上限是 150 岁。

2018 年的一项研究［巴尔比（Barbi）等人参与］采用不同的方法，探究了年龄与死亡风险的关系。如果死亡是衰老的必然结果，那么其风险应该会随着年龄的增长而增加，但该研究发现，在最长寿的人群中（105 岁及以上），死亡风险是平稳的。死亡率的这种平稳状态表明死亡风险本身没有年龄上限，当然，我们并不知晓这种稳定情况是否会延续至 122 岁以后。

毫无疑问，随着现代医学和生活质量及安全的提高，预期寿命理应会延长。如果每个人都能享受完善的生命安全和医疗保健，那么预计预期寿命将接近寿命的上限。这足以解释预期寿命有所增加，但科学家仍想知道寿命是否会一直增加，或者换句话说，衰老速度是否一直在减缓？改善营养、生活方式和医疗保健的确可以降低细胞衰老速度吗？50 岁就是新一轮 40 岁吗？

虽然这一问题还未明确解决，但 2021 年的一项研究 [科切罗

（Colchero）等人参与]以人类和其他灵长类动物为研究对象，发现同一物种的衰老速度"稳定不变"，换句话说，衰老速度固定不变，因此预期寿命也固定不变。

根据目前所知，我们所能预估的人类预期寿命会发生什么变化？这在一定程度上取决于社会和政治制度，而非仅受技术影响。污染、收入不平等、工人安全以及医疗保健的享有程度等因素都影响着预期寿命。我们不可能在短期内解决所有的社会问题，所以可能会需要一个时间范围，不过，我们仍可以推断出最长寿发达国家的预期寿命。

假设我们并无颠覆性技术，这似乎意味着人类的寿命不会发生变化。医学技术不断进步，干细胞疗法、基因疗法、基本的纳米技术以及医学的各个方面都在逐步完善提升。在此情况下，预计人类寿命将继续缓慢增长，21世纪末将达到90多岁，22世纪可能超过100岁。世界上最长寿的人可能会打破卡尔芒122岁的纪录，甚至可能达到130多岁。

很难预测预期寿命的最终极限是多少，但合理猜测寿命极限为130至150岁，预期寿命为100至120岁。我还认为，预计在100至300年后实现上述预期较为合理。

☞ 细微老化工程策略（SENS）

然而，如果我们研究的方法不仅能延长预期寿命，而且还能延长人类寿命的极限，那会怎么样呢？这不仅需要医疗护理，还需要从根本上改变我们的生物学特性。这就是研究人员致力于的

"细微老化工程策略"，意味着将衰老过程减缓至难以察觉的速度。该术语巧妙地避开了"永生"或"圆满"，但在实际应用中非常接近这两个概念。

"细微老化工程策略"的最强支持者或许要数剑桥大学的生物遗传学家奥布里·德·格雷（Aubrey de Grey）。他的目标是确定衰老的所有特定生物机制，并找到解决这些机制的方法。这是一个利用"工程"方法延长寿命的绝佳案例。其涉及范围太大，无法在此全面探讨，但其中具有代表性的例证就是可延长端粒长度。端粒为染色体的末端，就像一顶帽子。每次细胞繁殖并复制染色体时，端粒就会缩短一点。

因此，如果我们能找到一种方法延长所有细胞中每条染色体的端粒，就可以除去导致衰老的一大影响因素。然而，目前尚不清楚端粒长度是否影响衰老，还是只是衰老的标志。故而延长端粒可能就像整容一样，该过程不会使人变得更年轻，但会让人看上去更年轻态（细胞层面上讲）。

随着年龄的增长，还有许多其他生理现象可能会导致衰老，比如细胞中废物的积累和 DNA 修复机制有效性的降低。该观点认为，如果我们能识别并解决所有这些导致衰老的具体因素，就能使青春常驻。

另一种实现相同目标的方法是再生，或可采用干细胞或基因操纵。支持永生可能性的人们提出了一个有趣的观点，即生命本就永生。细细想来，我们是大约 40 亿年前一个活细胞的后代，而多细胞生命已存在了约 6 亿年。从细胞层面上讲，繁殖是再生的一种形式。

正如前文讨论干细胞治疗时提到的，"灯塔水母"（Turritopsis dohrnii）被认为是唯一永生的动物。当它受伤时，它会通过再生以获得新生。培养中的干细胞可以永生，而胚胎干细胞在生物学上也可永生。当细胞分化成特定的成熟细胞时，会牺牲自己的永生特性，以承担特定的功能，同时自身会停止繁殖，不再生长失控。

因此，如果利用永生的干细胞使肝脏再生，就相当于按下了肝脏衰老的重置按钮。无须修复每个衰老的肝细胞，只需要培养一个新肝脏。

该技术所能到达的极限就是利用干细胞长出一个全新的身体，就像永生水母一样。唯一的限制是大脑无法再生，因为大脑是个体的专属器官。如果再生出新的大脑，就只是创造了一个克隆人而已，并没有留存原有的记忆。

因此，大脑是影响生物体得到永生的终极限制因素。如果我们能让大脑通过修复机制运转，并通过干细胞再生使身体恢复活力，这或许就是我们最接近生物体永生的方法了。我们的大脑能运转多久？传统医学认为，目前不会超过人体寿命。但如果利用基因改变和纳米技术等极端技术，我们要等到技术发展到那个程度时才能知晓答案。

不过，有一条再生大脑的途径，需循序渐进地进行。我们不能像培养胰腺那样培养出一个新的大脑，但如果我们能够培养神经干细胞，从而逐渐地取代老化的脑细胞，结果会如何呢？大脑的动态完整性将被保留，同时缓慢再生。

很难预测这种极端的寿命延长技术何时能成为可能，以及其最终的极限是什么。这是一项极具难度的技术，尽管就概念而言，听上去十分简单，但或许需要数百年才能将其完善。最终达到此目的时，那将意味着什么？这些技术可以使人们存活五百年、一千年，甚至数千年吗？

永生技术的未来

假设在未来的数百年里，通过各种各样的技术，人类可以在适当的生活质量下，想活多久就活多久（功能性永生）。这一点很重要，因为如果生活质量不高，仅仅是活得更长久也无太大意义。

事实上，1726 年出版的《格列佛游记》（ *Gulliver's Travels* ）算得上是首部涉及该问题的科幻作品。在航行中，格列佛访问了拉格奈格岛（island of Luggnagg），并在此遇见了永生的斯特鲁布鲁格（struldbrug）。可惜，斯特鲁布鲁格虽然可以永生，但却不能使青春永驻。（在向精灵许下句斟字酌的愿望时，请记住这一点。）他们日渐衰老，最后，拉格奈格岛民们会在 80 岁时被"法定死亡"，且财产会传给继承者，不能再为个人所有。

在我们想象的未来里，人们可以青春永驻，长生不老。这是好事还是坏事？在这一问题上，正方和反方进行了激烈的争论，但我认为这种争论没有结果，除非我们能真正实现极度的寿命延长。届时，利弊可能会同时出现，而二者的平衡将取决于个人的可变性和集体政策。

显然，其有利的一面在于，大多数人不必面对随着年龄增长而愈发严重的失能。理想情况下，人人都将永远保持健康和相对年轻，直到突发灾难。或者，当忍无可忍时，人们可以选择自愿结束自己的生命。那时，自杀可能会被视为一项宝贵的权利，且不会遭人非议。

在漫长的一生中，个人可以从事多种职业，并获得诸多经验和智慧，以造福社会。甚至，人均年龄超过 100 岁的社会可能更加成熟——以史为鉴，年轻人气盛，情绪就会失控。

延长寿命也可能会不可避免地引发法律变革。例如，"终身监禁"对一个寿命或为一千岁的人而言，其意义非同一般，而死刑将比现在许多人认为的更加野蛮。

其他的契约承诺或许也需要重新设想。即使对最浪漫的人而言，"至死不渝"也可能变得不切实际。终身任用亦是如此。事实上，任何合同、义务、惩罚甚至特权都不能持续超过一定的时间，这可能会成为一条普遍的法律规则。每个人都有权利在每个世纪更新自己。

然而，我怀疑是否会有人愿意每隔 100 年交出自己的大部分财富，甚至交出全部财富，但也许会出现"世纪税"之类的东西。此外，如果在一百年或更长的时间内进行投资，也许会有更多的人能够积累财富。当大多数人都退休了，那时会发生什么？谁来工作呢？

由此可见，超长寿命必然产生负面影响。年轻人应对社会的劳动、目标、创造力和活力负有很大的责任。阿西莫夫在其《机器人》（Robot）系列中就这一问进行了探讨——世界被富人和长寿者主宰，在停滞中衰落，而年轻大众则超越了他们。

从心理学角度来看，很难预测普通人将如何面对数百年的生活。我们是否会变得无聊、愤世嫉俗、脾气乖戾，以至于无法享受生活的乐趣？每部电影的结局是否都可以预测？每一种艺术形式是否都缺乏新意？每个政治家的行事作风是否都能公开透明？那么生存动机呢？没有时钟滴答作响警醒我们生命在流逝，或许我们会陷入无休止的拖延中。为何不将目前就能完成的事情推至下个世纪？关于衰老，必有一种新的心理学理论加以解释。我们只能推测这些心理学家会发现极端延长寿命会产生什么影响。

可以想象，最深刻的影响将是人口。如果每个人都能永生，那么留给孩童的空间就会很小，这一话题在科幻作品中往往以十分阴暗的手法表现出来。在美国电视剧《爱，死亡和机器人》（*Love Death & Robots*）中，"突击小队"（Pop Squad）的背景设定为生儿育女不合法的永生世界。一支警察部队的任务主要是搜捕并立即处决所有非法儿童，同时逮捕其父母。显然，这对所有相关人员而言都是毁灭性的打击，而该故事则探讨其中的深意。

在小说《镰刀》（*Scythe*）中，作者尼尔·舒斯特曼（Neal Shusterman）采取了另一种方式。精英神职人员可以按需挑选人类，从而保持人口数量可控。只有他们可以决定被挑选人类的生死，且他们的意愿不容违背。

然而，即使存在完全永生的人口，死亡率也不会降为零，仍然会发生意外死亡、谋杀和自杀。尽管如此，这一数值仍远低于不存在生物永生的情况。允许一些人生育子女，但必须采取措施，设法避免无限制的人口过剩，比如每隔一个世纪就通过摇号决定人们是否可以生育。

为充分构想这样的未来，我们需要考虑其他技术的影响。也许人们会搬至月球或火星上的定居点，只是为了可以生儿育女。我们可能会养育机器人儿童，或者可能进入一个虚拟世界，并在此如愿拥有诸多虚拟后代。

显然，无论如何，孩童数量减少或儿童出生率为零的生活将会大有不同，并可能对个人和社会产生巨大的心理影响。这一问题甚至可能会部分自行解决，因为无法生育导致许多人决定放弃将寿命延长至200岁左右。之后，就会出现某种均衡，整体而言，延长寿命所产生的利与弊将相互制衡。

推测生物永生的影响或许几乎是不可能的，因为到那时，人类已经进化到我们现在无法想象的地步。我们将成为接受基因改造的赛博格，生活在一个由技术彻底改变的世界里（如果我们愿意的话）。我不知道未来人类的衍生物会如何看待孩童，我只知道我会怎么做。

30
意识上传与《黑客帝国》

"我会功夫。"

在讨论脑机接口时，我们谈到了生物大脑生活在全机器人身体或虚拟现实中意味着什么。科幻作品《副本》（*Altered Carbon*，也称《碳变》）反其道而行之，设想了一个生物体内的数字思维。那些拥有资源的人可以将其思想转移到一个称为"皮质盘"（stack）的小型圆盘状计算机中，然后将其插入一个受体体内，人们称之为"义体"（sleeve）。人实际上就是"皮质盘"，而"义体"只是暂时穿戴在身上的物品，就像夹克一样。

这是否为一种接近永生的可行途径，尤其在生物永生无法实现的情况下？这一问题包含了两个方面。第一个方面比较容易解决，即数字思维是否永存？答案是，可能会永存，只要数字信息可以无限期地保存。

一旦你的记忆、个性、感觉和一切让你成为你自己的特质都被完整地记录在数字媒体上，由此会产生诸多可能性。你可以存在于一个纯粹的数字宇宙中，成为其中的一部分（而非仅仅与之相连接）。这种体验和你现在正在阅读本书一样真实。你可以通过虚拟化身与外界交流，比如第一位计算机生成的电视节目虚拟数字主持人——Max Headroom（不过不那么具有 20 世纪 80 年代风格）。这一想法在《黑镜》（*Black Mirror*）"圣·朱尼佩罗"（San Junipero）一集中有所精彩体现，在电视剧《上载新生》（*Upload*）中以更为幽默的方式对此进行了探讨。

你也可以存在于物理世界中，就像在《副本》中一样，通过一个脑机接口实现，只不过要反向连接。你的数字形象会控制义体，并认为这就是自己的身体，就像你感知自己的真实肉体一样。如果你现在的身体受伤或者感到疲惫，那就换掉它吧。

此外，还有其他的选择，比如植入生物有机体，而非未经改造的人类 [就像电影《阿凡达》（*Avatar*）中那样]。例如，我们可以通过基因工程改造人类或其他生物的体型，使之适应海洋生活。这也可能是一种适应其他星球生活并在那里定居的方法。如果你想在火星上体验低重力和稀薄大气，没问题，只要把你的"皮质盘"插入火星人体内即可。回到地球后，你仍可以回到原有的适应地球环境的身体里。

对于生物而言，有些环境可能过于极端，或者有些工作可能需要一些"硬"技术（直接用于生产资料和生活资料实体开发和生产的技术）。在此情况下，只需进入一个特别设计的机器人内即可。如前所述，我们或许无须担心未来的机器人末日，因为我们将会成为它们。

如果你需要同时出现在两个地方，没问题，只需要复制出另一个你就可以完成，并且人人都有最适合自己的"义体"。随后，你可以将不同的经历体验重新组合，并载入"义体"形成一个新的自己。还有一种可能，即你拥有多个分身，且彼此不会真正分开，而是通过无线方式连接，实时共享信息。

通过定期为自己备份，可以进一步将死亡的可能性降至最低。如果发生意外，你的身体将完全被摧毁，包括所有包含你思想的媒介，那么备份的副本将成为下一个你。

显然，在一个技术先进的文明中，成为数字实体本身就具有优势。这就引出了第二个难题：你的数字拷贝真的就是你吗？这有时称为"连续性问题"。

我比较赞同一个观点，即你无法将自己的意识"上传至"电脑或任何媒介上。这一说法具有误导性，使人误以为你的思维正在从大脑转移至电脑。但是，《怪诞星期五》（*Freaky Friday*，讲述了母女二人灵魂互换后发生的故事）中的情节不会出现。在现实中，人的思维不可以转移，这是大脑运转产生的结果，因此二者无法分离。人们至多只能将大脑中的信息复制到电脑上，而这也只是备份罢了。

也许这并不重要。假设无论何种情况，你都会死亡，但至少目前还有一个"你"留存于世。当你与世长辞的时候，这种备份对你所爱之人而言或许是一种安慰。这对于数字化的你而言未尝不是件好事，但那根本不是你。

由此产生一个相关且复杂的哲学问题，即信息本身是否可以被认为具有意识或自我意识。那么，数字化备份的你也具有意识吗？或者说，意识是信息和处理信息的物理媒介的结合吗？

我们的生物大脑并无硬件和软件之分，而是湿件（与计算机系统类似或对应的人类神经系统或思维过程），其中信息、记忆和处理信息的神经回路都是相同的事物。这意味着，你所备份的自我意识不会产生意识，但如果将其编码进能够产生意识的硬件中，它就会产生意识。

然而，我们又回到了连续性问题：转移到新媒介上的备份副本是你自己，还是只是另一个副本。我认为后一种情况最有可能发生，但其中的界限越来越模糊。

然而，如果你坚持提出连续性问题，只接受一种涉及真正连续性的方法，那么是否存在一种具有可行性的数字传输方法？答案为可能。

我认为最好的连续性数字传输方法包括将新的数字媒介和人的生物大脑进行长时间连接。如果在意识转移之前，你接受了你就是你的大脑这一前提，那么我们就不能仅仅摆脱大脑。但如果我们利用脑机接口（BMI）将生物大脑与本身完全具备人工智能、但目前没有任何记忆的电脑相连接，结果会如何？这个数字大脑就像是一个大脑增强器。

本质上讲，你将成为介于生物大脑和计算机大脑之间的混合体，二者通过大规模连接和联网相结合（就像大脑的两个半球一样）。电脑和界面将被人为设计，随着时间推移，你的大脑会将记忆储存在电脑中，并将其作为第三个脑半球。计算机脑半球可能会渐渐接管人脑中的思维回路。

最终，生物脑半球也许会变得完全多余。事实上，如果新大脑的数字组成部分足够强大，那么生物组成部分可能就会显得微不足道。你可以在每晚睡前关掉生物脑半球，测试一下只拥有数字脑半球是何感觉。在深度睡眠阶段，只有数字大脑处于活跃状态，某种程度上，你可能并不会注意到任何异样。那么此时，你已经准备好进入完全数字化的生活了。

一些未来主义者提出，我们可以利用人工神经元逐渐取代大脑中的神经元，以加速完成这一任务。每个人工神经元都会像生物神经元一样发挥作用，这种变化难以被察觉，最终，直到整个大脑都将数字化，而非原有的生物大脑。这是否可以保持连续性？我也不确定答案，但我更喜欢自己的大脑。

无论如何，我们都可能有两种方法创造数字化的人类思维，或通过某种缓慢的迁移（如想至少保证连续性的可能性），或仅仅备份副本（如不在意连续性问题）。一旦实现了上述目标，人脑的一部分将会数字化，这将对我们的文明产生深远的影响。

这种变化将会改变人类的定义——肉体不再是必需的，其呈现形式将变得不再重要，也许，生物肉体也好，机械肉体也罢，都无关紧要。

事实上，我们可以主宰一个由可编程物质组成的身体。我们的 "foglet" 可以以任意形式呈现，从而适应环境、当前状态或任务。即使大脑仍以生物形式存在，我们也能做到这一点，只是我们的大脑需与数字化组件相连接。就像电影《未来战警》（Surrogate）中所描绘的，我们脆弱的身体可以安全存放在一个可靠位置，而我们可以通过一个先进的拟像使用原有的肉体。

纯粹的生物大脑不再受限，学习之类的事务也会发生根本性改变。它可能变成一个简单事项，只需要下载信息或子程序到人的意识程序中。我们可以无缝从一个单独的虚拟思维转移至一个群体思维，再转移至大量可能存在的物理宿主上。我们的身份将完全脱离任何物质形式，我们可以像换装一样轻易地将其改变。

太空旅行也会容易得多。如果要在一个遥远的系统中复制自己，那么你可以以光速传送信息。不过，这一过程仍需数年时间，但这已经是可能达到的最快旅行时长。如果想要自己的肉体前往遥远星球旅行，那么至少你无须拖着原有的生物肉体同去。在旅行过程中，你只用进入睡眠模式即可，即使要度过数十年光阴，整个旅程也会感觉像是瞬间完成；又或者你可以在虚拟世界里打发时间。

虚拟世界也存在可变的时间速率。如果你需要快速完成某件事，可以进入一个虚拟世界，体验比正常情况下快一百倍的时间流逝。我们可以利用此法加速科学研究或创造性项目的进程。

另外，一个完全数字化的太空文明可能会大幅减缓他们对时间的集体体验，所需的处理能力（可能是一个文明的关键资源）也将由此降低。此外，这将是另一种极大改变太空旅行的方式。如果整个文明以人类自然体验速度的千分之一运行，那么100 年的星际旅行感觉上只过了一个月，甚至可以在一日之内到达火星。

将相对认知速度作为一个变量会产生深远的影响。认知速度可能是一个竞争激烈的问题。人们无法接受比竞争对手或敌人反应迟钝。如果一个文明将其相对认知速度提高 1000 倍，那么宇宙范围将扩大。主观上讲，以光速通信至月球需要 21 分钟，到火星则需要 8 天。前往火星旅行，即使搭乘先进火箭只需一个月的时间，但主观上也会感觉像过去了 83 年。也许这就是费米悖论的最终答案——星际距离将比现在人们所认知的还要遥远

1000 倍。

即使在地球上通信也会冗长乏味，其传输延迟时间从几秒到几分钟不等，这时人们会感觉整个自然世界的运转速度放慢了1000 倍，一切运动都凝固在时间里。文明社会如何共同决定主观时间的定位？不同人群是否会因其相对认知速率的差异而导致彼此实际上相互隔离，难以有效交流与合作？

数字化意识是其中的一种可能性，意义深刻，具有变革性，以至于人们很难想象其影响。但现实可能与任何未来主义者的预测都大不相同。我们充其量只能设想一些大致可能发生的事物。

同样重要的是，我们要认识到，在所有遥远未来可能发生的事物中，数字化意识或许是最具合理性且最可能发生的事物。其中并不存在物理定律的阻碍，也无须基础科学领域的真正突破或新进展。现有技术的渐进式进步或许会帮助我们在 21 世纪实现这一目标。

因此，我们必须从数字化意识的视角看待任何对未来的展望。本书讨论的所有其他技术，一旦我们能够在未来数百年里获得，至少在某种程度上将被不再局限于生物存在的人们使用。这将影响太空旅行、我们对生物操纵的感受以及我们与所有其他技术的关系。一旦数字化意识得以实现，我们本身就将成为技术。

结论

未来就是现在。

科学技术已经使人类文明发生了巨变，并在将来继续如此。回顾我们如今取得的成就进步，我将注意力集中在一个令人兴奋的事实上——未来就是现在。我们已经生活在未来之中，这是一个在诸多方面都超越了以往未来主义者构想的未来。

机器人正在接管制造业，创造前所未有的生产力。世界上存储的信息可以通过一个能够装进口袋里的便携式小型设备访问，你也可以利用该设备与个人、团体甚至公众交流。我们拥有转基因作物、先进的太阳能技术、电动汽车和超材料（具有以前人们认为不可能的特性）。医学同样取得了进步，诞生了 mRNA 疫苗、单克隆抗体疗法、早期基因治疗和针对神经系统疾病的大脑入侵疗法。

我们生活在一个会让过去的科幻作家和未来主义者大吃一惊的未来。作为生物物种，我们已经取得了重大进步。然而，我们并非生活在一个科技乌托邦里。我们继承了先祖遗留的所有社会弊病、偏见、偏执和冲突，总体而言，我们比他们更聪明，但仍然任重道远。

即使在技术方面，我们仍然必须面对诸多权衡和艰难抉择，而这些选择将塑造我们的未来。因此，如果不能部分预测人类自身的未来，我们就无法预测科学技术的未来。未来的人类将以何种方式改变？他们与现在的我们相似还是有所不同？他们会做何决定？

技术的某些方面很容易预测，至少一般情况下如此。许多技术正在经历稳步渐进的进步，且可以预测其发展趋势。至少在一段时间内，这些进步或许会继续保持。例如，电池将拥有更大的能量密度，计算机性能将更加强大，癌症存活率将逐渐提高，机器人将变得更加自主。

技术的其他方面均具有两种可能，因为会受制于经济因素和变幻莫测的公众舆论。核聚变发电何时才会可行？相较于机器人探索，我们将在人类太空旅行上投入多少资金？基因操纵监管的严格程度将达到何种水平？

我们还可以对大趋势做出一些预测，尽管我们不了解其中细节。显然，我们正朝着技术更加数字化的方向发展，数字化技术更像是信息和物理现实之间的直接联系。我们的世界正变得越来越虚拟化，由计算机和强大的人工智能算法运行。

信息本身将逐渐成为我们最强大的资源，并占据主导地位。例如，遗传信息帮助我们更好地控制生物发展；随着增材制造（3D 打印）和纳米技术的发展，我们更能将虚拟世界转化为现实世界。

甚至人类也可能变得更加数字化、虚拟化、互联化。虚拟 /增强现实和脑机接口技术可能会让我们愈发沉浸在虚拟世界中。生物和机器、大脑和计算机之间的界限不仅会变得模糊，而且还可能会被抹去。

反之，我们很难预测哪些障碍会成为致命障碍，而非带来便利。由于某些障碍未有实际的解决方案，有些技术的进展似乎永久停滞，氢能革命也许永远不会发生，只因其体积过大，无法安全运输；人类基因操纵可能会遇到安全问题，要使其得到广泛应用还要再等数十年甚至数百年；核聚变发电所需的先进材料我们目前无法想象。

还有那些未知的未知，那些不可预测的真正具有颠覆性的技术。20 世纪 60 年代以前的未来主义者设想了一个模拟技术的未来，一个永远不会实现的未来。现在，我们很清楚，未来是数字化的世界，但在其真正实现之前，我们完全无法预测。未来的颠覆性技术会是什么？我们无从知晓，只能推测。

物理学家可能会发现宇宙中存在一些以前未曾提及的方面，这将使我们能够以比光速快许多的速度在太空中滑动。我们还可能发现一种目前未知的能源，使我们对未来能源基础设施的所有预测都不再奏效。也许我们甚至会发现基因改变的正确组合方式，从而实现再生。

我对这些突破并不抱太大希望。但如果它们的确得以实现，其所取得的进步将提升世界运转的效率，并将改变其运行模式。突然之间，旧的权衡不复存在，我们将面临一系列的全新可能。

一些改变世界运转模式的事物或许更易预测，因为其最终可能会实现，尽管何时发生以及结果如何尚不清楚。我将通用人工智能归入这一类，我们知道它将要到来，可能需要 50 年或 100 年的时间，但在某个时候，我们能够创造出一种像人类一样聪明的通用人工智能，之后很快，其智能程度将会是人类的 1 亿倍。

这是一个关键点。很难想象之后的世界，因为其中存在太多不同的可能性。我们会赋予这类人工智能多大的权力和自主性？我们将如何使用这类人工智能？甚至这个问题是否有意义？我们将与人工智能融合到什么程度，从而成为技术和有机智能的混合体？届时，社会将有何反响？

我们还必须考虑可能存在的技术陷阱。我们已然面临着全球变暖的大问题，这肯定会影响我们现在和未来关于技术的决定。一些未来主义者担心，由于技术的发展，失控的人口增长将开始主宰我们的生活，就像电影《绿色食品》（*Soylent Green*，讽刺的是，恰巧故事设定在 2022 年）和许多其他科幻作品中所描述的那样，"人口过剩导致的世界末日"可能会出现。或者，随着生活质量的提高和贫困问题的减少，人口可能不再是问题。

关于如何规划未来的社会和技术方面，人们既可以持乐观态度，也可以保持悲观。假如以史为鉴，现实很可能会处于中间地带——既有真正的进步和改善，也有持续存在的严重问题。

最后，最重要的变量并非技术本身，而是人。我们的政治、道德、司法和专业机构或许会对未来有更多的发言权，而不仅仅是技术进步。技术不会将我们从自己的牢笼中拯救出来。我们可以利用技术创造或毁灭，解放或奴役，启迪或控制。这些选择将主宰我们的未来。

归根结底，技术比人更容易预测，因此未来最重要的进步将是批判性思维、哲学甚至心理学领域取得的进步。未来的人将不再是现在的我们。那么他们会是谁呢？

关于未来，唯一可以肯定的是，它将以我们目前无法想象的方式发生改变，并被那些认为我们古怪甚至野蛮的人们所主宰。世事将会变得与众不同，我们可能不知道如何不同，甚至何事不同。

但我们会缓步实现这些目标，日渐创造未来。

参考文献

1. 未来主义——未来消失的日子

Irving, Richard, Gil Mellé, and Hal Mooney. *The Six Million Dollar Man*. USA, 1973.

Mann, Adam. "This is the Way the Universe Ends: Not with a Whimper, but a Bang."*Science*, August 11, 2020.

Scott, Ridley, Vangelis & Vangelis. *Blade Runner*. USA, 1982.

Spielberg, Steven, John Williams, and John Neufeld, C. P. *Minority Report*. USA, 2002.

2. 未来简史

Asimov, Isaac. "Visit to the World's Fair of 2014." *New York Times*, August 16, 1964.

"The City of the Future (1935)."

"Despite Repeated Attempts, Turbine Cars Just Never Took Flight." March 16, 2018.

"From 1956: A Future Vision of Driverless Cars."

"Retro 1920's Future–What the Future Will Look Like!"

Saad, Lydia. "The '40-Hour' Workweek Is Actually Longer—by Seven Hours." Gallup. August 29, 2014.

Ward, Marguerite. "A Brief History of the 8-Hour Workday, Which

Changed How Americans Work." May 3, 2017.

"Year 1999AD."

3. 未来主义的科学

Asimov, Isaac. *Foundation*. New York, NY: Gnome Press, 1951.

Bell, Wendel. *Foundations of Futures Studies: History, Purposes, and Knowledge*. Vol. 1.New York, NY: Routledge, 2003.

Cronkite, Walter. "Walter Cronkite in the Home Office of 2001 (1967)."

Kurzweil, Ray. *The Age of Spiritual Machines: When Computers Exceed Human Intelligence*.New York, NY: Viking, 1999.

Samuel, Lawrence. "A Brief History of the Future." *Psychology Today*, January 27, 2020.

Sherden, William. *The Fortune Sellers: The Big Business of Buying and Selling Predictions*.New York, NY: Wiley, 1999.

Twain, Mark. "From the 'London Times' of 1904." 1898.

Vanderbilt, Tom. "Why Futurism Has a Cultural Blindspot." Nautilus. September 10, 2015.

Watkins, John Elfreth, Jr. "What May Happen in the Next Hundred Years." *Women's Home Journal*, 1900.

4. 基因操纵

AIEA. Plant Breeding and Genetics.

Boyer, Herbert W., and Stanley N. Cohen. Science History Institute.

Cyranoski, David, and Heidi Ledford. "Genome-Edited Baby Claim Provokes International Outcry." *Nature News*, November 26, 2018.

Novella, Steven. CRISPR vs Talen. *Science-Based Medicine*. January 27, 2021.

Nunez, J. K. et al. "Genome-Wide Programmable Transcriptional Memory by CRISPR-Based Epigenome Editing." *Cell* 184, no. 9 (April 29, 2021).

Sanders, Robert. "FDA Approves First Test of CRISPR to Correct Genetic Defect Causing Sickle Cell Disease." March 30, 2021.

5. 干细胞技术

"Estimated Number of Organ Transplantations Worldwide in 2019." Statista. 2019.

Merkle, F., S. Ghosh, N. Kamitaki et al. "Human Pluripotent Stem Cells Recurrently Acquire and Expand Dominant Negative P53 Mutations." *Nature* 545 (2017): 229–233.

"Organ, Eye and Tissue Donation Statistics." Donate Life. 2021.

Watts, G. "Georges Mathé." *Lancet* 376, no. 9753 (2010): 1640.

Zakrzewski, W., M. Dobrzyński, M. Szymonowicz et al. "Stem Cells: Past, Present, and Future." *Stem Cell Research & Therapy* 10, no. 68 (2019).

6. 脑机接口

Clynes, Manfred, and Nathan Kline. "Cyborgs and Space." *Astronautics*. September 1960. Koralek, A., X. Jin, J. Long II et al. "Corticostriatal Plasticity Is Necessary for Learning Intentional Neuroprosthetic Skills." *Nature* 483, (2012): 331–335.

Obaid, Abdulmalik et al. "Massively Parallel Microwire Arrays Integrated with CMOS Chips for Neural Recording." *Science Advances* 6, no. 12 (March 2020): eaay2789.

Warneke, Brett et al. "Smart Dust: Communicating with a Cubic-Millimeter Computer." *Computer* 34 (2001): 44–51.

7. 机器人技术

Argotc, Linda, and Paul Goodman. "Investigating the Implementation of Robotics." The Robotics Institute Carnegie Mellon University, Carnegie-Mellon University, Feb. 1984, www.ri.cmu.edu.

Barron, J. P., and P. E. Easterling. "Hesiod." *The Cambridge History of Classical Literature: Greek Literature*. Cambridge, UK: Cambridge University Press, 1985.

Čapek, K., and W. Mann. *R.U.R. Rossum's Universal Robots: RUR (Rossumovi Univerzální Roboti)—A Fantastic Melodrama in Three Acts and an Epilogue*. Independently published, 2021.

Edwards, David. "Amazon Now Has 200,000 Robots Working in Its Warehouses." *Robotics & Automation News*. January 21, 2020.

Frumer, Yulia. "The Short, Strange Life of the First Friendly Robot." *IEEE Spectrum* (May 2020).

Garykmcd. "The Brain Center at Whipple's." *The Twilight Zone* (TV Episode 1964).IMDb. November 1967.

"How Robots Change the World—What Automation Really Means for Jobs, Productivity and Regions." Oxford Economics. Accessed August 11, 2021.

"IFR Presents World Robotics Report 2020." IFR International Federation of Robotics. Accessed January 24, 2022.

Leonard, M. "Each Industrial Robot Displaces 1.6 Workers: Report." March 3, 2020.

Mayor, A. *Gods and Robots: Myths, Machines, and Ancient Dreams of Technology*. Princeton, NJ: Princeton University Press, 2018a.

Mayor, A. *Gods and Robots: Myths, Machines, and Ancient Dreams of Technology*. Princeton, NJ: Princeton University Press, 2018b.

Mayor, A. "When Robot Assassins Hunted Down Their Own Makers in an Ancient Indian Legend." March 18, 2019.

McFadden, C. "The History of Robots: From the 400 BC Archytas to the Boston Dynamics' Robot Dog." July 8, 2020.

Morris, Andrea. "Prediction: Sex Robots Are The Most Disruptive Technology We Didn't See Coming." *Forbes*, September 26, 2018.

Shashkevich, Alex. "Mythical Fantasies About Artificial Life." Stanford University. March 6, 2019.

Smith, Aaron, and Janna Anderson. "AI, Robotics, and the Future of Jobs." Pew Research Center: Internet, Science & Tech. August 6, 2020.

8. 量子计算

Arute, F., K. Arya, R. Babbush et al. "Quantum Supremacy Using a Programmable Superconducting Processor." *Nature* 574 (2019): 505–510.

Benioff, Paul. "The Computer as a Physical System: A Microscopic Quantum Mechanical Hamiltonian Model of Computers as Represented by Turing Machines." *Journal of Statistical Physics* 22, no. 5 (1980): 563–591.

doi:10.1007/bf01011339.

"Beyond Qubits: Next Big Step to Scale up Quantum Computing." Science Daily. 2021.

Cho, Adrian. "No Room For Error." Science. 2020.

Dr. Strangelove, Or, How I Learned to Stop Worrying and Love the Bomb. Culver City, CA: Columbia TriStar Home Entertainment, 2004.

Einstein, Albert. *The Born-Einstein Letters: Correspondence Between Albert Einstein, and Max and Hedwig Born from 1916 to 1955, Letter to Max Born, March 1948.* London: Walker & Company, 1971, 158.

Feynman, R. P. "Simulating physics with computers." *International Journal of Theoretical Physics* 21 (1982): 467–488.

Greig, Jonathan. "6 Experts Share Quantum Computing Predictions for 2021." Tech Republic. 2020.

Schumacher, Benjamin. "Quantum Coding." *Physical Review A* 51 (1995): 2738.

Steinhardt, Allan. "Radar in the Quantum Limit." Formerly DARPA's Chief Scientist, Fellow Answered June 30, 2016 "What could I do with a quantum computer that had one billion qubits?"

9. 人工智能

Branwen, G. GPT-3 Creative Fiction. June 19, 2020.

Cellan-Jones, B. R. "Stephen Hawking Warns Artificial Intelligence Could End Mankind." BBC News. December 2, 2014.

"Computer AI passes Turing Test in 'world first.' " BBC News. June 9, 2014.

Good, I. J. "Speculations Concerning the First Ultraintelligent Machine." *Advances in Computers* 6 (1965): 31ff.

Kaplan, Andreas, and Haenlein, Michael. "Siri, Siri, in My Hand: Who's the Fairest in the Land? On the Interpretations, Illustrations, and Implications of Artificial Intelligence." *Business Horizons* 62, no. 1 (January 2019): 15–25. doi:10.1016/j.bushor.2018.08.004.

McCulloch, Warren S., and Walter Pitts. "A Logical Calculus of the Ideas Immanent in Nervous Activity." *Bulletin of Mathematical Biophysics* 5 (1943):

115–133. doi:10.1007/bf02478259.

Müller, Karsten, Jonathan Schaeffer, and Vladimir Kramnik. *Man vs. Machine: Challenging Human Supremacy at Chess*. Gardena, CA: Russell Enterprises, Inc., 2018.

Musk, Elon. "Blasting Off in Domestic Bliss." *New York Times*, 2020.

Turing, A. M. "I.—Computing Machinery and Intelligence." *Mind* LIX, no. 236 (October 1950): 433–460.

10. 自动驾驶汽车与其他交通方式

"Flying Cars Will Undermine Democracy and the Environment." American Progress. 2020.

"Global EV Outlook 2021." IEA. 2021.

Morando, Mark Mario, Qingyun Tian, Long T. Truong, and Hai L. Vu. "Studying the Safety Impact of Autonomous Vehicles Using Simulation-Based Surrogate Safety Measures." *Journal of Advanced Transportation*, 2018: 6135183, 22.04.2018.

"Road Traffic Injuries and Deaths–A Global Problem." CDC. 2020.

"Ships Moved More Than 11 Billion Tonnes of Our Stuff Around the Globe Last Year, and It's Killing the Climate. This Week Is a Chance to Change." The Conversation. 2021.

Vaucher, Jean. "History of Ships Prehistoric Craft." Umontreal. 2014.

"What Happened to Blimps?" *Global Herald*, 2021.

"World Vehicle Population Rose 4.6% in 2016." Wards Intelligence. 2017.

11. 二维材料及其在未来的应用

"Concrete Needs to Lose Its Colossal Carbon Footprint." *Nature* 597 (2021): 593–594.

"Global Crude Steel Output Increases by 4.6% in 2018." Worldsteel Association. 2019.

"The Global Natural Stone Market Was Valued at $35,120.1 Million in 2018, and Is Projected to Reach $48,068.4 Million by 2026, Growing at a CAGR of 3.9% from 2019 to 2026." GlobeNewswire. 2020.

Harmand, S., J. Lewis, C. Feibel et al. "3.3-Million-Year-Old Stone Tools from Lomekwi 3, West Turkana, Kenya." *Nature* 521 (2015): 310–315.

12. 虚拟现实、增强现实和混合现实

"The Cinema of the Future." Mycours. 1955.

"Google Glass Advice: How to Avoid Being a Glasshole." Guardian. 2014.

"Mark in the Metaverse." The Verge. 2021.

"Worldwide Spending on Augmented and Virtual Reality Forecast." IDC. 2020.

13. 可穿戴技术

"The Invention of Spectacles| Encyclopedia.Com." Encyclopedia.com. Accessed January 24, 2022.

14. 增材制造

Alexandrea P. "The Complete Guide to Fused Deposition Modeling (FDM) in 3D Printing." 3D Natives. September 3, 2019.

Balter, Michael. "World's Oldest Stone Tools Discovered in Kenya." American Association for the Advancement of Science. April 14, 2015.

"Bone Tools." The Smithsonian Institution's Human Origins Program. June 25, 2020.

"Chuck Hull Invents Stereolithography or 3D Printing and Produces the First Commercial 3D Printer: History of Information." History of Information. com. Accessed January 25, 2022.

"François Willème Invents Photosculpture: Early 3D Imaging: History of Information." Accessed January 25, 2022.

Gaget, Lucie. "3D Printing Creators: Meet Jean Claude André." 3D Printing Blog: Tutorials, News, Trends and Resources Sculpteo. October 10, 2018.

"Injection Molding Market Size, Share and Growth Analysis Report." Bcc Research. May 2021.

Lawton, C. "The World's First Castings." The C.A. Lawton Co. March 2,

2021.

Lonjon, Capucine. "Discover the History of 3D Printer." 3D Printing Blog: Tutorials, News, Trends and Resources Sculpteo. March 1, 2017.

Marchant, Jo. "A Journey to the Oldest Cave Paintings in the World." *Smithsonian Magazine*, January 6, 2016.

"A Record of Firsts–Wake Forest Institute for Regenerative Medicine." Wake Forest School of Medicine. Accessed January 25, 2022.

Ślusarczyk, Paweł. "Carl Deckard–Father of the SLS Method and One of the Pioneers of 3D Printing Technologies, Died. . ." 3D Printing Center. January 12, 2020.

Statista. "3D Printing Industry–Worldwide Market Size 2020–2026." Statista. October 8, 2021.

"What Is a Lathe Machine? History, Parts, and Operation." Bright Hub Engineering. December 12, 2009.

Williams, Nancy. "The Invention of Injection Molding." Fimor North America Harkness Industries. February 27, 2017.

15. 赋能我们的未来

"Archaeologists Find Earliest Evidence of Humans Cooking With Fire." *Discover Magazine*, 2013.

Berna, F. et al. Microstratigraphic Evidence of in Situ Fire in the Acheulean Strata of Wonderwerk Cave, Northern Cape Province, South Africa. Proceedings of the National Academy of Sciences, 109, no. 20 (2012): E1215–E1220.

"Energy." Economist Intelligence. 2021.

England, P. C., P. Molnar, and F. M. Richter. "Kelvin, Perry and the Age of the Earth."*American Scientist* 95, no. 4 (2007): 342.

"IMF Estimates Global Fossil Fuel Subsidies at $8.1 Trillion as UN Urges Green Energy Push." Helenic Shipping News. 2021.

KamLAND Collaboration. "Partial Radiogenic Heat Model for Earth Revealed by Geoneutrino Measurements." *Nature Geoscience* 4, (2011): 647–651.

"A Look at Agricultural Productivity Growth in the United States, 1948–2017." USDA. 2021.

"Lost in Transmission: How Much Electricity Disappears between a Power Plant and Your Plug?" Insider Energy. 2015.

"Smarter Use of Nuclear Waste." Scientific American. 2009.

"Space-Based Solar Power." Energy.gov. 2014.

"Tidal Power–U.S. Energy Information Administration (EIA)." Energy Information Association. 2021.

"Who Discovered Electricity?" Universe Today. 2014.

16. 核聚变

"Advantages of Fusion." ITER. Accessed January 25, 2022.

Arnoux, Robert. "Who Invented Fusion?" ITER. February 12, 2014.

Ball, P. "Laser Fusion Experiment Extracts Net Energy from Fuel." *Nature*, 2014.

"The Birth of the Laser and ICF." Lawrence Livermore National Laboratory. Accessed January 26, 2022.

Clery, Daniel. "The Bizarre Reactor That Might Save Nuclear Fusion." Science.org. October 21, 2015.

"DOE Explains . . . Tokamaks." Energy.gov. Accessed January 25, 2022.

Mott, Vallerie. "Isotopes of Hydrogen | Introduction to Chemistry." Courses.Lumen learning.com. Accessed January 25, 2022.

Paisner, J. A., and J. R. Murray. "National Ignition Facility for Inertial Confinement Fusion." OSTI.gov. October 8, 1997.

"Physics of Uranium and Nuclear Energy–World Nuclear Association." World-Nuclear.Org, Nov. 2020.

Power. "Fusion Power: Watching, Waiting, as Research Continues." *POWER Magazine*. December 3, 2018.

"Uranium Enrichment Enrichment of Uranium–World Nuclear Association." World-Nuclear.org. September 2020.

"Uranium Quick Facts." Depleted UF6. Accessed January 25, 2022.

17. 成熟的纳米技术

Drexler, E. *Engines of Creation: The Coming Era of Nanotechnology.* Anchor Library of Science, 1987.

Feynman, R. P. "There's Plenty of Room at the Bottom." Reson 16, no. 890 (2011).

18. 合成生命

Gibson, D. G. et al. "Creation of a Bacterial Cell Controlled by a Chemically Synthesized Genome." *Science* 329, no. 5987 (2010): 52–56.

Hutchison, Clyde A., III et al. "Design and Synthesis of a Minimal Bacterial Genome." *Science* 351, no. 6280 (March 2016).

Malyshev, Denis A. et al. "Romesberg: A Semi-Synthetic Organism with an Expanded Genetic Alphabet." *Nature* 509 (May 2014): 385–388.

Scott, R. *Alien*. London: Twentieth Century Fox, 1979.

19. 室温超导体

Bardeen, J., L. N. Cooper, and J. R. Schrieffer. "Theory of Superconductivity." *Physical Review*, 108, no. 5 (1957): 1175–1204.

Hutchison, Clyde A., III et al. "Design and Synthesis of a Minimal Bacterial Genome."*Science* 351, no. 6280 (March 25, 2016). doi: 10.1126/science.aad6253. Erratum in: *ACS Chemical Biology* 11, no. 5 (May 20, 2016):1463. PMID: 27013737.

Koot, Martijn, and Fons Wijnhoven. "Usage Impact on Data Center Electricity Needs: A System Dynamic Forecasting Model." Science Direct. June 1, 2021.

"Nobel Prizes 2021." NobelPrize.org. Accessed January 26, 2022.

O'Neill, M. "Prototype Microprocessor Developed Using Superconductors—80 Times More Energy Efficient." SciTechDaily. January 3, 2021.

Snider, Elliot. "Superconductivity Warms Up." Nature Electronics. November 17, 2020.

Snider, Elliot et al. "Room-Temperature Superconductivity in a Carbonaceous Sulfur Hydride." *Nature* 586 (October 15, 2020).

Strickland, J. "How Much Energy Does the Internet Use?" HowStuff Works. July 27, 2020.

van Delft, Dirk, and Peter Kes. "The Discovery of Superconductivity."

Physics Today 63 (January 9, 2010).

van Delft, Dirk, and Peter Kes. "The Discovery of Superconductivity." Europhysics news.org. Accessed January 26, 2022.

20. 太空电梯

Artsutanov, Y. "To the Cosmos by Electric Train." 1960. liftport.com. Young Person's Pravda.

"The Orbital Tower: A Spacecraft Launcher Using the Earth's Rotational Energy."U.S. Air Force Flight Dynamics Laboratory. 1975.

Tsiolkovsky, K. E. "Speculations about earth and sky and on vesta." Moscow, Izdvo AN SSSR, 1959 (first published in 1895).

21. 核热推进和其他先进火箭

Magee, J. G., Jr. "High Flight." Arlingtoncemetery.net. 1941.

"Why Chemical Rockets and Interstellar Travel Don't Mix." Scientific American. 2017.

22. 太阳帆和激光推进器

Bussard, Robert W. "Galactic Matter and Interstellar Flight." Acta Astronautica 6 (1960): 179–195.

Chernov, D. *Man-Made Catastrophes and Risk Information Concealment: Case Studies of Major Disasters and Human Fallibility.* Zurich: Springer, 2016.

Marx, G. "Interstellar Vehicle Propelled by Laser Beam," *Nature* 211 (July 1966): 22–23.

Penoyre, Z., and E. Sandford. "The Spaceline: A Practical Space Elevator Alternative Achievable with Current Technology." arXiv:1908.09339 [astro-ph.IM] (2019).

Pettit, D. "The Tyranny of the Rocket Equation." NASA. 2012.

Schattschneider, P., and A. Jackson. "The Fishback Ramjet Revisited." ScienceDirect. February 1, 2022.

23. 太空定居

Appelbaum, Joseph, and Dennis J. Flood. "Solar Radiation on Mars." Ntrs.Nasa.Gov. November 1989.

Cain, Fraser. "What Is a Space Elevator?" Universe Today. October 10, 2013.

Clément, Gilles et al. "History of Artificial Gravity." Ntrs.Nasa.gov. Accessed January 26, 2022.

David, Leonard. "Living Underground on the Moon: How Lava Tubes Could Aid Lunar Colonization." Space.com. July 30, 2019.

Howell, Elizabeth. "Axiom's 1st Private Crew Launch to Space Station Delayed to March." Space.com. January 20, 2022.

Howell, Elizabeth. "International Space Station: Facts, History and Tracking." Space.com. October 13, 2021.

Mathewson, Samantha. "How Recycled Astronaut Pee Boosts Chances for Future Deep-Space Travel." Space.com. November 16, 2016.

National Space Society. "The Colonization of Space–Gerard K. O'Neill, Physics Today, 1974." National Space Society. March 29, 2018.

Rundback, Barbara. "The Stanford Torus as a Vision of the Future." The Rockwell Center for American Visual Studies. November 14, 2016.

Salisbury, F. B., J. I. Gitelson, and G. M. Lisovsky. "Bios-3: Siberian Experiments in Bioregenerative Life Support." *Bioscience* 47, no. 9 (October 1997): 575–85. PMID: 11540303.

Sarbu, Ioan, and Calin Sebarchievici. "Solar Radiation—an Overview ScienceDirect Topics." ScienceDirect. 2017.

Spry, Jeff. "Company Plans to Start Building Private Voyager Space Station with Artificial Gravity in 2025." Space.com. February 25, 2021.

Sutter, Paul. "Lost in Space without a Spacesuit? Here's What Would Happen (Podcast)." Space.com. July 28, 2015.

24. 地球化其他星球

"Altitude Physiology." High Altitude Doctor. Accessed January 29, 2022.

Buis, Alan. "Earth's Magnetosphere: Protecting Our Planet from Harmful Space Energy." NASA. November 16, 2021.

Hughes, David Y., and Harry M. Geduld. *A Critical Edition of The War of the Worlds: H.G. Wells's Scientific Romance.* Bloomington and Indianapolis: Indiana University Press, 1993.

Jenkins, D. R. "Dressing for Altitude." NASA. 2012.

Mehta, Jatan. "Can We Make Mars Earth-Like Through Terraforming?" Planetary Society. April 19, 2021.

Space.com Staff. "17 Billion Earth-Size Alien Planets Inhabit Milky Way." Space.com. January 7, 2013.

Steigerwald, B. "Mars Terraforming Not Possible Using Present-Day Technology." NASA. July 30, 2018.

"Venus." NASA. (n.d.). Accessed January 29, 2022.

Vilekar, S. A. "Performance Evaluation of Staged Bosch Process for CO_2 Reduction to Produce Life Support Consumables." NASA. (n.d.). Accessed January 29, 2022.

25. 冷核聚变和自由能

Ball, P. "Lessons from Cold Fusion, 30 Years On." Nature. May 27, 2019.

Gibney, E. "Google Revives Controversial Cold-Fusion Experiments." Nature. May 27, 2019.

Scientific American. "FOLLOW-UP: What Is the "Zero-Point Energy" (or 'Vacuum Energy') in Quantum Physics? Is It Really Possible That We Could Harness This Energy?" Scientific American. August 18, 1997.

26. 超光速旅行和通信

American Physical Society. "Travel through Wormholes Is Possible, but Slow." ScienceDaily. April 15, 2019. Accessed January 25, 2022.

Barr, S. "Folding Space—AAP. Ask A Physicist." 2015.

Obousy, Richard K., and Gerald Cleaver. "Putting the Warp into Warp Drive." Cornell University. 2008.

27. 人工重力和反重力

Borchert, M. J. et al. "A 16-Parts-Per-Trillion Measurement of the Antiproton-to-Proton Charge-Mass Ratio." *Nature* 601, no. 7891 (2022):

53–57. doi:10.1038/s41586-021-04203-w.

Motl, Luboš. "Is It Theoretically Possible to Shield Gravitational Fields or Waves?" Stack Exchange. 2011.

Wheeler, J. A. *Geons, Black Holes and Quantum Foam*. New York, NY: W. W. Norton & Company, 2000.

28. 传送机、牵引光束、光剑及其他科幻作品中的工具

Haskin, B. *War of the Worlds*. Paramount Studios, 1953.

29. 再生与永生

Alexander, Vaiserman, and Dmytro Krasnienkov. "Telomere Length as a Marker of Biological Age: State-of-the-Art, Open Issues, and Future Perspectives." *Frontiers in Genetics* (January 2021).

Barbi, E. et al. "The Plateau of Human Mortality: Demography of Longevity Pioneers." *Science* 360 (2018): 1459–1461.

Colchero, F. et al. "The long Lives of Primates and the 'Invariant Rate of Ageing' Hypothesis." *Nature Communications* 12, no. 3666 (2021).

Pyrkov, T. V. et al. "Longitudinal Analysis of Blood Markers Reveals Progressive Loss of Resilience and Predicts Human Lifespan Limit." *Nature Communications* 12, no. 2765 (2021).

30. 意识上传与《黑客帝国》

Morgan, R. *Altered Carbon*. London: Gollancz, 2018.

结论

Fleischer, Richard, and Fred Myrow. *Soylent Green*. USA, 1973.